数学简史

蔡天新◎著

中信出版集团 · 北京

图书在版编目（CIP）数据

数学简史 / 蔡天新著. -- 北京：中信出版社，2017.10（2024.10重印）
ISBN 978-7-5086-7946-4

I. ①数… II. ①蔡… III. ①数学史－普及读物 IV. ①O11－49

中国版本图书馆CIP数据核字（2017）第182935号

数学简史
著者： 蔡天新
出版发行：中信出版集团股份有限公司
（北京市朝阳区东三环北路27号嘉铭中心 邮编 100020）
承印者： 北京通州皇家印刷厂

开本：787mm×1092mm 1/16 印张：21.25 字数：300千字
版次：2017年10月第1版 印次：2024年10月第22次印刷
书号：ISBN 978-7-5086-7946-4
定价：58.00元

哪里有数，哪里就有美。

——普罗克洛斯，希腊哲学家

一门科学的历史是那门科学最宝贵的一部分，因为科学只能给我们知识，而历史却给我们智慧。

——傅鹰，中国化学家

我们最优秀的人学习数学。

——巴黎市民，《高斯：伟大数学家的一生》

CONTENT 目 录

第五章 从文艺复兴到微积分的诞生

第六章 分析时代与法国大革命

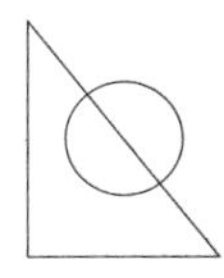

PREFACE 前 言

2012年盛夏，从欧洲大陆最北部的挪威王国传出一条令人震惊的消息。首都奥斯陆近郊一座名为于特的湖心岛上，80多位参加夏令营的青少年被一名歹徒疯狂扫射身亡。挪威是当今世界最富庶美丽、最宁静安逸的国度，也是数学天才阿贝尔（N. H. Abel）的祖国，首届菲尔兹奖1936年在奥斯陆颁发，以阿贝尔命名的数学奖与诺贝尔和平奖也每年在奥斯陆评选并颁发。悲愤之余，仍有许多人对挪威发生如此恐怖的事件表示难以置信。

1829年，26岁的挪威青年阿贝尔死于营养不良和肺病，却依然是19世纪乃至人类历史上最伟大的数学家之一。阿贝尔是第一个扬名世界的挪威人，他取得的成就激发了他的同胞们的才智。在阿贝尔去世前一年，挪威诞生了戏剧家易卜生，接下来的还有作曲家格里格、艺术家蒙克和探险家阿蒙森，每一位都蜚声世界。想到这些，不由得对奥斯陆枪击案可能产生的阴影稍感乐观，阿贝尔的英年早逝、易卜生的背井离乡和蒙克的画作《呐喊》，都说明这个国家的人民曾经遭受过不幸和磨难。

在所有与数学史有关的书籍里，阿贝尔的名字总是在人名索引里名列前茅。本书对他有较为详细的描述，书中还谈到他的晚辈同胞索菲斯·李（S. Lie，1842—1899），21 世纪的两个重要数学分支——李群和李代数均得名于他。1872 年，德国数学家 F. 克莱因（F. Klein，1849—1925）发表了《埃尔朗根纲领》，试图用群论的观点统一几何学乃至整个数学领域，所依赖的正是李的工作。

限于篇幅，本书未谈及 2007 年过世的挪威数学家赛尔伯格（A. Selberg，1917—2007），他是我本人见过且交谈过的数论同行。早在 1950 年，他便因给出素数定理的初等证明荣获菲尔兹奖。或许是一种补偿，书中最后出场的奥地利人维特根斯坦（L. Wittgenstein，1889—1951）与挪威结缘，他是 20 世纪最有数学意味的哲学家。任职剑桥大学期间，维特根斯坦在挪威西部乡间盖了一间小木屋，经常从英国跑到那里度假思索，有时一住就是一年，他死后出版的代表作《哲学研究》（1953）便是在小木屋里开始构想的。

从以上叙述中读者可能已经看出，本书的写作风格和宗旨是，既不愿错过任何一位伟大的数学家和任何一次数学思潮，以及由此产生的内容、方法，也不愿放弃任何可以阐述数学与其他文明相互交融的机会。这是一部没有蓝本可以参照的书，从书名来看，最接近的同类著作是美国数学史家 M. 克莱因（M. Kline，1908—1992）的《西方文化中的数学》（1953）。可是，M. 克莱因的著作讨论的范围被“西方”和“文化”两个词限定了，我们却不得不考虑整个人类的历史长河，涉及的领域也超出了“文化”的范畴。如同英国数学家、哲学家阿尔弗雷德·怀特海所言，“现代科学诞生于欧洲，但它的家却是整个世界。”

从写作方式来看，尽管存在着多种可能性，主要面临的选择却只有两个，即是否把数学史作为一种写作线索？ M. 克莱因的著作虽以时间为主线（他的另一部力作《古今数学思想》也是这样），却以每章一个专题的形式来讲述数学与文化的关系。显而易见，M. 克莱因既精通数学，又熟知古希腊以来的西方文化（主要是古典部分），我认为这方面已经很难超越了。况且，他的书早已有了中文版。

不过，通过阅读M. 克莱因的著作，我们不难发现，他假设的读者对象是数学或文化领域的专家。而我心目中的读者范围更为宽广，他们可能只学过初等数学或简单的微积分，也许对数学的历史及其与其他文明的关系所知不多，对数学在人类文明的发展历程中扮演的重要角色认识不足，尤其是，对现代数学与现代文明（比如，现代艺术）的渊源缺乏了解。这样一来，就留出了写作空间。

在我看来，数学与科学、人文的各个分支一样，都是人类大脑进化和智力发展进程的反映。它们在特定的历史时期必然相互影响，并呈现出某种相通的特性。在按时间顺序讲述不同地域文明的同时，我们先后探讨了数学与各式各样文明之间的关系。例如，埃及和巴比伦的数学来源于人们生存的需要，希腊数学与哲学密切相关，中国数学的活力来自历法改革，印度数学的源泉始于宗教，而波斯或阿拉伯的数学与天文学互不分离。

文艺复兴是人类文明进程的一个里程碑，这个时期的艺术推动了几何学的发展。到了 17 世纪，微积分的产生解决了科学和工业革命的一系列问题，而 18 世纪法国大革命时期的数学涉及力学、军事和工程技术。19 世纪前半叶，数学和诗歌几乎同时从古典进入现代，其标志分别是非交换代数和非欧几何学的诞生，爱伦 · 坡（E. Allan Poe，1809—1849）和波德莱尔（C. Baudelaire，1821—1867）的出现。进入 20 世纪以后，抽象化又成为数学和人文学科的共性。

数学中的抽象以集合论和公理化为标志，与此同时，艺术领域则出现了抽象主义和行动绘画。哲学与数学的再次交汇产生了现代逻辑学，并诞生了维特根斯坦和哥德尔定理。更有意思的是，数学的抽象化不仅没有使其被束之高阁，反而得到意想不到的广泛应用，尤其在理论物理学、生物学、经济学、电子计算机和混沌理论等方面。由此可见，这是符合历史潮流和文明进程规律的。尽管如此，数学天空的未来并非一片晴朗。

本书的一个显著特点是对现代数学和现代文明的比较分析和阐释，这是我多年数学研究和写作实践的思考、总结。至于古典部分，我们也着力发现有现代意义的亮点。比如，谈到埃及数学时，我们重点介绍了“埃及分数”这个既通俗易懂又极为深刻的数论问题，它甚至仍然困扰着21世纪的数学家。又如，巴比伦人最早发现了毕达哥拉斯定理，同时知道了毕达哥拉斯数组，这一结果也是1 000多年以后兴起的希腊数学和文明的代表性成就，却与20世纪末的热点数学问题——费尔马大定理——相联系。

本书的另一个特点是，多数小节以人物为标题，同时做到图文并茂，以方便理解、欣赏和记忆。在100余幅精心挑选的图片（有的是我拍摄的照片）中，相当一部分与文学、艺术、科学、教育有密切的关联。希望读者能通过本书的阅读，拉近与数学这门抽象学科的心理距离，从中理解各自所学或从事专业与数学的关系，进而反思人类文明的历史进程甚或生活的意义。

诚如部分读者所了解的，2012年夏，商务印书馆的“名师讲堂”推出了我所著的《数学与人类文明》，后入选国家新闻出版广电总局向全国青少年推荐的“百优图书”。该书源自我的同名教材，系教育部高等学校“十一五”国家级规划教材的一种，应用于浙江大学等多所大学的通识课程。迄今为止，两者已印了3万多册。如今，商务印书馆的版权到期，应中信出版社的约请和建议，我修订了全书，更新了相当一部分图片。

我们把这本书易名为“数学简史”，正是这一点触动了我，这个名字更符合书的本意。因为本书既着眼于数学的历史，同时数学与人类文明的关系本身也属于数学史的范畴，这样一来就适时回避了现代数学的复杂性，努力帮助读者从不同的角度理解数学。另一点引起我注意的是，中信出版社引进出版了以色列历史学家尤瓦尔·赫拉利的两本力作《人类简史》和《未来简史》。令人鼓舞的是，我在微博上发布征求本书封面设计方案的建议后，北京海淀区的藤先生留言道：

“在国内引进的各种简史浪潮中，终于有蔡教授挺身而出，写一本数学简史了。”

最后，我想用一首诗来结束本序言。这是2005年夏天，作者偕同4位研究生，到马尼拉的菲律宾大学参加一个数论与密码学的国际研讨会期间所作。那是令麦哲伦折戟沙滩，殖民者不足以重视，数学史家和文化史家容易忽略的国度。诗中出现了一些几何图形，如线段、弧线、圆圈、扭结、曲面和拓扑变换，当然，均已被改换成相应的诗歌语言。这首诗似乎在叙述一些数学概念，但流露的分明是一种生活的情绪。

跳　绳

每一棵光洁的稻草
都布满了银色的月光
它们被编织成绳索

就像脚踝上的链子
那圆圈中的圆圈
也布满了银色的月光

无论眉梢、鬓角
还是手臂上的烫痕
反来复去地穿梭往来

蔡天新

2017年夏末定稿于杭州西溪

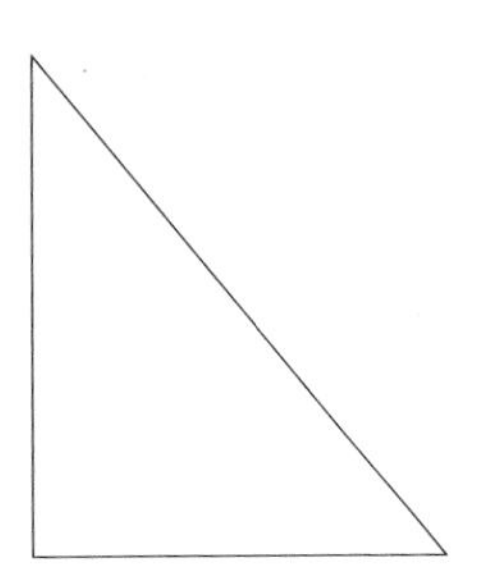

第一章

中东，或数学的起源

当人们发现一对雏鸡和两天之间有某种共同的东西（数字 2）时，数学就诞生了。

——伯特兰·罗素

数学的起源

计数的开始

如同古代世界的许多伟人一样，数学史上的先驱人物也消失在历史的迷雾中。然而，数学每前进一步，都伴随着人类文明的一次进步。亿万年前，居住在岩洞里的原始人就有了数的概念，在为数不多的事物（比如，食物）中间增加或取出几个同样的事物，他们能分辨出多和少（不少动物也具有这类意识）。本来，对食物的需求出自人类的生存本能。慢慢地，人类就有了明确的数的概念：1，2，3，…。正如部落的头领需要知道他手下有多少成员，牧羊人也需要知道他拥有多少只羊。

在有文字记载以前，计数和简单的算术就发展起来了。猎人知道，把 2 枚箭矢和 3 枚箭矢放在一起就有了 5 枚箭矢。就像不同种族称呼家庭主要成员的声音大同小异一样，人类最初的计数方法也是相似的。例如，当数羊的只数时，每有一只羊就扳一个手指头。后来，才逐渐衍生出三种有代表性的计数方法，即石子计数（有的是用小木棍）、结绳计数和刻痕计数（在土坯、木头、石块、树皮或兽骨上），这样不仅可以记录较大的数字，也便于累计和保存。

在古希腊诗人荷马的长篇史诗《奥德赛》中有这样一则故事：主人公奥德修斯刺瞎了独眼巨人波吕斐摩斯仅有的一只眼睛以后，那个不幸的盲老人每天都坐在自己的山洞里照料他的羊群。早晨羊儿外出吃草，每出来一只，他就从一堆石子里捡出一颗。晚上羊儿都返回山

陶罐上的图画：奥德修斯刺瞎独眼巨人

洞，每进去一只，他就扔掉一颗石子。当他把早晨捡起的石子全都扔光时，就确信所有的羊儿都返回了山洞。这则故事告诉我们，很可能是牧羊人计算羊群只数的方法催生了数学，正如诗歌起源于乞求丰收的祷告，这两项人类最古老的发明均源于生存的需要。

说来有点儿残酷，一些美洲印第安人通过收集被杀者的头皮来计算他们杀敌的数目，而一些非洲的原始猎人则通过积累野猪的牙齿来计算他们杀死野猪的数目。据说，居住在乞力马扎罗山坡上游牧民族的少女习惯在颈上佩戴铜环，铜环的个数等于她们的年龄，这比起如今缅甸某些少数民族的妇女所保持的相似习俗来，多了审美以外的含义。从前，英国酒保往往用粉笔在石板上画记号来计数顾客饮酒的杯数，而西班牙酒保则通过向顾客的帽子里投放小石子来计数，这两种不同的计数方法似乎也反映出这两个民族不同的个性：谨慎和浪漫。

后来，就产生了各种各样的语言，包括对应于大小不同的数的语言符号。再后来，随着书写方式的改良，就形成了代表这些数的书写符号。最初，在诸如两只羊和两个人所用的语音和用词也是不同的。例如，在英语中使用过team of horses（共同拉车或拉犁的两匹马），yoke of oxen（共轭的两头牛），span of mules（两只骡），brace of dogs（一对狗），pair of shoes（一双鞋），等等。至于汉语里的量词变化，那就更多了，且一直保留至今。

可是，人类把数2作为共同性质抽象出来，并采用与大多数具体事物无关的某个语音来替代它，或许经过了很长时间。如同英国哲学家兼数学家伯特兰·罗素（B. Russell，1872—1970）所说的，“当人们发现一对雏鸡和两天之间有某种共同的东西（数字2）时，数学就诞生了。”而在我们看来，数学的诞生或许要晚一点儿，是在人们从“2 只鸡蛋加 3 只鸡蛋等于 5 只鸡蛋，2 枚箭矢加 3 枚箭矢等于 5 枚箭矢，等等”中抽象出“2 + 3 = 5”之时。

数基和进制

当人们需要进行更广泛深入的数字交流时，就必须将计数方法系统化。世界各地的民族不约而同地采取了以下方法：把从 1 开始的若干连续的数字作为基本数字，以它们的组合来表示大于这些数字的数。换言之，如果大于 1 的某个数b作为计数的进位制或基（base），并确定出数目 1，2，3，…，b的名称，则任何大于b的数均可以用这b个数的一个组合表示。

有证据表明，2、3 和 4 都曾被当作原始的数基。例如，澳大利亚北部昆士兰州的原住民是这么计数的：1，2，2 和 1，两个 2，…。某些非洲矮人部落是这样命名最前面的 6 个自然数的，“*a*，*oa*，*oa-a*，*oa-oa*，*oa-oa-a*，*oa-oa-oa*。”这两种计数方法均为二进制，它的应用后来促进了电子计算机的发明。而阿根廷最南端火地岛的一个部落和南美洲其他一些部落则分别以数字 3 和 4 为基。

不难设想，由于人类的每只手有 5 个手指，每只脚有 5 个脚趾，五进制一度得到了广泛的应用。至今某些南美洲部落仍用手计数：1，2，3，4，手，手和 1，等等。直到 1880 年，德国的农历仍以 5 为数基。1937 年，在捷克共和国摩拉维亚地区出土的一块幼狼胫骨上，几十道刻痕明显是以五进制方式排列的。西伯利亚的尤卡吉尔人居住在世界上最寒冷的地方（勒拿河下游），至今仍采用一种类似于五进制和十进制混合的方式计数。

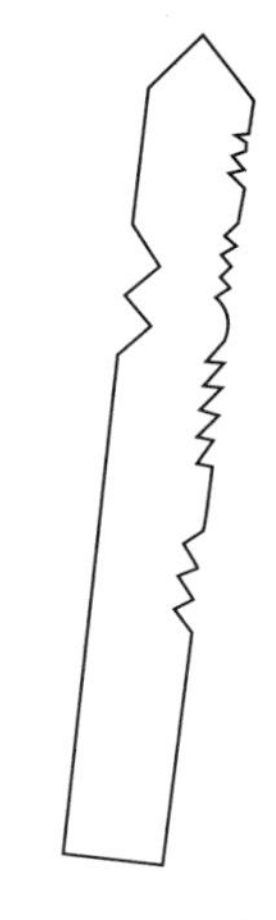
英国人使用过的木片账目

12 也常被用作数基。如同美国数学史家

伊夫斯（H. W. Eves，1911—2004）所分析的，这可能与它能被6个数整除有关，也可能是因为一年有12个朔望月。例如，1英尺[①]有12英寸[②]，1英寸有12英分，1先令是12便士，1英镑是12盎司（金衡制，常衡制是16盎司）。有意思的是，直到20世纪80年代，中国乡村的秤还同时刻有两种进制：十进制和十六进制。此外，没有十二进制的中国人的文字里也有“打”，而英语里除了dozen（打）以外，还有gross（箩），一箩等于12打。

《德累斯顿抄本》的原始石碑，内含玛雅人的“2012末日预言”

二十进制也曾被广泛使用，它使我们想起人类的赤脚时代，一双手和一双脚共20个指头。美洲印第安人使用过它，其中包括高度发达的玛雅文明，这被记载在著名的三大玛雅典籍中：《德累斯顿抄本》、《马德里抄本》、《巴黎抄本》。其中《德累斯顿抄本》的数学内容最多，它来源于12世纪的石碑。抄本中有些内容涉及气候和雨季的预测。最后一页警示人们留意世界末日的来临，即广为流传的“2012末日预言”，甚至有场景描述，设想由鳄鱼引发的一场洪水将毁灭整个世界。此抄本于1739年由德累斯顿宫廷图书馆于维也纳购得，“二战”结束前德国德累斯顿市毁于盟军的炮火，抄本也付之一炬，现存的是19世纪的副本。

值得一提的是，在法语里，至今仍在用4个20来表示80（quatre-vingts），4个20加10来表示90（quatre-vingt-dix），丹麦人、威尔士人

① 1英尺≈0.305米。——编者注

② 1英寸≈0.025米。——编者注

和盖尔人的语言中也存在这一痕迹。令人惊奇的是，这些地方并不都是温带。在英语里 20（score）是一个常用字，且是一个计量单位，汉语里也有“廿”。至于公元前 2000 年巴比伦人就已使用的六十进制，今天仍在时间和角度计量单位中不可或缺。

可是，人类最终仍普遍接受了十进制。在有记载的历史中，包括古埃及的象形数字、古代中国的甲骨文数字和算筹数字、古希腊的阿提卡数字、古印度的婆罗门数字，等等，都采用了十进制。在我们的头脑里，“十”已成为数制的必然单位，正如“二”已被电脑特别拥有。原因十分简单，博学的希腊哲学家亚里士多德已经为我们指出，“十进制被广泛采纳，只不过是由于我们绝大多数人生来具有 10 个手指这样一个解剖学的事实。”

1	10	100	1 000	10 000	100 000	10^6

古埃及的象形数字

除了口说以外，用手指表达数也曾长期被采纳。英语里的 digit 原本是指手指或脚趾，后来才表示从 1 到 9 这些数字，如今我们正处于数字时代（digital age）。事实上，原始人甚或开化的人，在进行口头计数时往往会同时做出一些手势。例如，当说到“十”字时，会用一只手拍另一只手的手心。对于某些部落或民族，我们可以通过观察他们计数时的手语来判断其归属。在今天的中国，我们仍然可以通过一个人划拳的手势大致弄清楚他或她究竟来自哪个地区或省份。

阿拉伯数系

据考古学发现，刻痕计数大约出现在 3 万年以前，经过极其缓慢的发展，大约在公元前3000多年，终于出现了书写计数和相应的数系。可能是受手指表达数的影响，最早表示数1、2、3和4的书写符号大多是相应数目的竖或横的堆积。前者有古埃及的象形文字、古希腊的阿提卡数字、古代中国的纵式筹码数字和玛雅数字，后者有古代中国的甲骨文数字、横式筹码数字和古印度的婆罗门数字（数4例外）。

有意思的是，以上提到的受手指影响用竖或横来表达前4个数的数系均不约而同地采用了十进制，而另外两种著名的数系，即古巴比伦的楔形数字和玛雅数字，分别用一个个锐利的小等腰三角形和小圆点来表示，却采用了六十进制和二十进制。在数5和5以后，即使同属竖写的数系也有不同的表达法，以10为例，古埃及人用轭或踵骨∩（集合论中的“交”）表示，古希腊人用△（第4个希腊字母）表示，而中国人则用4个竖上面加1横表示。

所谓阿拉伯数系，是指由0，1，2，3，…，9这10个数字及其组合表示的十进制数字书写体系。例如，在911这个数中，右边的1表示1，中间的1却表示1乘以10，而9则表示9乘以100。在今天世界上存在的数以千计的语言系统里，这10个阿拉伯数字是唯一通用的符号（比拉丁字母的使用范围更广）。可以想象，假如没有阿拉伯数系，全球范围内的科技、文化、政治、经济、军事和体育等方面的交流将变得十分困难，甚至不可能进行。

阿拉伯数系也被称为印度—阿拉伯数系，这是因为它是印度人发明的，经由阿拉伯人改造后传递到西方。后一项文明的流通是在12世纪完成的，前一项发明的起源就不得而知了，只是由于近代考古学的进展，在印度的一批石柱和窑洞的墙壁上发现了这些数字的痕迹，其年代在公元前250年到公元200年之间。值得一提的是，那些痕迹里并没有零这个符号，而在公元825年前后，阿拉伯人花拉子密的著作《印度的计算术》里却描述了已经完备的印度数系，今天英文和德文里的零就是依据阿拉伯文音译的。

阿拉伯数字是随着阿拉伯人鼎盛时期的远征传入北非和西班牙

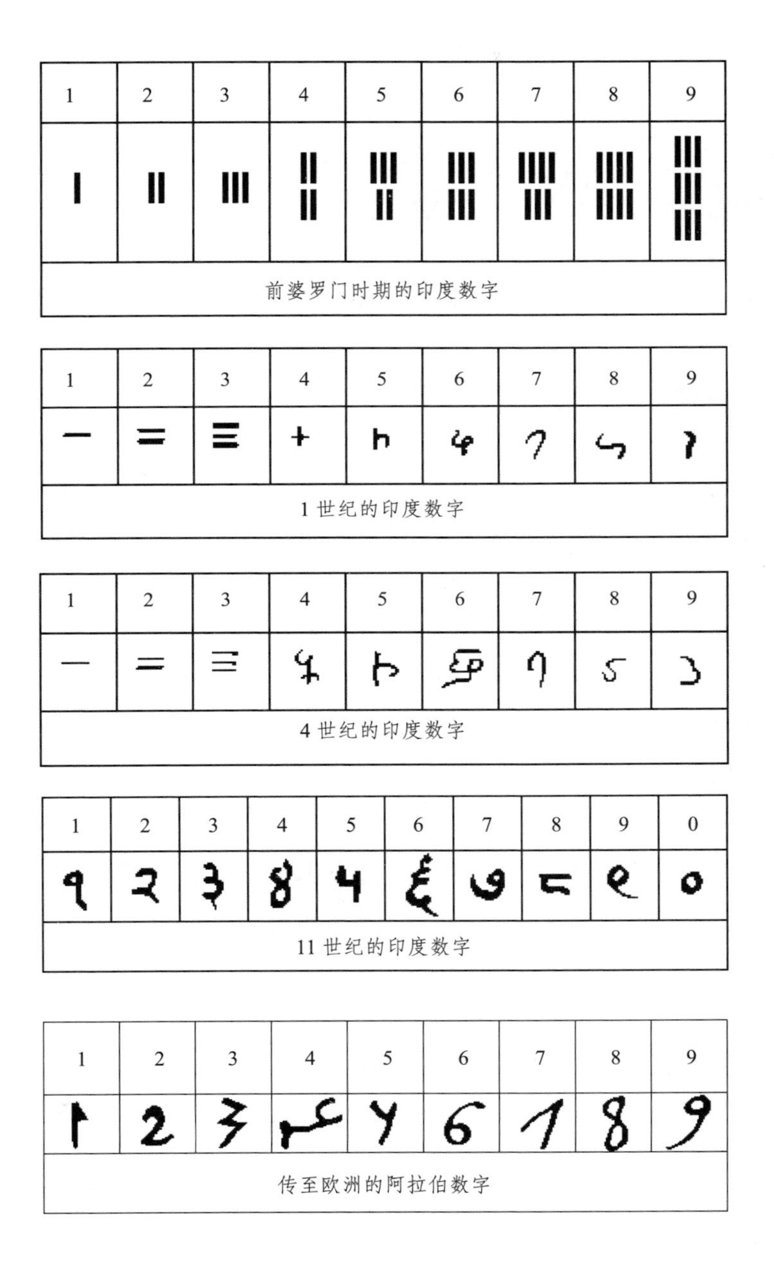
1 2 3 4 5 6 7 8 9
前婆罗门时期的印度数字
1 2 3 4 5 6 7 8 9
1 世纪的印度数字
1 2 3 4 5 6 7 8 9
4 世纪的印度数字
1 2 3 4 5 6 7 8 9 0
11 世纪的印度数字
1 2 3 4 5 6 7 8 9
传至欧洲的阿拉伯数字

的，一位叫斐波那契的意大利人曾受教于西班牙的穆斯林数学家，还曾游历北非。他回到意大利以后，于1202年出版了一部数学著作，这是阿拉伯数字传入穆斯林以外的欧洲的里程碑，对稍后的意大利文艺复兴时期的数学发展有一定的促进作用。有意思的是，也是在13世纪，威尼斯人马可·波罗（Marco Polo，1254—1324）实现了欧洲人对东方的首次访问。其时横跨欧亚两个大陆的君士坦丁堡（今土耳其伊斯坦布尔）是一个战乱纷争之地，这位旅行家也是经由北非和中东绕过地中海，不过是沿着与阿拉伯数字传播路线相反的方向。

形而几何学

数系的出现使得数的书写和数与数之间的运算成为可能。在此基础上，加、减、乘、除乃至于初等算术便在几个古老的文明地区发展起来，而后来数系的统一又为世界数学的发展和应用插上了翅膀。与数的概念的形成一样，人类最初的几何知识也是从他们对形的直觉中萌发出来的。例如，不同种族的人都注意到了圆月和挺拔的松树在形象上的区别。可以想见，几何学便是建立在对这类从自然界提取出来的“形”的总结的基础之上。

一条直线只是一段拉紧了的绳子，来自希腊文的英文Hypotenuse（斜边）的原意就是“拉紧”。我们可以设想，这是将一个直角的两臂拉紧后的连线，于是arms（手臂）就成了两条直角边。如此看来，三角形的概念是人们通过对自己身体的观察得到的。巧合的是，在古代中国也是这样，勾、股在作为小腿和大腿的同时也是直角三角形中较短和较长的直角边，因而我们才有“勾股定理”的说法。在西安半坡出土的陶器残片上，我们可以看到完整的全等三角形图案，每条边由间隔相等的8个小孔连接而成。在埃及旧都底比斯出土的古墓壁画中，也有直线、三角形和弓形等图案。同样，圆、正方形、长方形等几何图形的概念也来自人们的观察和实践。

正如古希腊历史学家希罗多德（Herodotus，约公元前480—约前 425）所指出的，埃及的几何学是“尼罗河的馈赠”。早在公元前 14 世纪，埃及的国王便将土地分封给所有的国民，每个人都得到一块同等面积的土地，然后据此纳税。如果每年春天的尼罗河洪水冲毁了某个人的土地，他就必须向法老报告所受的损失。法老会派专人来测量这个人所失去的土地，再按相应的比例减税。这样一来，几何学（geometry）就产生并发展起来了，geo 意指土地，metry 是测量。这类专门负责测量土地的人有专门的称谓，叫作“司绳”（rope-stretcher）。

巴比伦人的几何学也是源于实际的测量，它的重要特征是其算术性质。至少在公元前 1600 年，他们就已熟悉长方形、直角三角形、等腰三角形和某些梯形的面积计算方法了。古印度几何学的起源则与宗教和建筑实践密切相关，公元前 8 世纪至 2 世纪产生的《绳法经》，便涉及祭坛与寺庙建造中的几何问题及其求解。而在古代中国，几何学的起源更多地与天文观测相联系，大约在公元前 1 世纪成书的《周髀算经》便讨论了天文测量用到的几何方法。

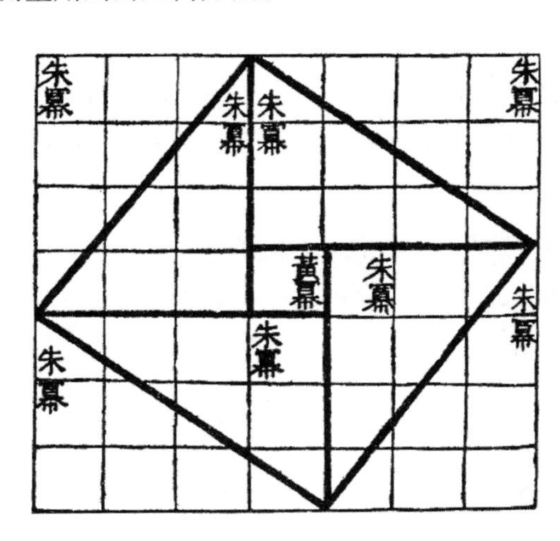

《周髀算经》里的弦图，用以说明边长（3，4，5）的三角形满足勾股定理

尼罗河文明

奇特的地形

在欧洲人的地理概念中，近东或中东是指地中海东岸，也包括土耳其的亚洲部分和北非，即从黑海到直布罗陀海峡之间的环地中海沿岸及附近区域。近东既是人类文明的摇篮，也是西方文明的发祥地。如同美国数学史家M. 克莱因所指出的，“当那些喜欢四处迁徙的游牧民族远离其出生地，在欧洲平原上游荡时，与他们毗邻的近东人民却致力于辛勤耕作，创造文明和文化。若干个世纪以后，居住在这片土地上的东方贤哲们不得不负担起教育未开化的西方人的任务。”

埃及位于地中海的东南角，处于中东和北非的交汇之地。它的西面和南面是世界上最大的撒哈拉大沙漠，东面、北面大部分被红海、地中海环绕，唯一的陆上出口是面积只有 6 万平方公里的西奈半岛。这座半岛的大部分被沙漠和高山覆盖，东西两侧又夹在亚喀巴湾和苏伊士湾之间。只有一条狭窄的通道连接以色列，古罗马的统治者如尤利乌斯·恺撒便是沿着这条路入侵埃及的。而在远古时代，这种外敌的侵犯几乎是不可能的，因此，埃及得以长期保持安定。

除了拥有天然的地理屏障之外，埃及还拥有一条清澈的河流，那便是世界上最长的河流——尼罗河。这条自南向北贯穿埃及全境、最后注入地中海的河流的两岸构成一条狭长而肥沃的河谷，素有“世界上最大的绿洲”之称，因为它的西边是浩瀚的撒哈拉沙漠，东边是阿拉伯沙漠。事实上，尼罗河的英文“Nile”这个词的希腊文原意便是谷地或河谷。正是由于上述两个特殊的地理因素，才造就了以古老的象形文字和巨大的金字塔为标志的绵延 3 000 年的古埃及文明。

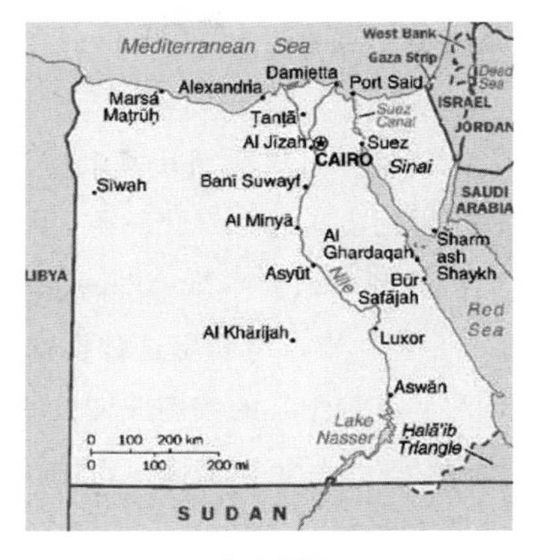

埃及地图

埃及象形文字产生于公元前 3000 年以前，是一种完全图像化的文字，后来被简化成一种更易书写的僧侣体和世俗体。3 世纪前后，随着基督教的兴起，不仅古埃及原始宗教趋于消亡，象形文字也随之烟消云散，现存资料中使用这种文字的最后年代是公元 394 年的一块碑铭。与此同时，埃及基督徒改用一种稍加修改的希腊字母（这种文字随着 7 世纪穆斯林的入侵又逐渐被阿拉伯文取代）。于是，这些神秘的古代文字就成了不解之谜。

纸草书里的象形文字

1799 年，跟随拿破仑远征埃及的法国士兵在距离亚历山大港不远的古港口罗塞塔发现一块面积不足一平方米的石碑，上面刻着用象形文字、世俗体和希腊文三种文字记述的同一铭文。在英国医生兼物理学家托马斯 · 杨（T. Young，1773—1829）的工作基础上，最后由法国历史学家兼语言学家商博良（Champollion，1790—1832）完成了全部碑文的释读。这样一来，就为人们阅读象形文字和僧侣体文献，理解包括数学在内的古埃及文明打开了方便之门，而那块石碑也被后人命名为“罗塞塔石碑”，如今它被收藏在伦敦大英博物馆。

莱茵德纸草书

如果你有机会到开罗旅行，那么除了造访金字塔、参观博物馆，在尼罗河上乘船、看肚皮舞表演以外，你的朋友或导游还会领你去看销售或制作纸莎草纸（Papyrus）的商店或作坊（通常它们是合二为一的）。原来，纸莎草这种植物生长在尼罗河三角洲中，采摘后，人们将其茎秆中心的髓切成细长的狭条，压成一片，经过干燥处理，形成薄而平滑的书写表面。古埃及人一直在这种纸上书写，并被后来的希腊人和罗马人沿用，直到3世纪才被价钱更低、可以两面书写的羊皮纸（Parchment，源自今土耳其）取代，而埃及人则一直使用到8世纪。

所谓纸草书，是指用纸莎草纸书写并装订起来的书籍（确切地说是书卷），我们今天了解的关于古埃及人的数学知识，主要是依据两部纸草书。一部以苏格兰律师兼古董商人莱茵德（A. H. Rhind，1833—1863）的名字命名，现藏于伦敦大英博物馆。另一部叫莫斯科纸草书，由俄国贵族戈列尼雪夫（1856—1947）在底比斯购得，现藏于莫斯科普希金艺术博物馆。莱茵德纸草书又被称为阿姆士纸草书，以纪念公元前1650年左右一位抄录此书的书记官。值得一提的是，阿姆士是人类历史上第一个因为对数学做出贡献而留名的人。该书卷长525厘米，宽33厘米，中间有少量缺失，其缺失的碎片现藏于纽约布鲁克林博物馆。

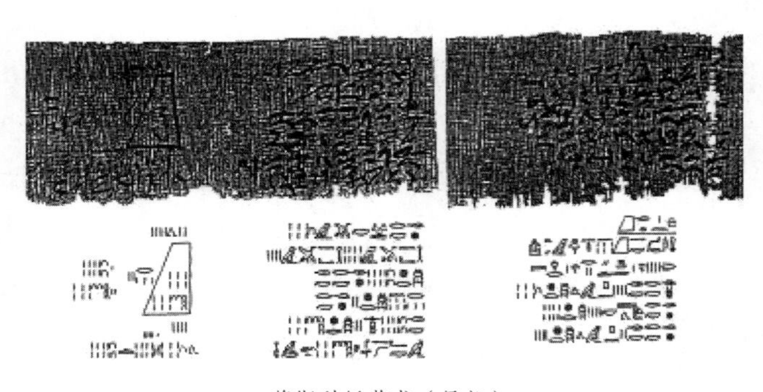

莫斯科纸草书（局部）

这两部纸草书均用僧侣体书写，年代已经十分久远，阿姆士在前言里称到那时为止此书至少流传了两个多世纪。而据专家考证，莫斯科纸草书的成书年代大约在公元前 1850 年。因此，这两部书堪称流传至今最古老的用文字记载数学的典籍。从内容上看，它们只不过是各种类型的数学问题集。莱茵德纸草书的主体部分由 85 个问题组成，莫斯科纸草书则由 25 个问题组成。书中的问题大多来自现实生活，比如面包的成分和啤酒的浓度，牛和家禽的饲料比例及谷物储存，但作者却将它们作为示范性的例子编辑在一起。

数学史留名的苏格兰古董商人莱茵德

既然几何学是“尼罗河的赠礼”，那我们就来看看古埃及人在这方面的成就。在一份古老的地方契约中，人们发现了他们求任意四边形的面积公式，如果用a和b，c和d分别表示四边形的两组对边长度，S表示面积，则

$$S=\frac{(a+b)(c+d)}{4}$$

尽管这种尝试十分大胆，但却十分粗略，这个公式只对长方形这个特殊的四边形才是正确的。我们再来看圆面积的计算。在莱茵德纸草书第 50 题中，假设一个圆的直径为 9，则其面积等于边长为 8 的正方形。如果比较圆面积计算公式，就会发现古埃及人心目中的圆周率（如果有这个概念）相当于

$$(8\times\frac{2}{9})^2\approx 3.160\ 5$$

让人惊讶的是，埃及人在体积计算（其目的是为了储存粮食）问题上达到了相当高的水平，例如他们已经知道圆柱体的体积是底面积

乘以高。又如，对高为h、上下底面分别是边长a和b的正方形的平截头方锥体而言，埃及人得到的体积公式是（莫斯科纸草书第 14 题）：

$$V=\frac{h}{3}(a^2+ab+b^2)$$

这个结论是正确的，这是一项非常了不起的成就。美国数学史家 E. T. 贝尔（E. T. Bell，1883—1960）称其为“最伟大的金字塔[1]”。

埃及分数

在石器时代，人们只需要整数，但进入更为先进的青铜时代以后，分数概念和记号便随之产生了。从纸草书中我们发现，埃及人有一个重要而有趣的特点，就是喜欢使用单位分数，即形如 $1/n$ 的分数。不仅如此，他们可以把任意一个真分数（小于 1 的有理数）表示成若干不相同的单位分数之和。例如，

$$\frac{2}{5}=\frac{1}{3}+\frac{1}{15}$$
$$\frac{7}{29}=\frac{1}{6}+\frac{1}{24}+\frac{1}{58}+\frac{1}{87}+\frac{1}{232}$$

埃及汽车牌照，用两种数系书写

埃及人为何对单位分数情有独钟，我们不得而知，无论如何，利用单位分数，分数的四则运算得以进行，尽管做起来比较麻烦。也正因为如此，才有了被后人称为“埃及分数”（Egyptian fractions）的数学问题，这也是莱茵德纸草书中延伸出来的最有价值的问题。埃及分数属于数论的一个分支——不定方程（也称丢番图

① 在英文里，锥体和金字塔是同一个单词，即 pyramid。

方程，以古希腊最后一位大数学家丢番图的名字命名），它讨论的是下列方程的正整数解

$$\frac{4}{n}=\frac{1}{x_1}+\frac{1}{x_2}+\cdots+\frac{1}{x_k}$$

埃及分数引出了大量的问题，其中有许多至今尚未解决，而且它还不断产生新的问题。毫不夸张地说，每年世界各国有许多硕士、博士论文甚至大师们的工作都是围绕着这个问题开展的。下面我们来举几个例子，1948 年，匈牙利数学家爱多士（P. Erdős，1913—1996，与陈省身分享 1984 年度的沃尔夫奖）和德国出生的美国数学家、爱因斯坦的助手斯特劳斯（E. Straus，1922—1983）曾经猜测：

$$\frac{4}{n}=\frac{1}{x}+\frac{1}{y}+\frac{1}{z}$$

当$n>1$时总有解。显而易见，只要验证当n为素数p时猜想成立即可。美国出生的英国数学家莫德尔（L. J. Mordell，1888—1972，德国数学家伐尔廷斯因为证明了莫德尔猜想而获得菲尔兹奖）证明，除了$n\equiv1$，11^2，13^2，17^2，19^2，23^2（mod 840）之外，此猜想皆成立。这里$a\equiv b$（mod m），表示m整除$a-b$，称a和b关于模m同余。不难验证，当$n\equiv2$（mod 3），上述猜想恒定成立。事实上，

$$\frac{4}{n}=\frac{1}{n}+\frac{1}{\frac{n-2}{3}+1}+\frac{1}{n\left(\frac{n-2}{3}+1\right)}$$

还有人验证当$n<10^{14}$时猜想成立。

接下来，数论学家要考虑的问题是

$$\frac{5}{n}=\frac{1}{x}+\frac{1}{y}+\frac{1}{z}$$

1956 年，波兰数学家席宾斯基（W. Sierpinski，1882—1969）猜测，当$n>1$时上述方程均有解。有人验证了当$n<10^9$，或者n不是形如

278 460k + 1 的数时，此猜测为真。

可是，上述两个问题的完全解决看来遥遥无期。之所以在这里展示这两个问题的部分细节，一方面是想表明，古埃及人的数学并不是我们所想象的那样简单明了。另一方面，也想借此说明，研读某些看似简单的经典问题，常常会给处于现代文明中的我们带来新的启示。费尔马大定理便是一个很好的例子，那是一个 17 世纪的法国人阅读 3 世纪的希腊人的著作时产生的灵感。难怪 20 世纪现代派诗歌运动的领袖、美国诗人庞德（E. Pound，1885—1972）要说："最古老的也是最现代的。"

在河流之间

巴比伦尼亚

尼罗河即使到入海处附近的埃及首都开罗，其水流依然是平缓的，可是流经巴格达的底格里斯河和与之比肩的幼发拉底河却汹涌湍急，正如居住在这块被称作美索不达米亚（今天的伊拉克，希腊文的含意为在河流之间）的土地上的人民所经历的诸多战乱一样（和平时期经济发展速度也快，是大型商队的必经之地）。自有历史记载以来，它先后被10多个外来民族所侵占，却一直维持着高度统一的文化，并曾经三次（苏美尔人、巴比伦尼亚和新巴比伦王国）达到人类文明的最高点。这其中，一种特殊的被称作楔形文字的使用至关重要，后者无疑是文化统一的黏合剂。

巴比伦尼亚位于美索不达米亚东南部，即巴格达周围向南直至波斯湾，巴比伦城是这一地区的首府，因此巴比伦尼亚又简称巴比伦。和埃及人一样，巴比伦人也居住在河流之滨，那里土地肥沃，易于灌溉，孕育出了灿烂的文明。除了创造楔形文字以外，还制定出最早的法典，建立城邦，发明陶轮、帆船、耕犁等。同时，他们还是锲而不舍的建筑师，通天塔和

苏美尔人的圆柱形印章。作者摄于巴格达

空中花园便是这种精神的产物。正如《大英百科全书》的编撰者所写的，巴比伦人的文学、音乐和建筑式样影响了整个西方文明。

在计数方式上，巴比伦人更是别出心裁，他们采用了六十进制。有趣的是，巴比伦人只用了两个记号，即垂直向下的楔子和横卧向左的楔子，再通过排列组合，便可以表示所有的自然数。众所周知，巴比伦人还把一天分成24个小时，每个小时60分钟，每分钟60秒。这种计时方式后来传遍全世界，至今已沿用4 000多年。

与埃及人在纸草书上书写的习惯不同，两河流域的居民用尖芦管在潮湿的软泥板上刻下楔形文字，然后将其晒干或烘干。这样制作而成的泥板文书比纸草书更易于保存，迄今已有50万块出土，成为我们了解古代巴比伦文明的主要文献和工具。只是，人们对楔形文字的释读比埃及象形文字要晚，大约在19世纪中期才完成。这有赖于一块叫贝希斯敦的石崖，它坐落在今天伊朗西部邻近伊拉克的城市巴赫塔兰郊外。

和罗塞塔石碑一样，贝希斯敦石崖上也用三种文字刻着同一篇铭文，分别是巴比伦文、古波斯文和埃兰文。其中埃兰是古波斯的一个国家，后来连同它的语言一起消亡了。破译石崖上的巴比伦文的是一个名叫罗林森（H. C. Rawlinson，1810—1895）的英国军官，他早年作为一名军校生被派往印度，在英国的东印度公司任职。23岁那年，罗林森与其他英国军官奉命赴伊朗整编伊朗国王的军队，由此对波斯古迹发生兴趣。他利用古波斯文的知识，释读了楔形文字书写的巴比伦语。

原来，贝希斯敦铭文讲的是波斯帝国最负盛名的统治者大流士一世如何杀死国王的继承人、击溃反对者夺得王位的故事。此事发生在公元前6世纪。大流士的国土横跨亚欧非三大洲，自然也把巴比伦置于波斯的版图之内。值得一提的是，按照“历史之父”希罗多德的说法，大流士是在得知他的军队在著名的马拉松战役中溃败的消息之后去世的，那是他对希腊发动的第一次进攻。不过，即便破译了巴比伦语，对泥板书中数学部分的释读也要等到20世纪三四十年代才有所突破。

泥板书上的根

泥板文书上的楔形文字

在那50万块出土的泥板文书中，有300多块是数学文献。我们今天对于巴比伦人数学水平的了解，便是基于这些材料。如同前文所介绍的，巴比伦人创造了一套六十进制的楔形文字计数体系（用重复的短线或圆圈表示），并把小时和分钟划分成60个单位。与埃及人相比，巴比伦人的数字符号有所不同，一个数处于不同位置可以表示不同的值，这是一项了不起的成就。之后，他们甚至还把这个原理应用于整数以外的分数。这样一来，在处理分数时就不会像埃及人那样依赖单位分数了。

比起埃及人来，巴比伦人更擅长算术。他们创造出许多成熟的算法，开方根就是其中的一例。这种方法简单有效，具体步骤如下：为求$\sqrt{a}$的值，设a_1为其近似值，先求出$b_1 = a / a_1$，令$a_2 = (a_1 + b_1) / 2$；再求出$b_2 = a / a_2$，令$a_3 = (a_2 + b_2)/2$,；继续下去，这个数值会越来越接近$\sqrt{a}$，并在其正确值附近振荡。例如，在由美国耶鲁大学收藏的一块泥板书（编号7289）里，将$\sqrt{2}$用一个六十进制的小数表示：

$$\sqrt{2} \approx 1 + \frac{24}{60} + \frac{51}{60^2} + \frac{10}{60^3} = 1.414\ 212\ 96\cdots$$

这是相当精确的估计，因为正确的值为$\sqrt{2} \approx 1.414\ 213\ 56\cdots$。

巴比伦人在代数领域也取得了不错的成绩，而埃及人只能求解线性方程和像$ax^2 = b$这类最简单的二次方程。也是在耶鲁大学收藏的一块泥板书里，巴比伦人给出的算法相当于$x^2 - px - q = 0$的求根公式：

古巴比伦人计算出$\sqrt{2}$的值，精确到小数点后5位

$$x=\sqrt{(\frac{p}{2})^2+q}+\frac{p}{2}$$

由于正系数二次方程没有正根，因此除了上述方程，泥板书也给出了另外两种类型的二次方程的正确求解程序。这与16世纪法国数学家韦达发明的根与系数关系式如出一辙，只不过韦达考虑的是更一般的情形，即方程$ax^2+bx+c=0$。因此，我们不妨称其为“巴比伦公式”。而对于$x^3=a$或$x^3+x^2=a$这类特殊的三次方程，巴比伦人虽然没有办法求得一般的解法，但却绘制出相应的表格（前者即立方根表）。

可是，在几何学方面，巴比伦人的成就并没有超越埃及人。例如，他们对四边形的面积估算与埃及人的计算公式一致，十分粗糙。至于圆的面积，他们通常认定其值为半径平方的三倍，相当于取圆周率为3，其精确度尚不及埃及人。不过，有证据表明，巴比伦人懂得用相似性的概念来求线段的长度。对于E.T.贝尔所称赞的莫斯科纸草书中“最伟大的金字塔”，巴比伦人也能推导出类似的公式。

普林顿322号

有一些泥板文书上的问题说明巴比伦人对数学除了抱有实用目的以外，还有理论上的兴趣，这一点是埃及人难以企及的。这在一块叫“普林顿322号”的泥板书上有很好的体现，这块泥板书的来历已经无法考证，只知道曾被一个叫普林顿的人收藏过。322是他个人给予这块泥板的收藏编号，它现存于纽约哥伦比亚大学图书馆。其实，普林顿322号是一块更大的泥板文书的右半部分，因为其左边是断裂的，且留有胶水的痕迹，这说明缺损部分是在出土后丢失的。

普林顿 322 号

普林顿 322 号板的面积很小，长度和宽度分别只有 12.7 厘米和 8.8 厘米。它上面的文字是古巴比伦语，因此它的年代至晚是在公元前 1600 年。实际上，这块泥板上只刻着一张表格，由 4 列 15 行六十进制的数字组成。因此，在相当长的时间内，它被人们误认作一张商业账目表而未受重视。直到 1945 年，时任美国《数学评论》编辑的诺伊格鲍尔（O. Neugebauer，1899—1990）发现了普林顿 322 号的数论意义，才激起了人们对它的极大兴趣。

诺伊格鲍尔的研究表明，普林顿 322 号与毕达哥拉斯数组有关。所谓毕达哥拉斯数组，是指满足

$$a^2 + b^2 = c^2$$

的任何正整数数组（a，b，c），它在古代中国也被称为整勾股数，最小的一组是（3，4，5）。从几何学意义上讲，每一组毕达哥拉斯数皆构成某个整数边长的直角三角形（又称毕达哥拉斯三角形）的三条边长。诺伊格鲍尔发现，第 2、3 列的相应数字，恰好构成毕达哥拉斯三角形的斜边 c 和一条直角边 b。其中只有 4 处例外，诺伊格鲍尔认为那可能是笔误，并做了纠正。

例如，这张表的第 1、5 和 11 行分别是数组（1，59；2，49），（1，5；1，37），（45；1，15），转化成十进制就是（120，119，169），（72，65，97），（60，45，75）。每组中的第一个数是计算后得出来的另一条直角边 a，它们恰好是整数。在补全空缺数字后，诺伊格鲍尔发现，第 4 列（第 1 列是序号）的数字是 $s = (a / c)^2$，也就是说，s 是 b 边

所对应的角的正割的平方。若设b边的对角为B，则

$$s = \csc^2 B$$

普林顿322号第4列实际上给出的是，一张从31°到45°的正割函数平方表（以约1°的间隔）。

大约1 000年以后希腊人才知道，互素的毕达哥拉斯数（a，b，c）可由下列参数公式导出，即

$$a=2uv,\ b=u^2-v^2,\ c=u^2+v^2$$

其中$u>v$，u、v互素且一奇一偶。可是，巴比伦人是如何计算出这些数字的，这无疑是一个谜。

诺伊格鲍尔天才的发现，提升了巴比伦人的数学成就。因此，我想在这里介绍一下这位奥地利人。诺伊格鲍尔于19世纪的最后一年出生，自小父母双亡，由叔叔抚养成人。18岁那年，为了逃避毕业考试，他入伍当了炮兵。“一战”结束时，他在意大利的俘虏营里与同胞哲学家维特根斯坦成为狱友。战后，他辗转于奥地利和德国的几所大学，学习物理学和数学，最后在哥廷根大学攻读数学史，毕业后先后执教于布朗大学和普林斯顿大学。诺伊格鲍尔精通古埃及文和巴比伦文，他是德国和美国两家《数学评论》的创始人。

结语

除了上面介绍的数学成就以外，埃及人和巴比伦人还将数学大量地应用于实际生活。他们在纸草书、泥板书上记载账目、期票、信用卡、卖货单据、抵押契约、待发款项，以及分配利润等事项。算术、代数被用于商业交易，几何公式则被用来推算土地和运河横断面的面积，计算储存在圆形仓或锥形仓中的粮食数量。当然，无论埃及人的金字塔，还是巴比伦人的通天塔和空中花园，都凝聚着数学的智慧和光芒。

一方面，在数学和天文学被用于计算历法和航海之前，人类本能的好奇心和对大自然的恐惧存在已久，他们年复一年地观察太阳、月亮和星星的运行。埃及人已经知道一年共有 365 天，他们对季节的变化也有所了解和掌握。人们通过对太阳方位和角度的观察，预计尼罗河水泛滥的时间；通过对星星的位置和方向的辨别，确定在海洋（地中海或红海）中航船的方向。巴比伦人不仅能预测各大行星在每一天的位置，还能把新月和亏蚀出现的时间精确到几分钟之内。

另一方面，在巴比伦和埃及，数学与绘画、建筑、宗教以及自然界的探究之间的联系，在密切性和重要性方面丝毫不逊色于数学在商业、农业等方面的应用。巴比伦和埃及的祭司可能掌握了普遍的数学原理，但他们对这些知识秘而不宣，只用口头的方法传授，从而加剧了人民大众对统治阶级的敬畏。这样一来，尤其是与没有僧侣阶级统治的文明比较起来，显得不太利于数学和其他文明的发展。

当然，宗教神秘主义本身也对自然数的性质产生了好奇心，并将数作为表达神秘主义思想的一个重要媒介。一般认为，巴比伦的祭司发明了这种有关数的神秘甚或魔幻的学说，后来又为希伯来人加以利用并发

Cōsi. cri. D. Hyp. de Mar.

Secundum volumen consiliorum criminalium excellentissimi Domini Hyppoliti de Marsilijs de Bononia Juris Utriusqz doctoris: ex proprio originali transumptum: Noviterqz summa cū vigilātia castigatū in lucemqz editum: cum suo copiosissimo et eleganti repertorio: et cum suis summarijs ante unūquodqz consilium accommodatis feliciter incipit.

1531

1531 年的拉丁文版《圣经》

展了。比如数字 7，巴比伦人最早注意到了它是上帝的威力和复杂的自然界之间的一个和谐点；到了希伯来人手里，7 又成为一个星期的天数。《圣经》里说，上帝用 6 天时间造物和人，第 7 天是休息日。

还有一些数字之谜，比如，巴比伦人为何要把圆设为 360°？这可能是巴比伦人在公元前最后一个世纪的创造，但却与他们使用已久的六十进制无关，后者被用于小时和分、秒之间的计量换算。2 世纪的希腊天文学家托勒密（C. Ptolemaeus，约 90—168）接受了巴比伦人的这种定义，之后一直被沿用。而埃及人则把他们的天文和几何知识用于建造神庙，使得在一年中白昼最长的那一天，阳光能直接进入庙宇，照亮祭坛上的神像。金字塔朝向天空特定的方向，而斯芬克斯则面向东方。

可以说，是人类层出不穷的需要和兴趣，加上对天空的无法抑制的想象，激发了自身的数学灵感和潜能。巧合的是，自然界本身也存在数学规律，或者说，是以数学的形式存在的。无论柏拉图所言，上帝是一位几何学家；还是雅可比修正的，上帝是一位算术家。这些似乎都意味着，造物主是以数学的方式创造世界的。这样一来，我们就更容易明白，数学不仅来源于人们生存的需要，最终也一定要返回到这个世界中去。

不幸的是，无论埃及还是巴比伦尼亚，在历史上都不断遭受外敌入侵，中东地区的文明或权力交替频繁。特别是在 7 世纪中叶，阿拉伯人的统治重新确立了这两个地区的语言和宗教信仰。后来，这两个民族都没有很好地进入现代社会，可以说社会发展和生产力水平偏低，虽然伊拉克已探明的石油储量位列世界第二。进入 21 世纪以来，它们又相继经历了伊拉克战争和“茉莉花革命”。如此看来，一个国家或民族某个时期数学和文明的发达，并不能确保其经济社会永远持续有效地发展。

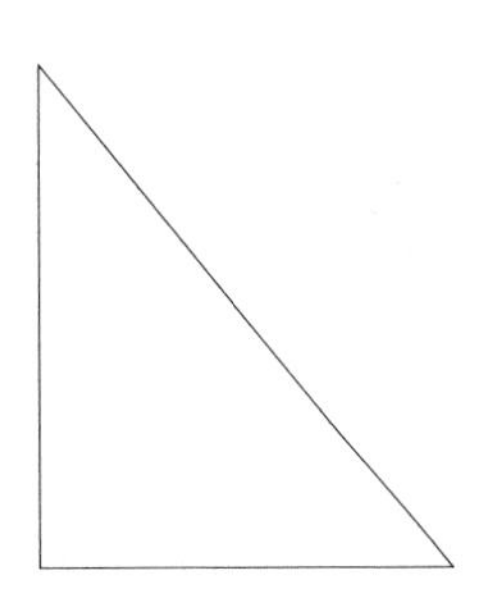

第二章

希腊的那些先哲们

古希腊的数学家和哲学家人才辈出，就如同文艺复兴时期意大利的作家和艺术家一样。

——题记

数学家的诞生

希腊人的出场

大约在公元前7世纪，在今天的意大利南部、希腊和小亚细亚（土耳其亚洲部分的西部）一带兴起了古希腊文明，它在许多方面不同于上一章讲述的古埃及和古巴比伦文明。按照英国作家韦尔斯（H. G. Wells，1866—1946）的说法，巴比伦和埃及经过了长期的发展，从原始农业社会开始，围绕着庙宇和祭司缓慢地成长起来；而游牧的希腊人是外来的民族，他们侵占的土地上本来就有农业、航运、城邦，甚至文字。因此，希腊人并没有产生自己的文明，而是破坏了一个文明，并在它的废墟上重新集合成另一个文明。也正是基于这个原因，当后来被马其顿人打败时，希腊人也能坦然接受，并把入侵者同化了。

一方面，正如罗素在谈及埃及人和巴比伦人时所言，宗教的因素约束了智力的大胆发挥。埃及人的宗教主要关心人死后的日子，金字塔就是一群陵墓建筑；而巴比伦人对宗教的兴趣主要在于现世的福利，记录星辰的运动以及进行有关的法术和占卜，也都是为了这个目的。可是在希腊，既没有相当于先知或祭司那样的人，也没有一个君临一切的耶和华的概念。游牧出身的希腊人有着勇于开拓的精神，他们不愿意因袭传统，而更喜欢接触并学习新鲜的事物。例如，希腊人把他们使用过的象形文字悄悄地改换成腓尼基人的拼音字母。

另一方面，每一个到过希腊的游客都会发现，这个国家的土地崎岖不平，贫瘠的山脉把国土分割开，陆路交通极为不便；没有通畅的河流和水网，仅有少量肥沃的平原。当无法容纳所有的居民时，有些人便渡海去开辟新的殖民地。从西西里岛、南意大利到黑海之滨，希腊人的城镇星罗棋布。既然有如此多的移民，返乡探亲和贸易往来便不可缺少，这样一来，定期航线就把东地中海和黑海的各个港口连接起来了。（这一现象一直延续至今，雅典与爱琴海岛屿之间的航线密布。）加上早先由于地震移居到小亚细亚的克里特人，希腊人与东方的接触越来越多。

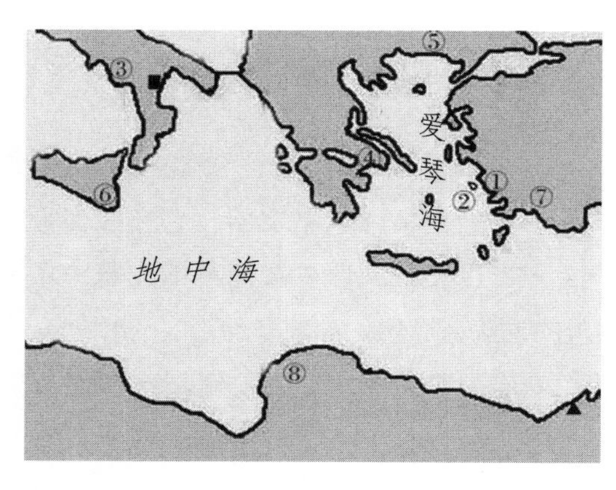

古希腊数学家的出生地

▲亚历山大 ■克罗内托 ①泰勒斯 ②毕达哥拉斯③芝诺④柏拉图⑤亚里士多德⑥阿基米德⑦阿波罗尼奥斯⑧埃拉托色尼

本来，希腊离两大河谷文明比较近，易于汲取那里的文化。当大批游历埃及和巴比伦的希腊商人、学者返回故乡时，他们又带回了那里的数学知识。在城邦社会特有的唯理主义氛围中，这些经验的算术和几何法则被提升到具有逻辑结构的论证数学体系中。人们常常这样发问：“为什么等腰三角形的两个底角相等？”“为什么圆的直径能将圆两等分？”美国数学史家伊夫斯指出，古代东方以经验为依据的方法，在回答“如何”这个问题时，是自信满满的，但当回答更为科学的追问“为什么”时，就不那么胸有成竹了。

最后，我们来谈谈希腊的城邦和政治特色。与东方文明古国多数时间的大一统不同，希腊城邦始终处于割据状态，这当然与它的地理因素有关，山脉和海洋把人们分散在遥远的海岸上。再来看希腊的社会结构，它主要由贵族和平民两个阶级构成（有些地区有原住民充当农民、技工或奴隶），但他们并不彼此截然分开，在战争中同归一个国王领导，而这个国王不过是某个贵族家庭中的首领。这样一来，这个社会便容易产生民主和唯理主义氛围。这一切，都为希腊人在世界文明的舞台上扮演一个重要角色做好了准备。

论证的开端

在人类文明史上不乏接踵而至的巧合，古希腊的数学家和哲学家人才辈出，就如同文艺复兴时期意大利的作家和艺术家一样。1266 年，即大诗人但丁（Dante，1265—1321）降生佛罗伦萨的第二年，这座城市又诞生了世纪最杰出的艺术家乔托（Giotto，1266—1377）。意大利人一般认为，艺术史上最伟大的时代，就是从乔托开始的。而按照英国艺术史家贡布里奇爵士的说法，在乔托以前，人们看待艺术家就像看待一个出色的木匠或裁缝一样，他们甚至不经常在自己的作品上署名；而在乔托以后，艺术史就成了艺术家的历史。

相比之下，数学家出道则要早得多，第一个扬名后世的数学家是希腊的泰勒斯（Thales，约公元前 624—约前 547），他生活的年代比乔托早 18 个世纪。泰勒斯出生在小亚细亚的米利都城（今土耳其亚

泰勒斯头像

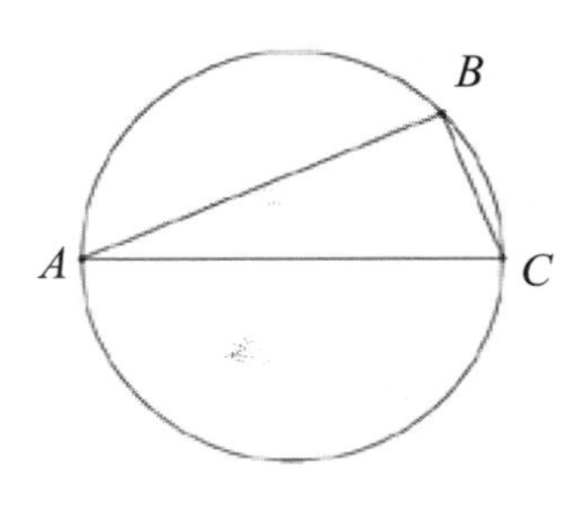

泰勒斯定理

洲部分西海岸门德雷斯河口附近），其时它是希腊在东方最大的城市，周围的居民大多是原先散居的爱奥尼亚移民，因此，那个地区也被称作爱奥尼亚。在这座城市里，商人统治代替了氏族贵族政治，因而思想较为自由和开放，产生了多位文学界和科学哲学界的著名人物，相传诗人荷马（Homer，约公元前 9 世纪—前 8 世纪）和历史学家希罗多德也来自爱奥尼亚。

对于泰勒斯生平的了解，我们主要依赖于后世哲学家的著作。他早年经商，曾游历巴比伦和埃及，很快便学会并掌握了那里的数学和天文学知识。他本人的研究除了这两个领域以外，还涉及物理学、工程和哲学。亚里士多德讲过一则故事：有一年，泰勒斯依据自己掌握的农业知识和气象资料，预见到橄榄必将获得特大丰收，于是提前低价购进了该地区的所有榨油机，事情果然如他所料，于是他高价出租榨油机，获得巨额财富。他这样做并不是想成为富翁，而是想回击有些人对他的讥讽：如果你真那么聪明，为什么没发财呢？

米利都残存的爱奥尼亚廊柱

柏拉图记述了另一桩逸事：有一次，泰勒斯仰观天象，不小心跌进沟渠。一位美丽的女子嘲笑他说，近在足前都看不见，怎么会知道天上的事情呢？对此泰勒斯并未回应，倒是雅典执政官梭伦（Solon，公元前 638—前 559）的发问刺痛了他。据罗马帝国时代的希腊传记作家普鲁塔克（Plutarchus，约 46—120）记载，有一天梭伦来米利都探望泰勒斯，问他为何不结婚。泰勒斯可能是许许多多终身独居的智者中的第一人，当时他未予回答。几天以后，梭伦得到消息，他的儿子不幸死于雅典，这令他悲痛欲绝。这时候，泰勒斯笑着出现了，在告诉梭伦这个消息是虚构的以后，解释自己不愿娶妻生子的原因就是害怕面对失去亲人的痛苦。

第一个数学史家欧德莫斯（Eudemus，约公元前 4 世纪）曾经写道："……（泰勒斯）将几何学研究（从埃及）引入希腊，他本人发现了许多命题，并指导学生研究那些可以推导出其他命题的基本原理。"传说泰勒斯根据人的身高和影子的关系测量出埃及金字塔的高度。柏拉图的一位门徒在书里写道，泰勒斯证明了平面几何中的若干命题：圆的直径将圆分成两个相等的部分；等腰三角形的两个底角相等；两条相交直线形成的对顶角相等；如果两个三角形有两角、一边对应相等，那么这两个三角形全等。

当然，泰勒斯最有意味的成就是如今被称作"泰勒斯定理"的命题：半圆上的圆周角是直角。更为重要的是，他引入了命题证明的思想，即借助一些公理和真实性已经得到确认的命题来论证其他命题，可谓开启了论证数学之先河，这是数学史上一次不同寻常的飞跃。虽然没有原始文献可以证实泰勒斯取得了所有这些成就，但以上记载流传至今，使他获得了历史上第一个数学家和论证几何学鼻祖的美名，"泰勒斯定理"自然也就成了数学史上第一个以数学家名字命名的定理。

在数学以外，泰勒斯也成就非凡。他认为，阳光蒸发水分，雾气从水面上升形成云，云又转化为雨，因此断言水是万物的本质。虽然他的宇宙学观点后来被证明是错误的，但他敢于揭露大自然的本来面目，并建立起自己的思想体系（他还认定地球是一个圆盘，漂浮在水面上），因此他被公认为希腊哲学的鼻祖。在物理学方面，琥珀摩擦产生静电的发现也归功于泰勒斯。希罗多德声称，泰勒斯曾准确地预测出一次日食。欧德莫斯则相信，泰勒斯已经知道按春分、夏至、秋分和冬至来划分的四季是不等长的。

毕达哥拉斯

在泰勒斯的引导下，米利都又接连产生了两位哲人，阿那克西曼德（Anaximander，约公元前 610—前 545）和阿那克西米尼（Anaximenes，约公元前 588—前 526），还有一位作家赫克特斯（Hecataeus，约公元前 550—前 476，他不仅用简洁优美的文笔写出了最早的游记，也是地理学和人种学的先驱）。阿那克西曼德认为世界不是由水组成的，而是由某种特殊的不为我们熟知的基本形式组成的，他认为地球是一个自由浮动的圆柱体。不仅如此，他还创造出一种归谬法，并由此推断出人是由海鱼演化而来的。阿那克西米尼的观点又有所不同，他认为世界是由空气组成的，空气的凝聚和疏散产生了各种不同的物质形式。

萨摩斯岛上的毕氏纪念碑

在离米利都城只有一箭之遥的爱琴海上，有一座叫萨摩斯的小岛。岛上的居民比陆地上保守一些，盛行一种没有严格教条的奥尔菲教，经常把有共同信仰的人召集在一起。这或许是让哲学成为一种生活方式的开端。这种新哲学的先驱是毕达哥拉斯（Pythagoras，约公元前 580—约前 500），他成年后离开萨摩斯岛，到米利都求学。可是，泰勒斯以年事已高为由拒绝了他，但建议他去找阿那克西曼德。毕达哥拉斯不久后发现，在米利都人的眼里，哲学是一种高度实际的东西，这与他本人超然于世的冥想习惯相反。

按照毕达哥拉斯的观点，人可以分成三类：最低层是做买卖交易的人，其次是参加（奥林匹克）竞赛的人，最高一层是旁观者，即所谓的学者或哲学家。之后，毕达哥拉斯离开米利都，独自一人一路游历到埃及，在那里居住了 10 年，学习埃及人的数学。后来，他在埃及沦为波斯人的俘虏，并被掳到了巴比伦，在那里又住了 5 年，掌握了更为先进的数学知识。再加上旅途的停顿，当毕达哥拉斯乘船返回故乡时，时间已经过去了 19 年。这比后来中国东晋的法显（334—420）和唐代的玄奘（602—664）到印度取经所用的时间还久。

可是，保守的萨摩斯人仍无法接纳毕达哥拉斯的思想，他不得不再度漂洋过海去到意大利南部的克罗内托，并在那里安顿下来，娶妻生子、广收弟子，建立了所谓的毕达哥拉斯学派。尽管这个社团是一个秘密组织，有着严格的纪律，但他们的研究成果并没有被宗教思想所左右，反而形成了一个传递 2 000 多年的科学（主要是数学）传统。“哲学”（*φιλοσοφια*）和“数学”（*μαθηματιχα*）这两个词本身就是毕达哥拉斯创造的，前者的意思是“智力爱好”，后者的意思是“可以学到的知识”。

毕达哥拉斯学派的数学成就主要包括：毕达哥拉斯定理；特殊的数和数组的发现，如完全数、友好数、三角形数、毕氏三数；正多面体作图；$\sqrt{2}$的无理性；黄金分割；等等。这些工作有的（如完全数、友好数）至今尚未完成，有的被应用于日常生活的方方面面，有的（如毕氏定理）则提炼出了像费尔马大定理这样深刻而现代的结论。与此同时，毕达哥拉斯学派注重和谐与秩序，并重视限度，认为这就是善，同时强调形式、比例和数的表达方式的重要性。

据说毕达哥拉斯曾用诗歌描述了他发明的第一个定理：

斜边的平方，
如果我没有弄错，

> 等于其他两边的
> 平方之和。

这个早已被巴比伦人和中国人发现的定理的第一个证明过程是由毕达哥拉斯给出的，据说他当时紧紧地抱住他的哑妻大声喊道："我终于发现了！"毕达哥拉斯还发现，三角形的三个内角和等于两个直角的和，他也证明了平面可以用正三角形、正四边形或正六边形填满。我们用后来的镶嵌几何学可以严格推导出，不可能用其他正多边形来填满平面。

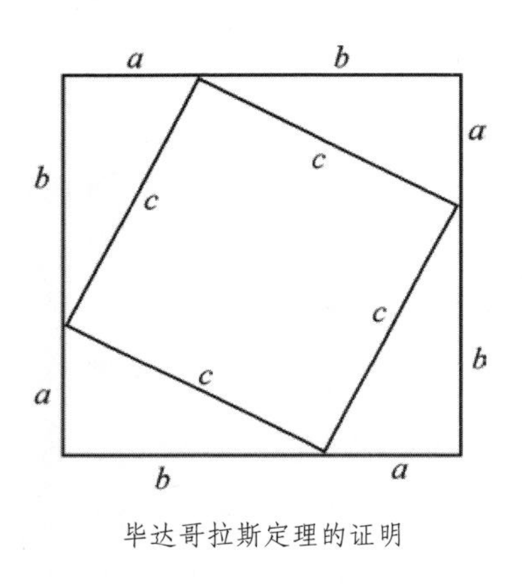

毕达哥拉斯定理的证明

至于毕达哥拉斯是如何证明毕氏定理的，一般认为他采用了一种剖分的方法。如图所示，设a、b、c分别表示直角三角形的两条直角边和斜边，考虑边长为$a+b$的正方形的面积。这个正方形被分成5块，即一个以斜边为边长的正方形和4个与给定的直角三角形全等的三角形。这样一来，用两种方法求面积后经过约减，就可以得到：

$$a^2+b^2=c^2$$

关于自然数，毕达哥拉斯最有趣的发现及定义是亲和数（amicable number）和完全数（perfect number）。完全数是指这样一个数，它等于其真因子的和。例如6和28，因为

$$6=1+2+3,$$
$$28=1+2+4+7+14$$

《圣经》里提到，上帝用6天的时间创造了世界（第7天是休息日）。而相信地心说的古希腊人认为，月亮围绕地球旋转所需的时间是28天（即便在哥白尼的眼里，太阳系也恰好有6颗行星）。必须指

出的是，迄今为止，人们只发现51个偶完全数，却没找到一个奇完全数，但也没有人能够否定奇完全数的存在。

亲和数是指这样一对数，其中的任意一个是另一个的真因子之和，例如220和284。后人为亲和数添加了神秘色彩，使其在魔法术和占星术方面得到应用。《圣经》里提到，雅各送孪生兄弟以扫220只羊，以示挚爱之情。直到2 000多年以后，第二对亲和数（17 926，18 416）才被法国数学家费尔马找到，他的同胞笛卡尔找到了第三对亲和数。虽然运用现代数学技巧和计算机，数学家们发现了1 000多对亲和数，不过第二小的一对（1 184，1 210）却是在19世纪后期才被一位16岁的意大利男孩帕格尼尼找到。

更为难得的是，毕达哥拉斯的思想持续影响着后世的文明。在中世纪时，他被视为“四艺”（算术、几何、音乐、天文）的鼻祖。文艺复兴以来，他的观点如黄金分割、和谐比例均被应用于美学。16世纪初期，哥白尼自认为他的“日心说”属于毕达哥拉斯的哲学体系。随后，自由落体定律的发现者伽利略也被称为毕达哥拉斯主义者。17世纪创建微积分学的莱布尼茨则自视为毕达哥拉斯主义的最后一位传人。

毕达哥拉斯胸像，现藏于罗马卡比托利欧博物馆

谈到音乐，这在毕达哥拉斯看来，是最能对生活方式起到净化作用的东西。他发现了音程之间的数的关系。一根调好的琴弦如果长度减半，将会奏出一个高八度音。同样地，如果缩短到2/3，就会奏出一个第四音，诸如此类。调好的琴弦与和谐的概念在希腊哲学中占据重要地位。和谐意味着平衡，对立面的调整和联合就像音程适当地调高或调低。罗素认为，伦理学

（又称道德哲学）里中庸之道等概念，可以溯源到毕达哥拉斯的这类发现。

音乐上的发现也直接引出了“万物皆数”的理念，这可能是毕达哥拉斯哲学最本质的东西，它将毕达哥拉斯的观点与米利都的那三位先哲区别开来。在毕达哥拉斯看来，一旦掌握了数的结构，就控制了世界。在此以前，人们对数学的兴趣主要源于实际的需要，例如埃及人是为了测量土地和建造金字塔；而到了毕达哥拉斯那里，却是（按希罗多德的说法）“为了探求”。这一点从毕达哥拉斯对“数学”和“哲学”的命名也可以看出来，又如，“计算”一词的原意是“摆布石子”。

毕达哥拉斯认为，数乃神的语言。他指出，我们生活的世界中的多数事物都是匆匆过客，随时会消亡，唯有数和神是永恒的。当今世界早已进入数字时代，这似乎也是毕达哥拉斯的一个预言。但遗憾的是，在这个时代数字所控制的更多的是物质世界，尚缺少一些神圣或精神的东西。

柏拉图学园

芝诺的乌龟

毕达哥拉斯学派在政治上倾向于贵族制，因而在希腊民主力量高涨时受到冲击并逐渐瓦解，毕达哥拉斯也逃离了克罗托内，不久后被杀。在持续不断的波（斯）希（腊）战争之后，雅典成为获胜的希腊的政治、经济和文化中心。尤其到了伯里克利（Pericles，约公元前495—约前429）时代，他对雅典民主政治制度的形成和社会发展做出了重大贡献，其中包括始建于公元前447年的卫城。

与此同时，希腊数学和哲学也随之走向繁荣，并产生了许多学派。第一个著名的学派叫伊利亚学派，创建人是毕达哥拉斯学派成员巴门尼德（Parmenides，约公元前515—约前445），他居住在意大利南部伊利亚（今那波利东南100多公里处），代表人物是他的学生芝诺（Zeno，约公元前490—约前425），师徒俩堪称前苏格拉底时期最有智慧的希腊人。

伯里克利塑像

巴门尼德是少数几个用诗歌的形式表达哲学观点的希腊哲学家之一，他留下的诗集《论自然》（残片）的

第一部分叫“真理之路”，包含了后来的哲学家们十分感兴趣的逻辑学说。巴门尼德认为，存在物的多样性及其变化形式和运动，不过是唯一永恒的存在之现象而已，于是产生了“一切皆一”的巴门尼德原理。巴门尼德认为无法想到的东西不能存在，因此能存在的是可以被想到的，这就与前辈哲学家赫拉克利特（Heraclitus，约公元前540—前470）的“它存在又不存在”相冲突。他还引入理性证明的方法作为论断的基础，因而被看作形而上学的创立者。值得一提的是，毕达哥拉斯、赫拉克利特和巴门尼德都被视为海外的爱奥尼亚人。

柏拉图在《巴门尼德篇》里，用暧昧揶揄的语调记叙了巴门尼德和他的弟子芝诺去雅典的一次访问。其中写道：“巴门尼德年事已高，约65岁；头发灰白，但仪表堂堂。那时，芝诺约40岁，身材魁梧而美观，人家说他已变成巴门尼德所钟爱的人了。”虽然后世的希腊学者推测这次访问是柏拉图虚构的，但却认为对话中对芝诺观点的描写是准确可靠的。据说芝诺为巴门尼德的“存在论”做了辩护，但是不像他的老师那样从正面去证明存在是“一”而不是“多”，而是用归谬法去反证：“如果事物是多数的，将要比‘一’的假设得出更可笑的结果”。

这一方法就成了所谓“芝诺悖论”的出发点，芝诺从“多”和运动的假设出发，一共推导出40个不同的悖论。可惜由于著作失传，至今只留下来8个，其中以4个关于运动的悖论最为著名，这依赖于亚里士多德的《物理学》等著作的记载。即便是这几个悖论，后人的领会也是不得要领，他们认同亚里士多德的引述，认为它们只不过是一些有趣的谬见而加以批判。直到19世纪下半叶，学者们重新研究芝诺的悖论，才发现它们与数学中连续性、无限性等概念紧密相关。

下面，我们来依次介绍芝诺的4个运动悖论，引号内的文字是亚里士多德《物理学》中的原话：

1. 二分说。“运动不存在。原因在于，移动事物在到达目的地之前必须先抵达一半处。”

2. 阿喀琉斯追龟。阿喀琉斯（荷马史诗《伊利亚特》中善跑的猛将）永远追不上一只乌龟，因为阿喀琉斯每次必须先跑到乌龟的出发点。

3. 飞箭静止说。“如果移动的事物总是‘现在’占有一个空间，那么飞驰的箭也是不动的。”

4. 运动场。空间和时间并非由不可分割的单元组成。例如，运动场跑道上有三排队列A、B、C，令A往右移动，C往左移动，其速度相对于B而言均是每瞬间移动一个点。这样一来，A就在每个瞬间离开C两个点的距离，因而必然存在一个更小的时间单元。

前两个悖论针对的是事物无限可分的观点，后两个则蕴含着不可分无限小量的思想。要澄清这些悖论需要高等数学的知识，尤其是极限、连续和无穷集合等概念，这在当时和后来的希腊人看来都是无法理解的，因此包括亚里士多德在内的智者也不能给出解释。可是，亚里士多德分明注意到了，芝诺是从对方的论点出发，再用反证法将其论点驳倒，因此，他称芝诺是雄辩术的发明者。当然，这一切首先是由于希腊的言论自由和学派林立的氛围给了学者们探求真理的机会。

芝诺自幼在乡村长大，运动是他所热爱的事情，也许他提出这些悖论纯粹是出于好奇心和好胜心，并非要给城里的大人物们制造恐慌。不过，芝诺应该是反毕达哥拉斯主义的，后者把一切归因于整数。无论如何，正如美国数学史家贝尔所言，芝诺曾“以非数学的语言，记录下最早同连续性和无限性斗争的人们所遭遇的困难”。在2 400年后的今天，人们已经明白，芝诺的名字永远也不会从数学史或哲学史中消失。近代德国哲学家黑格尔在《哲学史讲演录》中指出，芝诺主要是客观而辩证地考察了运动，他称芝诺是“辩证法的创始人”。

柏拉图学园

现在，我们要谈论古希腊三大哲学家之一的柏拉图（Plato，公元前 427—前 347），还有两位分别是他的老师苏格拉底（Socrates，公元前 469—前 399）和学生亚里士多德（Aristotle，公元前 384—前 322）。这三位都与雅典有关，苏格拉底和柏拉图出生在雅典，亚里士多德则在那里学习之后又执教。苏格拉底既无著作流传后世，也没有建立什么学派，有关他的生平和哲学思想我们主要通过柏拉图和苏格拉底的另一位弟子色诺芬（Xenophon，公元前 440—前 354）来了解。后者既是一位将军，也是历史学家和散文家。苏格拉底在数学方面并无太大的建树，但正如他的两位弟子所评价的，他在逻辑学上有两大贡献，即归纳法和一般定义法。

苏格拉底对柏拉图的影响是无法估量的，尽管后者出生于显赫家庭，而前者的双亲分别是雕刻匠和助产士。苏格拉底相貌平平，不修边幅，却对肉体有着惊人的克制力，有时说着话就突然停下来陷入沉思。尽管很少饮酒，但每饮必有酒友滚倒在桌子底下而苏格拉底却毫无醉意。苏格拉底之死（因受指控腐蚀雅典青年的灵魂而被判服毒），以及临死前表现出来的大无畏精神，给予柏拉图深深的刺激，使他放弃了从政的念头，终其一生投入哲学研究。柏拉图称他的导师是"我所见到的最智慧、最公正、最杰出的人物"。

苏格拉底死后，柏拉图离开雅典，开始了长达 10 年（或许是 12 年）的游历，先后去往小亚细亚、埃及、昔兰尼（今利比亚）、南意大利和西西里等地。途中，柏拉图接触了多位数学家，并亲自钻研数学。返回雅典之后，柏拉图创办了一所颇似现代私立大学的学园（Academy，这个词现在的意思是科学院或高等学府，源自雅典的英雄 Academos）。学园里有教室、饭厅、礼堂、花园和宿舍，柏拉图担任园（校）长，并和他的助手们负责讲授各门课程。除了几次应邀赴西西里讲学以外，他在学园里度过了他生命的后 40 年，学园更是奇迹般地存在了 900 年。

作为哲学家，柏拉图对欧洲的哲学乃至整个文化、社会的发展有着深远的影响。他一生共撰写了 36 本著作，大部分用对话的形式写成。内容主要关乎政治和道德问题，也有的涉及形而上学、认识论、

拉斐尔名画《雅典学派》。柏拉图和亚里士多德居中，毕达哥拉斯、芝诺、欧几里得均在其列

神学和宇宙学。例如，他在《国家篇》里提出，所有的人，不论男女，都应该有机会展示才能，进入管理机构。在《会饮篇》里这位终生未娶的智者谈到了爱欲，“爱欲是从灵魂出发，达到渴求的善，对象是永恒的美”。用最通俗的话讲就是，爱一个美人，实际上是通过美人的身体和后嗣，求得生命的不朽。

虽然柏拉图本人并没有在数学研究方面做出特别突出的贡献（有人将分析法和归谬法归功于他），但他的学园却是那个时代希腊数学活动的中心，大多数重要的数学成就均由他的弟子取得。例如，一般整数的平方根或高次方根的无理性研究（包括摆脱由无理数的发现导致的第一次数学危机），正八面体和正二十面体的构造，圆锥曲线和穷竭法的发明（前者的发明是为了解决倍立方体问题①），等等。就连欧几里得早年也来学园攻读几何学，这一切使得柏拉图及其学园赢得了“数学家的缔造者”的美名。

① 倍立方体问题是所谓的古希腊三大几何问题之一，另外两个是化圆为方问题、三等分角问题。直到 19 世纪数学家们才弄清楚，这三个问题实际上是不可解的。

对数学哲学的探究，也起始于柏拉图。在他看来，数学研究的对象应该是理念世界中永恒不变的关系，而不是现象世界的变化无常。他不仅把数学概念和现实中相应的实体区分开来，也把其和在讨论中用以代表它们的几何图形严格区分开来。举例来说，三角形的理念是唯一的，但存在许多三角形，也存在关于这些三角形的各种不完善的摹本，即各种具有三角形形状的现实物体。这样一来，就把起始于毕达哥拉斯的对数学概念的抽象化定义又推进了一步。

在柏拉图的所有著作中，最有影响力的无疑是《理想国》。这部书由 10 篇对话组成，除了政治学方面的内容，核心部分勾勒出形而上学和科学的哲学。其中第 6 篇谈及数学假设和证明，他写道："研究几何、算术这类学问的人，首先要假定奇数、偶数、三种类型的角以及诸如此类的东西是已知的……从已知的假设出发，以前后一致的方式向下推导，直至得到想要的结论。"由此可见，演绎推理在学园里已然盛行。柏拉图还把数学作图工具严格限定为直尺和圆规，这对于后来欧几里得几何公理体系的形成有着重要的促进作用。

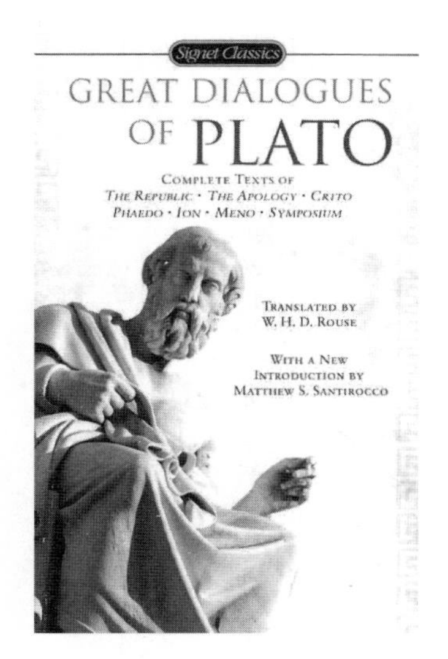

《柏拉图对话录》英文版（2008），含《理想国》

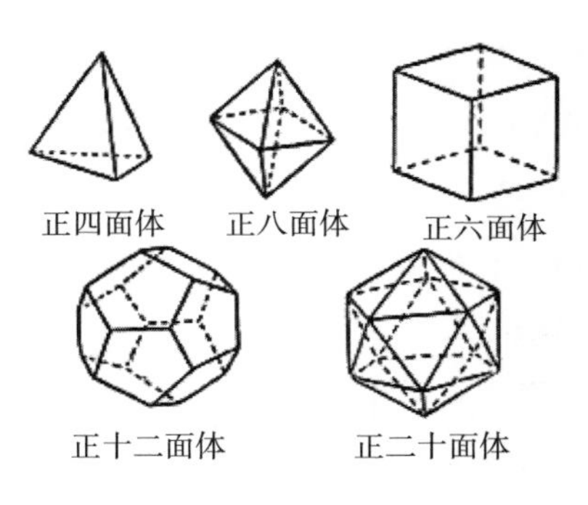

被称为"柏拉图多面体"的 5 种正多面体

谈到几何学，我们都知道那是柏拉图极力推崇的学问，是他构想的要花费 10 年学习的精密科学的重要组成部分。柏拉图认为创造世界的上帝是一个“伟大的几何学家”，他对（仅有的）5 种正多面体的特征和作图有过系统的阐述，以至于它们被后人称为“柏拉图多面体”。从公元 6 世纪以来广为流传的一则故事说，在柏拉图学园门口刻着这样的字，“不懂几何学的人请勿入内”。无论如何，柏拉图充分意识到了数学对探求人类理想的重要性，在他的遗著《法律篇》中，他甚至把那些无视这种重要性的人形容为“猪一般的家伙”。

亚里士多德

公元前 347 年，柏拉图在参加一位朋友的结婚宴会时忽感不适，退到屋子一角平静地辞世，享年 80 岁。虽然没有记载，但参加他葬礼的人中应该有他亲自教诲过的学生亚里士多德。自从 17 岁那年被监护人送入柏拉图学园，他跟随柏拉图已经整整 20 年了。亚里士多德无疑是学园培养的最出色的学生，他后来成为世界古代史上最伟大的哲学家和科学家，对西方文化的取向和内容有着深远的影响，这是其他任何思想家都无法媲美的。

亚里士多德出生在希腊北部哈尔基季基半岛上，当时是马其顿的领土（如今是希腊北部的旅游中心），其父曾担任马其顿国王的御医。或许是受父亲的影响，亚里士多德对生物学和实证科学饶有兴趣；在柏拉图的影响下，他后来又迷恋上哲学推理。在柏拉图死后，亚里士多德开始了游历（正像苏格拉底去世后柏拉图开始游历一样）。他和他的同学兼好友先在小亚细亚的阿苏斯停留了三年，接着到附近莱斯沃斯岛上的米蒂利尼创办了一个研究中心（这两处地方的地理位置恰如南面的米利都和萨摩斯岛），开始从事生物学研究。

42 岁那年，亚里士多德应马其顿国王腓力二世的邀请，来到首都培拉担任 13 岁的王子亚历山大的家庭教师。他试图依照荷马史诗《伊利亚特》中的英雄形象塑造王子，使其体现希腊文明的最高成就。

几年之后，亚里士多德返回故乡，直到公元前335年亚历山大继承王位，亚里士多德又来到雅典，创办了自己的学园（吕园）。此后的12年间，除了研究和写作，他把自己的精力全部投入到吕园的教学和管理事务上。据说亚里士多德授课时喜欢在庭园里边走边讲，这是吕园被称为逍遥学派的原因，而今日英文里演讲或论述一词（discourse）的原意便是“走来走去”。

亚里士多德的《物理学》拉丁文版（1623）

吕园和柏拉图学园均坐落在雅典郊外，与柏拉图的兴趣偏向数学不同，亚里士多德感兴趣的主要是生物学和历史学。但亚里士多德毕竟在学园里熏陶了20年，因而继承了柏拉图的部分数学思想。他对定义做了更为细致的讨论，同时深入研究了数学推理的基本原理，并将它们区分为公理和公设。在他看来，公理是一切科学共同的真理，而公设则是某一门科学特有的最初原理。

亚里士多德在数学领域里最重要的贡献就是将数学推理规范化和系统化，其中最基本的原理是矛盾律（一个命题不能既是真的又是假的），以及排他律（一个命题要么是真的，要么是假的，两者必居其一），它们早已成为数学证明的核心。在哲学领域，亚里士多德最大的贡献在于创立了形式逻辑学，尤其是俗称三段论的逻辑体系，这是他百科全书式的众多建树中的一个。形式逻辑学被后人奉为推理演绎的圭臬，在当时则为欧几里得几何学奠定了方法论的基础，后者无疑是希腊数学黄金时代的标志性成就。

此外，亚里士多德还是新近从数学领域中独立出来的统计学的鼻祖。他撰写的“城邦政情”，包含了各个城邦的历史、行政、科学、艺术、人口、资源和财富等社会和经济情况的比较分析。这类研究后来延续了2 000多年，直到17世纪中叶才被替代，并迅速演化为“统计学”（statistics），但依然保留了城邦（state）的词根。

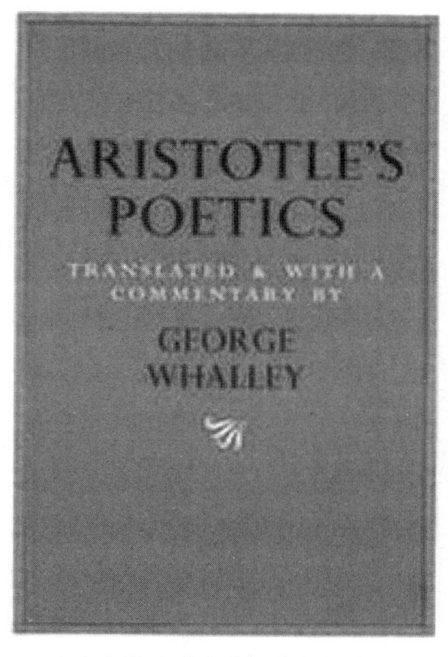

亚里士多德的《诗学》英文版（2004）

最后，必须提及亚里士多德的《诗学》，此书不仅讲述如何写诗，也教导人们如何作画、演戏……这本薄薄的小册子与稍后出版的欧几里得的《几何原本》都是基于对三维空间的模仿，只不过前者是形象的模仿，后者是抽象的模仿，它们堪称古代世界文艺理论和数学理论的最顶尖的总结。

亚历山大学派

《几何原本》

有两个欧几里得（Euclid），一个是哲学家，一个是数学家。哲学家欧几里得（约公元前435—约公元前365）是苏格拉底的弟子，比柏拉图还年长几岁。他来自雅典以西的麦加拉（Megara），是麦加拉学派的创始人。这个学派又称小苏格拉底派，深受苏格拉底和伊利亚学派的影响，认为善是唯一的存在，是永恒不变的“一”，除此以外都是非存在的。该派长于辩论，其主要代表人物是来自米利都的欧布里德，他是欧几里得的学生，提出了7个悖论，其中以“我正在说谎”最为著名。从中揭示了事物内在的矛盾性，触及到物质从量变到质变等问题，推动了逻辑学的发展。

欧几里得塑像

相比之下，数学家欧几里得出生要晚许多，却没有留下任何生活细节或线索。我们甚至不知道他到底出生在哪个洲，欧洲、亚洲还是非洲？这是数学史上的一个难解之谜，至于他的生卒年我们更是无从知晓。我们只知道，他曾在雅典的柏拉图学园学习，后来（大约在公元前300年）受聘来到埃及的亚历山大大学数学系任教，并留下一部《几何原本》(*Elements*) 的著作。其实，英文书名的本意是“原本”。由于这部书作为教科书被广泛地使用了2 000多年（今天初等数学的主要内容仍源于它），加上数学对人类智慧的重要性，欧几里得被视为所有纯粹的数学家中对世界历史的进程最有影响力的一位。

现在，我必须介绍一下亚历山大这座城市。在伯罗奔尼撒战争以后，希腊处于政治上的分裂时期，北方的马其顿人乘虚而入，不久便攻陷了雅典。等到年轻的亚历山大继承了马其顿帝国的王位，在为希腊的文明折服的同时，他也产生了征服世界的野心。在他的军队取得节节胜利的同时，他选择在良好的位置建造一座座新的城市。当亚历山大占领埃及之后，他在地中海边的一个地方（开罗[①]西北方向200多公里处）建起一座以他的名字命名的城池，那是在公元前332年。他不仅请来最好的建筑师，还亲自监督规划、施工和移民。

9年以后，亚历山大远征印度回来，在巴比伦暴病身亡，年仅32岁。之后，他的庞大帝国一分为三，但仍然联合在希腊文化的旗帜下。等到托勒密统治埃及时，他把亚历山大定为首都。为了吸引有学问的人来到这座城市，他下令建立了著名的亚历山大大学，其规模和建制堪与现代大学媲美。该大学的中心是一个大图书馆，据说藏有60多万卷纸草书。自那以后，亚历山大便成为希腊民族精神和文化的首都，并持续了将近1 000年。直到19世纪和20世纪，希腊最负盛名的现代诗人卡瓦菲（C. P. Cavafy，1863—1933）仍选择在亚历山大度过大半生。

欧几里得正是在上述背景下来到亚历山大的，他的《几何原本》应该是在此期间写成的。书中提出的有关几何学和数论的几乎所有定理在他之前就已经为人知晓，使用的证明方法也大体如此。但他却将这些已知的材料做了整理和系统的阐述，包括对各种公理和公设做了

---

① 虽说开罗的历史只有1 300多年，但它的近郊（已经毁坏的孟菲斯）5 000年前就曾是一座大都市，尼罗河在此分成两个支流注入地中海，其中一支就叫罗塞塔。

适当的选取。后一项工作并不容易，需要超乎寻常的判断力和洞察力。之后，他非常仔细地将这些定理做了安排，使得每一个定理都与以前的定理在逻辑上保持一致。欧几里得因此被公认为古希腊几何学的集大成者，《几何原本》问世以后，很快就取代了以前的教科书。

欧几里得之所以能做到这一点，应与他在柏拉图学园所受的熏陶有关。柏拉图强调终极实在的抽象本性和数学对于训练哲学思维的重要性，在他的影响下，包括欧几里得在内的一些数学家将理论从实际需要中分离出来。在这部古代世界（也可以说是所有年代）最著名的教科书里，欧几里得从定义、公设和公理出发，他把点定义为没有部分的一种东西，线（现在称为弧线或曲线）是没有宽度的长度，直线是其上各点无曲折排列的线，等等。全书共分 13 篇，其中第 1~6 篇讲的是平面几何，第 7~9 篇讲的是数论，第 10 篇讲的是无理数，第 11~13 篇讲的是立体几何。全书共收入 465 个命题，用到了 5 条公设和 5 条公理。众所周知，对第五公设的证明或替换的尝试促进了非欧几何学的诞生，我们在第七章将会详细谈论。

在这里，我想特别介绍一下数论部分，它们中相当一部分仍然出现在今天的初等数论教科书中。例如，第 7 篇谈到了两个或两个以上正整数的最大公约数的求法（今称为欧几里得算法），并用它来检验两个数是否互素。第 9 篇中的命题 14 相当于算术基本定理，即任何大于一的数可以分解成若干素数的乘积；命题 20 讲的是素数有无限多个，其证明被普遍视为数学证明的典范，至今仍是每本数论教科书不可或缺的内容；命题 36 给出了著名的偶完全数的充要条件，这个源自毕达哥拉斯的问题至今无人能够彻底解决。

现在，我要讲述两则有关欧几里得的逸事，它们均来自他的希腊同行对《几何原本》的注释读本。据说有一次，国王托勒密觉得此书难读，便向欧几里得询问学习几何学的捷径，他脱口答道："几何学中没有王者之路"。还有一次，当有一个跟欧几里得学习几何学的学生问他，学这门功课会得到什么时，欧几里得没有直接回答这个学生的问题，而是命令一个奴仆给这个学生一个便士，然后说"因为他总想着从学习中捞到什么好处”。

自从德国人古腾堡在15世纪中叶发明活字印刷术以来，《几何原本》在世界各地已经出版了上千个版本，它被视为现代科学产生的一个主要因素，甚至思想家们也为它完整的演绎推理结构所倾倒。值得一提的是，由于亚历山大图书馆相继被罗马军队和偏激的基督徒烧毁，这部著作最完整的拉丁文版本是从阿拉伯文版本转译的。它被意大利传教士利玛窦（Matteo Ricci，1552—1610）和明朝的徐光启（1562—1633）译成中文已是17世纪的事情了，且仅译出了前6篇；整整两个半世纪以后，才由英国传教士伟烈亚力（Alexander Wylie，1815—1887）和清朝数学家李善兰（1811—1882）完成了较为完整的中译本。

阿基米德

欧几里得来到亚历山大大学以后，使得该校数学系名声大震（他可能是系主任），引来各方青年才俊，其中最著名的要数阿基米德（Archimedes，公元前287—前212）。由于有多位罗马历史学家描述记载，阿基米德的生卒年较其他数学家更为可靠。他出生在西西里岛东南的叙拉古（又译锡拉库萨），与国王、王子或亲戚或朋友，其父是天文学家。早年阿基米德在埃及跟随欧几里得的弟子学习，回到故乡以后仍然和那里的人们保持密切的通信联系（他的学术成果多半通过这些信件得以传播和保存），因此可以算是亚历山大学派的成员。

作于1620年的阿基米德画像

阿基米德的著述甚丰，且多为论文手稿而非大部头著作的形式，

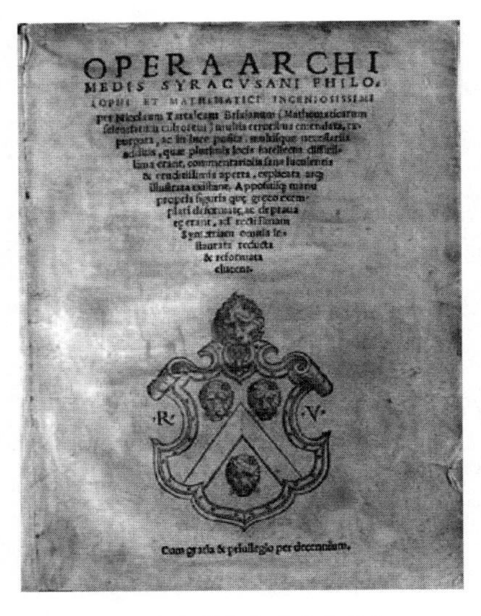

1543 年印刷的阿基米德著作

接近于现代期刊论文格式。这些论著的内容涉及数学、力学及天文学，流传至今的几何学方面的有《圆的度量》《抛物线求积》《论螺线》《论球和圆柱》《论劈锥曲面体和旋转椭圆体》《论平面图形的平衡或重心》，力学方面的有《论浮体》《阿基米德方法》，还有一部给小王子写的科普著作《沙粒的计算》（王子长大后继承了王位并善待阿基米德）。此外，他还有一部仅存的拉丁文著作《引理集》和一部用诗歌语言写作的《群牛问题》，副标题是“给亚历山大数学家埃拉托色尼的信”。

在几何学方面，阿基米德最擅长探求面积、体积及相关问题，在这方面他远胜欧几里得。例如，他把穷竭法用于计算圆的周长，他从圆内接正多边形着手，随着边数的逐渐增加，计算到 96 边时得到了圆周率的近似值$\frac{22}{7}$。这个值精确到小数点后两位，即 3.14，那是公元前人类能获得的关于圆周率的最好结果。他还用类似的方法证明球的表面积等于大圆的 4 倍，这样一来，球表面积的计算公式就有了。

可是，穷竭法只能严格证明已知的命题或猜想，而不能发现新的结果。为此阿基米德发明了一种平衡法，其中蕴含着极限的思想并借助了力学上的杠杆原理，它也是近代积分学里微元法的雏形。例如，球的体积公式（r为圆半径）

$$V=\frac{4}{3}\pi r^3$$

就是阿基米德用这个方法首先推算出来的，接着他用穷竭法给出了证明。这种发现和求证的双重方法无疑是阿基米德的独创，他还用这个方法推导出“抛物线上的弓形面积与其相应的三角形面积之比为 4∶3”，这个命题的发现应是毕达哥拉斯数的比例关系的一个佐证。

与欧几里得相比，阿基米德可以说是应用数学家，这方面有许多故事。古罗马的建筑学家维特鲁威（Vitruvius，公元前 1 世纪）有一部 10 卷本的《建筑十书》，其主要理想是在神庙和公共建筑中保存古典的传统。这部书的第 9 卷记述了一则传诵千古的逸事，随着叙拉古国王的政治威望日益高涨，他为自己订做了一顶金皇冠。完成之后，却有人揭发说皇冠里面掺了银子。国王请阿基米德来解决这个难题，阿基米德闭门谢客、冥思苦想却不得解。一日，阿基米德进入装满水的浴盆泡澡，忽然觉得身体轻盈起来，原来是水溢出了盆面。阿基米德恍然大悟，发现固体的体积可放入水中进行测量，并由此判断其比重和质地。

更有意义的是，经过反复实验和思考，阿基米德还发现了流体力学的基本原理（又称浮体定律）：物体在流体中减轻的重量，等于排出去的流体的重量。又据希腊最后一位大几何学家帕波斯记载，阿基米德曾宣称：“给我一个支点，我就可以撬动地球！”据说为了让人相信这一点，他曾设计出一组滑轮，国王借助这组滑轮亲手移动了一艘三桅大帆船。国王对阿基米德佩服得五体投地，当即宣布，“从现在起，阿基米德说的话我们都要相信”。即便在今天，通过巴拿马运河或苏伊士运河的巨轮，依然依靠有轨的滑轮车推动。

其实，阿基米德之所以说出那样的豪言壮语，是因为他发明并掌握了杠杆原理。不仅如此，他还用他的智慧和力学知识保卫故乡，最后为国捐躯。事情是这样的，叙拉古的近邻迦太基[1]由于商业和殖民利益上的冲突，在公元前 3 世纪和前 2 世纪与罗马人发生了三次战争，史称布匿战争，布匿（Punic）是由腓尼（Poeni）转化而来的。

---

① 迦太基，古代国名，由腓尼基人建立。以今北非突尼斯为中心，鼎盛时期领土东起西西里，西达摩洛哥和西班牙。

其中第二次战争把与迦太基人结盟的叙拉古人也卷了进来，公元前214年，罗马军队包围了叙拉古。

相传叙拉古人先用阿基米德发明的起重机之类的工具把靠近岸边或城墙的船只抓起来，再狠狠地摔下去。又用强大的机械把巨石抛出去，形同暴雨，打得敌人仓皇逃窜。还有一种夸张的说法，阿基米德用巨大的火镜反射阳光焚烧敌船。不过，另一种说法似乎更加可信，即他们将燃烧的火球抛向敌船使之着火。最后，罗马人改用长期围困的策略，叙拉古终因粮尽弹绝而陷落，正在沙盘上画图的阿基米德也被一名莽撞的罗马士兵用长矛刺死。阿基米德之死预示着希腊数学和灿烂的文化开始走向衰败，从此以后，罗马人开始了野蛮和愚昧的统治。

其他数学家

正当罗马人攻陷叙拉古之时，亚历山大学派的另一位代表人物阿波罗尼奥斯（Apollonius，约公元前262—前190）也即将完成他一生的主要工作。他出生在小亚细亚南部的潘菲利亚（离罗德岛不远），早年也在亚历山大大学学习数学，后来回到故乡，晚年又复返亚历山大，直至去世。阿波罗尼奥斯最主要的贡献是写作了一部《圆锥曲线论》，今天我们熟知的椭圆（ellipse）、双曲线（hyperbola）和抛物线

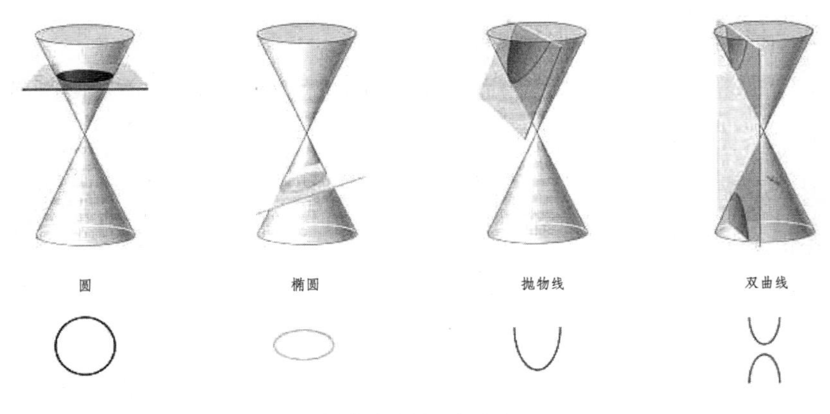

圆锥曲线的几何意义

（parabola）最早都出现在这部书里。[①]

阿波罗尼奥斯的圆锥是这样定义的：给定一个圆和该圆所在平面外一点，过该点和圆上的任意一点可画一条直线（母线），让这条直线移动即可得到所要的圆锥。然后，用一个平面去截圆锥，如果这个截面不与底圆相交，所得的交线就是一个椭圆。如果截面与底圆相交但不与任何一条母线平行，所得的交线就是一条双曲线。如果截面与底圆相交且与其中一条母线平行，所得的交线就是一条抛物线。此外，他还研究了圆锥曲线的直径、切线、中心、渐近线、焦点，等等。

阿波罗尼奥斯用纯几何的方法得到了将近 2 000 年以后解析几何的一些主要结果，令人赞叹。可以说，他的《圆锥曲线论》代表了希腊演绎几何的最高成就，因此他和欧几里得、阿基米德被后人合称为亚历山大前期的三大数学家，他们共同造就了希腊数学的“黄金时代”。在那以后，随着罗马帝国的扩张，雅典及其他许多城市的学术研究迅速枯萎。可是，由于希腊文明的惯性影响，尤其是罗马人对稍远的亚历山大自由思想的宽松态度，仍产生了一批数学家和了不起的学术成果。

亚历山大后期的数学家在几何学方面贡献不大，最值得一提的是海伦（Heron，古希腊数学家）公式。设三角形的边长依次为 a、b、c，$s=(a+b+c)/2$，面积为 Δ，则

$$\Delta=\sqrt{s(s-a)(s-b)(s-c)}$$

后来人们才知道，这个公式是由阿基米德首先发现的，但却没有收入他现存的著作里。相比之下，三角学的建立更值得称道，相关内容被收在一部天文学著作《天文学大成》里，书的作者是一位与国王托勒密同名的数学家、地理学家和天文学家。这本书因为提出了“地心说”而在整个中世纪成为西方天文学的经典，作者托勒密也被视为

① 椭圆、双曲线和抛物线这三个中文译名由清代数学家李善兰于 1859 年率先使用，那一年达尔文的《物种起源》正式出版。

古希腊最伟大的天文学家。不过，他出生时托勒密王朝已经落幕。托勒密用六十进制算出π的值为（3；8，30），即$\frac{377}{120}$，或3.141 6。在几何学中，所谓的“托勒密定理”是这样陈述的：

圆内接四边形中，两条对角线长的乘积等于两对边长乘积之和。

亚历山大后期希腊数学的一个重要特点是，突破了前期围绕几何学的传统，而使算术和代数成为独立的学科。希腊人所谓的“算术”（Arithmetic）即今天的数论（number theory），这个词被沿用至今，波兰的《数论学报》英文名为Acta Arithmetic。《几何原本》之后，数论领域的代表著作当算丢番图（Diophantus，约246—330）的《算术》，其拉丁文译本是通过阿拉伯文转译的。书中以讨论不定方程的求解著称，此类方程又称丢番图方程，是指整系数的代数方程，一般只考虑整数解，未知数的个数通常多于方程的个数。

这本书中最有名的问题是第2卷的问题8，丢番图这样表述它：将一个已知的平方数表示为两个平方数之和。17世纪的法国数学家费尔马在阅读此书的拉丁文译本时添加了一个注释，引出了后来举世瞩目的“费尔马大定理”。同样有趣的是丢番图的生平，一般认为他生活在公元250年前后。在6世纪元年前后结集而成的一本《希腊诗选》里，有一首恰好是丢番图的墓志铭：

坟墓里边安葬着丢番图，
多么让人惊讶，
他所经历的道路忠实地记录如下：
上帝给予的童年占六分之一，
又过了十二分之一，两颊长须，
再过七分之一，点燃起婚礼的蜡烛。
五年之后天赐贵子，

可怜迟到的宁馨儿，

享年仅及父亲的一半，便进入冰冷的墓。

悲伤只有用整数的研究去弥补，

又过了四年，他也走完了人生的旅途。

这相当于解方程

$$\frac{x}{6}+\frac{x}{12}+\frac{x}{7}+5+\frac{x}{2}+4=x$$

答案是$x=84$，由此人们便知丢番图活了 84 岁。

到了帕波斯（Pappus）生活的年代（公元 320 年前后），中国数学家刘徽已在世。和丢番图一样，帕波斯也有一本传世著作《数学汇编》，此书被视为希腊数学的“安魂曲”。其中最突出的结论是：在周长相等的平面封闭图形中，圆的面积最大。这个问题涉及极值，属于高等数学范畴。书中还给出了解决倍立方体问题的 4 种尝试，其中第一种尝试是由埃拉托色尼给出的。埃拉托色尼（Eratosthenes，约公元前 276—约前 194）出生在昔兰尼（今利比亚），后来去亚历山大求学，有着“柏拉图第二”的美誉。但他无疑更多才多艺，还是一位诗人、哲学家、历史学家、天文学家和五项全能运动员。

数论中有所谓的埃拉托色尼筛法，它提供了制造素数表的最初方法，即便到了 20 世纪，有关偶数哥德巴赫猜想的研究也主要依赖于这种方法及其变种。埃拉托色尼还是第一个较为精确地计算出地球周长的人，而他在亚历山大的同事阿基米德所得结果却相去甚远。埃拉托色尼最有实用价值的工作是，他率先划分出地球的 5 个气候带，这种划分方法沿用至今。他在分析比较了地中海（大西洋水系）和红海（印度洋水系）的潮涨潮落之后，断定它们是相通的。也就是说，可以从海上绕过非洲，这为 15 世纪末葡萄牙人达·伽马（Vasco da Gama，约 1460—1524）从水路到达印度提供了理论依据。

不过，埃拉托色尼绘制的这幅（据称是人类历史上第一幅）世界地图（阿拉伯湾即红海，厄立特尼亚海即印度洋，没有亚洲东部、美

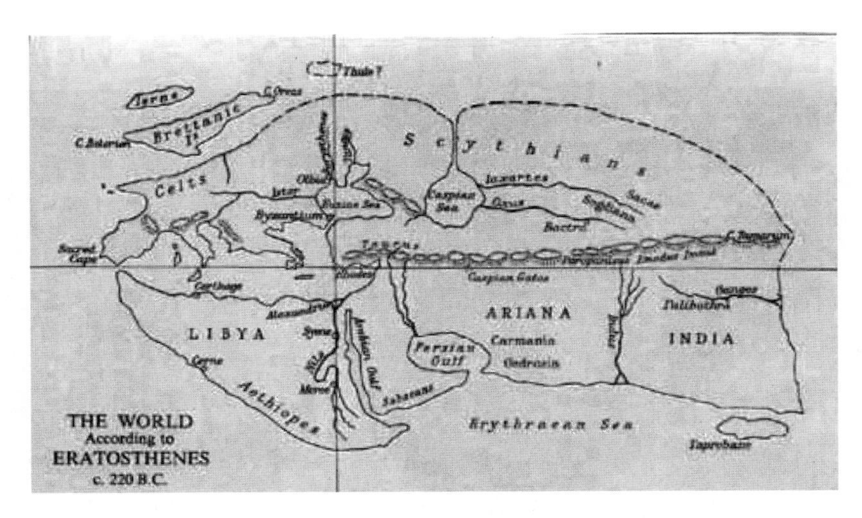

埃拉托色尼绘制的世界地图（公元前 220 年）

洲、大洋洲和南极洲）却表明，古希腊人所认识的世界仍是非常有限的。因此，他们在数学和艺术方面取得的成就（尽管已达到古典时期的高峰）仍是值得怀疑的，至少是不完整的，这为 19 世纪前半叶现代主义（在数学领域表现为非欧几何学和非交换代数）的出现和茁壮成长埋下了一颗种子。

结语

从以上论述中我们不难发现，希腊数学有两个显著的特点，一是抽象化和演绎精神，二是它与哲学的关系非常密切。正如M. 克莱因所言，埃及人和巴比伦人所积累的数学知识就像空中楼阁，或由沙子砌成的房屋，一触即溃；而希腊人建造的却是一座座坚不可摧的、永远的宫殿。另外，如同音乐爱好者将音乐视为结构、音程和旋律的组合一样，希腊人也将美看作秩序、一致、完整和明晰。柏拉图声称，“无论我们希腊人接受什么东西，我们都要将其改善并使之完美无缺。”

柏拉图喜爱几何学，亚里士多德则不愿把数学和美学分开，他认为秩序和对称是美的重要因素，这两者都不难在数学中找到。事实上，古希腊人认为球是一切形体中最美的，因而它是神圣的，也是善良的。圆也与球一样为人们所喜爱，因而天上那些代表万劫不变的永恒秩序的行星均以圆为它们的运动轨迹，而在不完善的大地之上，则以直线运动居多。正因为数学对希腊人有如此这般美丽的吸引力，才使他们坚持探索那些超出理解自然所需要的数学定理和法则。

不仅如此，希腊人还是天生的哲学家，他们热爱理性，爱好体育和精神活动，这就使得他们与其他民族有了重要的区别。从公元前6世纪米利都的泰勒斯到公元前337年柏拉图去世，这段时期是数学和哲学的第一个蜜月期，数学家和哲学家甚至同为一个人。说起希腊哲学，它的一个显著特点就是把整个宇宙作为研究对象，也就是说，哲学是包罗万象的。这与那时候数学的发展处于初级阶段不无关系，数学家们只能讨论简单的几何学和算术，对运动和变化无能为力（因此才有了芝诺的悖论），他们只好以哲学家的身份另外担起解释者的重任。

可是，随着希腊诸城邦被马其顿帝国控制（公元前338年），希腊的数学中心从雅典转移到了地中海南面的亚历山大城，数学和哲学的蜜月期随之结束。尽管如此，这一曾经有过的奇妙结合还是催生了一部堪称古代世界逻辑演绎最高结晶的著作——欧几里得《几何原本》。这部书的意义不仅在于贡献了一系列美妙的定理，更有价值的是孕育、演绎出一种理性的精神。可以说，后世的一代又一代欧洲人正是从这部著作里学会了如何进行无懈可击的推理。谁又能否认，西方社会由来已久的民主和司法制度也与之有关呢？

由于希腊当时有许多原住民和被文明吸引过来的外来奴隶，他们负责耕种土地、收获庄稼，从事城邦里各项具体的劳动和杂务，使得许多人有时间从事唯理主义的思考和探讨。但这样的生活在物质并非十分富足的情况下终归不会持久，讲究实效的罗马最后取代了精神至上的希腊，正如很久以后，热衷于物质进步的美国取代了理想主义

作于1866年的素描《希帕蒂娅之死》

的欧洲一样。公元 415 年，人类第一个有记载的女数学家希帕蒂娅（Hypatia，约 370—415）在她的故乡亚历山大被一群暴徒残杀，标志着希腊文明难以避免衰败的结局。

希帕蒂娅的父亲是最权威的《几何原本》版本的注释者，她本人也是丢番图的《算术》和阿波罗尼奥斯的《圆锥曲线论》的注释者，还是亚历山大新柏拉图主义哲学的领袖，据说以其美貌、善良和非凡的才智吸引了大批崇拜者。可惜的是，希帕蒂娅的所有注释本均已遗失，我们甚至不知道她写过哪些哲学著作，仅存的只有学生写给她的信件，信中向她讨教如何制造星盘和水钟的问题。

在希腊文明衰落之后，无论是在罗马统治时期，还是在漫长的中世纪（后面两章我们将会看到，这为几个东方古国再度登上世界历史舞台提供了契机），数学与哲学都渐行渐远。直到 16 世纪，“意大利人文主义思想强调了毕达哥拉斯和柏拉图的数学传统，世界的数字结构再次受到重视，并取代了曾使之黯然失色的亚里士多德传统”（罗素语）。而到了 17 世纪，随着微积分学的诞生，哲学和数学再次靠近，不过那时哲学的主要研究目标已缩小成“人怎样认识世界”了。

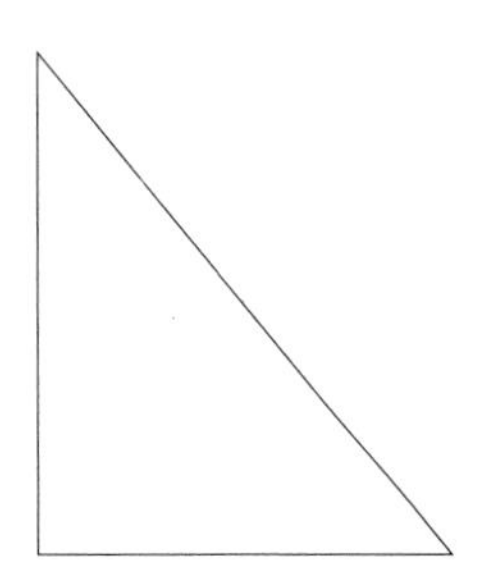

第三章

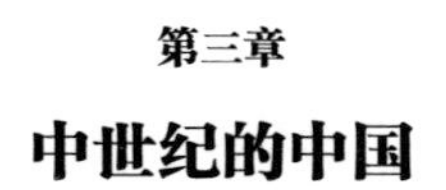

中世纪的中国

> 可以肯定的是，中国（古代）科学所达到的境界是达·芬奇式的，而不是伽利略式的。
>
> ——李约瑟

引子

先秦时代

正当埃及和巴比伦的文明在亚、非、欧三大洲的接壤处发展的时候，另一个完全不同的文明在遥远的东方，也沿着黄河和长江流域发展并散播开来，这就是中国文明。学者们通常认为，在今天新疆的塔里木盆地和幼发拉底河之间，由于一系列高山、沙漠和蛮横的游牧部落的阻隔，远古时代任何迁徙的可能性都不存在。在公元前 2700 年到公元前 2300 年间，出现了传说中的五帝，之后又相继出现了一系列王朝。[①]尽管刻录汉字的竹板不如泥板书和纸草书耐久，但“由于中国人勤于记录，仍有相当多的资料流传下来”（英国科学史家李约瑟语）。

与巴比伦和埃及一样，远古时代的中国也有数和形的萌芽。虽说殷商甲骨文的破译仍未完成，但已发现有完整的十进制。最迟在春秋战国时代，就已出现严格的算筹计数，这种计数法分为纵横两种形式，分别表示奇数位数和偶数位数，逢零则虚位以待。关于形，司马迁（约公元前 145—约前 90）在《史记 · 夏本纪》（公元前 1 世纪）里记载，“（夏禹治水）左规矩，右准绳”，“规”和“矩”分别是圆规和直角尺，“准绳”则是用来确定垂线的器械，或许这算得上几何学的早期应用。

---

① 2007 年冬天公布的良渚文化城址，预示着夏朝或许不是中国历史上的第一个朝代。

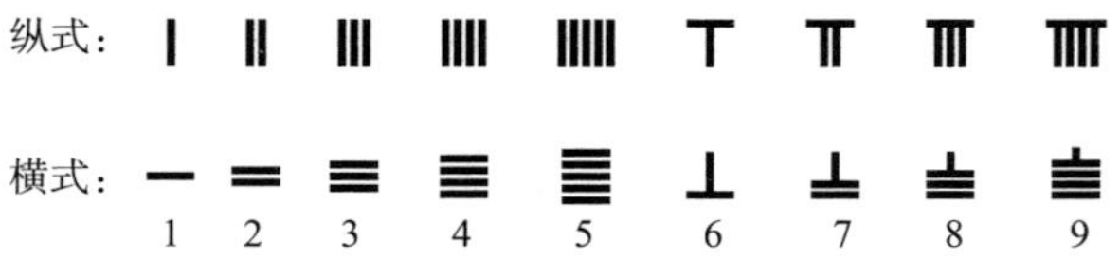

纵式：

横式：

1 2 3 4 5 6 7 8 9

中国古代的算筹计数法

更为难得的是，与热衷探讨哲学和数学理论的希腊雅典学派一样，处于同一时期的中国战国（公元前475—前221）也有诸子百家，那是盛产哲学家的年代，被德国存在主义哲学家雅斯贝尔斯誉为“轴心时代”。其中，“墨家”的代表作《墨经》讨论了形式逻辑的某些法则，并在此基础上提出一系列数学概念的抽象定义，甚至涉及“无穷”的概念。而以善辩著称的名家，对无穷概念则有着更进一步的认识。道家的经典著作《庄子·杂篇》记载了名家的代表人物惠施的命题：“至大无外，谓之大一。至小无内，谓之小一。”此处“大一”是指无限宇宙，“小一”相当于德谟克利特的原子。

惠施（约公元前370—前310）是哲学家，宋国（今河南）人，当时的声望仅次于孔子和墨子。他曾任魏相15年，主张联合齐楚抗秦，政绩卓著。惠施与《庄子》作者庄周既是朋友，又是论敌，两人的鱼乐之辩《庄子·外篇·秋水》是很著名的辩论。惠施死后，庄周叹息再无可言之人。惠施涉及数学概念的精彩言论尚有：

> 矩不方，规不可以为圆；
> 飞鸟之影未尝动也；
> 镞矢之疾，而有不行、不止之时；
> 一尺之棰，日取其半，万世不竭；

等等。从中可以看出，这些言论与早他一个世纪的希腊人芝诺的悖论有异曲同工之妙。惠施的后继者公孙龙（公元前320—前250）以“白马非马”之说闻名，虽然在逻辑学上区分了“一般”和“个别”，却未免有诡辩之嫌。

可惜的是，名、墨两家在先秦诸子中属于例外，其他包括更有社会影响力的儒、道、法等各家的著作则很少关心与数学有关的论题，而只注重治国经世、社会伦理和修心养身之道，这与古希腊学派的唯理主义有很大的差异。始皇帝统一中国以后，结束了百家争鸣的局面，还焚烧了各国史书和民间典藏。到汉武帝时（公元前 140 年）则独尊儒术，名、墨著作中的数学论证思想失去进一步发展的机会。不过，由于社会稳定，加上对外开放，经济出现了空前的繁荣，推动数学向实用和算法方向发展，也取得了较大的成就。

《周髀算经》

公元前 47 年，亚历山大图书馆在尤利乌斯·恺撒统率的罗马军队攻城时被部分烧毁，恺撒的军事行动是为了帮助他的情人克娄巴特拉（埃及艳后）夺取政权。后者是托勒密十二世的次女，先后与她的两个弟弟托勒密十三世和十四世，以及她和恺撒生的儿子——托勒密十五世共同执政。那时候的中国属于西汉后期，正处于第一个数学高峰的上升阶段。一般认为，中国最重要的古典数学名著《九章算术》就是在那个年代（公元前 1 世纪）成书的，而更为古老的数学著作《周髀算经》[①]的成书时间应该在此以前。

目前已知中国最早的数学著作《算术书》

值得一提的是，对中国古代科学技术史颇有研究的李约瑟（Joseph Needham，1900—1995）虽然认同《九章算术》代表了比《周髀算经》更为先进的数学水准，但却认为，我们对后者所能给出的确切的成书年代比起前者来还要晚两个世纪。显而易见，这是数学史家

① 1984 年年初在湖北江陵张象山出土的一批西汉初年的竹简中，有一部《算术书》，体例也是问题集，但未分章卷，有可能是中国已知最早的数学著作。

和考古学家的一大遗憾。李约瑟在其巨著《中国科学技术史》里叹息道："这是一个比较复杂的问题……书中有一部分结果是如此古老，不由得让我们相信它们的年代可以追溯到战国时期。"

不仅《周髀算经》的成书年代无法考证，就连作者也不详，这与《几何原本》的命运有别。这部著作中最让人感兴趣的数学结果有两个。其一当然是勾股定理了，即关于直角三角形的毕达哥拉斯定理，该定理的提出至少是在毕氏（公元前6世纪）以前，但是没有欧几里得在《几何原本》之第一卷的命题47中所提供的证明。有意思的是，该定理是以记载西周初年（公元前11世纪）政治家周公与大夫商高讨论勾股测量的对话形式出现的。可以说，这两位也是中国历史上最早留名的与数学有关的人物。

周公是文王之子，武王之弟。武王卒后，他摄政并平定了叛乱，7年之后又还政于成年的成王。周公主张以礼治国，他制定了中国古代的礼法制度，使得周朝延续了800多年，孔子将其视为理想的楷模。商高在答周公问时提到"勾广三，股修四，径隅五"，这是勾股定理的特例，因此它又被称为商高定理，商高并给出了勾股定理证明的梗概。书中还记载了周公后人荣方和陈子（公元前六七世纪）的一段对话，包含了勾股定理的一般形式：

> ……以日下为勾，日高为股，勾股各自乘，并而开方除之，得邪至日。

不难看出，这是从天文测量中总结出来的规律。在中国古文里，勾和股分别指直角三角形中较短和较长的直角边，而髀的意思是大腿或大腿骨，也是测量日高的两处立表。《周髀算经》中另一个重要的数学结论即所谓的日高公式，它在早期天文学和历法编制中被广泛使用。日高公式是由三国时期东吴数学家赵爽给出证明，这个证明久已遗失，直到1975年才由数学家吴文俊将其复原。

书中也有分数的应用、乘法的讨论以及寻找公分母的方法，这表明平方根当时已有应用了。值得一提的是，该书的对话中提到了治水的大禹，伏羲和女娲手中的规和矩，这表明当时已有测量术和应用数学了。此外，书中还有几何学产生于计量的零星观点。李约瑟认为，这似乎表明中国人从远古时代起就具有算术和商业头脑，他们对那种与具体数字无关的、单从某种假设出发得以证明的定理和命题所组成的抽象几何学不太感兴趣。

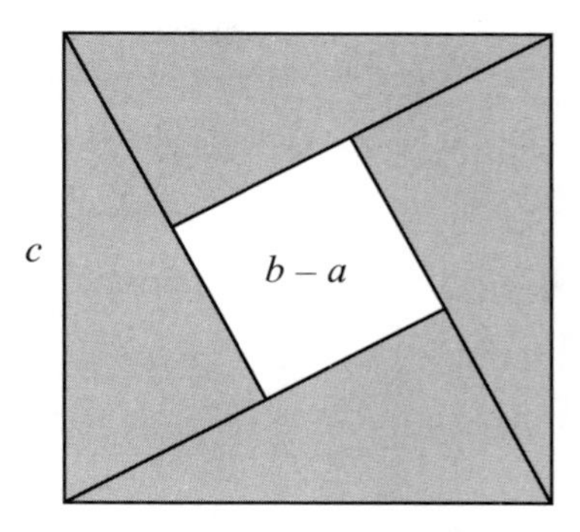

赵爽用此图证明勾股定理

令人欣慰的是，赵爽用非常优美的方法独立证明了勾股定理。他是在注释《周髀算经》时运用面积的出入相补法给出证明的。如上图所示，设直角三角形的两条直角边长分别为a和b，$b>a$，则以它的斜边c为边长的正方形可以分成 5 块，即一个边长为$b-a$的正方形和 4 个全等的直角三角形，计算化简可得$a^2+b^2=c^2$。这个证明与 800 年前毕达哥拉斯的证明可谓异曲同工，只不过毕氏的证明是后人推测的，而赵爽的证明却有案可查，且图形更为美丽。

《九章算术》

与《周髀算经》不同的是，虽然《九章算术》的作者和成书年份也不详，但是基本上可以确定，此书是从西周时期贵族子弟必修的六门课程（六艺）之一的“九数”发展而来，并经过西汉时期的两位数学家的删补。为首的张苍（公元前 256—前 152）也是著名的政治家，曾为汉文帝的丞相，在位期间亲自制定了律法和度量衡。一般认为，《九章算术》是从先秦至西汉中叶经过众多学者编撰、修改而成的一部数学著作。

《九章算术》采用了问题集的形式，把 246 个问题分成 9 章，依次为：方田、粟米、衰分、少广、商功、均输、盈不足、方程、勾股。由此可以看出，这部书的重点是计算和应用数学，仅有的涉及几何的部分也主要是面积和体积的计算。粟米、衰分、均输这三章集中

九章算術細艸圖說
嘉慶庚辰新鐫
語鴻堂藏板
鴻文堂發兌

清嘉庆年间刻印的《九章算术》

讨论了数字的比例问题，与希腊人用几何线段建立起来的比例论形成了鲜明的对照。“衰分”就是按一定的级差分配，“均输”则是为了解决粮食运输负担的平均分配问题。

书中最有学术价值的算术问题应该是所谓的“盈不足术”，即求方程$f(x)=0$的根。先假设一个答数为x_1，$f(x_1)=y_1$，再假设另一个答数为x_2，$f(x_2)=-y_2$，求出

$$x=\frac{x_1y_2+x_2y_1}{y_1+y_2}=\frac{x_2f(x_1)-x_1f(x_2)}{f(x_1)-f(x_2)}$$

如果$f(x)$是一次函数，则这个解答是精确的；如果$f(x)$是非线形函数，则这个解答只是一个近似值。在今天看来，盈不足术相当于一种线形插值法。

在13世纪意大利数学家斐波那契所著《算经》(又名《算盘书》)中有一章专门讲“契丹算法”，指的就是“盈不足术”，因为欧洲人和阿拉伯人古时候称中国为契丹。可以想见，“盈不足术”是借着丝绸之路，经过中亚流传到阿拉伯国家，再通过他们的著作传至西方的。

在代数领域，《九章算术》的记载就更有意义了。在“方程”一章里，已经有了线性联立方程组的解法，例如：

$$\begin{cases} x + 2y + 3z = 26 \\ 2x + 3y + z = 34 \\ 3x + 2y + z = 39 \end{cases}$$

《九章算术》里没有表示未知数的符号，而是把未知数的系数和常数垂直排列成一个矩阵（方程）图表，即

1	2	3
2	3	2
3	1	1
26	34	39

再通过相当于消元法的“直除法”，把此“方程”的前三行转化成只有反对角线上有非零元，即

0	0	4
0	4	0
4	0	0
11	17	37

从而得出答案。“消元法”在西方被称为“高斯消元法”，而“方程术”则被称为中国数学史上的一颗明珠。

除了方程术以外，《九章算术》中提到的另外两个贡献也非常值得称道。一是正负术，即正负数的加减运算法则；二是开方术，甚至有“若开之不尽者，为不可开”的语录。前者说明中国人很早就开始使用负数，相比之下，印度人在 7 世纪才开始，西方对负数的认识则更晚。后者表明中国人已经知道无理数的存在，可由于是在方程术中遇到的，因此并没有认真对待。重视演绎思维的希腊人就不一样了，他们不会轻易放过一个值得深究的机会。

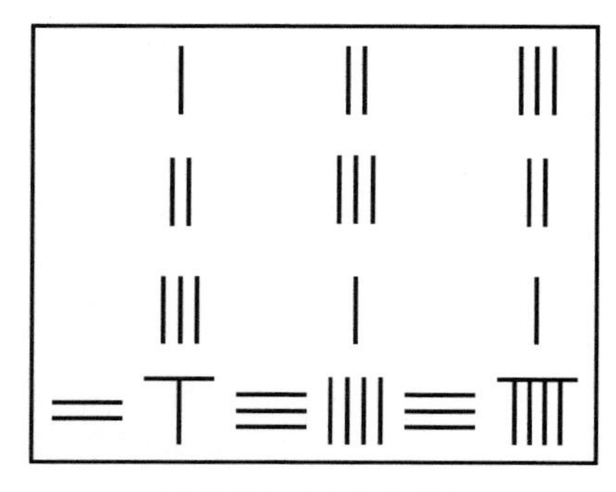

用算筹表示联立方程组

在《九章算术》对几何问题的处理上，可以看出我们祖先的不足，例如“方田”里的圆面积计算公式表明，他们估算圆周率的值是3，这与巴比伦人的计算结果相当。而球体积计算公式得出的结果只有阿基米德所获得的精确值的一半，再考虑到圆周率取3，误差就更大了。不过，书中所列直线形的几何图形面积或体积的计算公式，基本上是正确的。《九章算术》的一个特色是把几何问题算术化或代数化，正如《几何原本》把代数问题几何化一样。但遗憾的是，书中几何问题的算法一律没有推导过程，因此只是一种实用几何。

从割圆术到孙子定理

刘徽的割圆术

公元 391 年，在亚历山大城，由于基督教会内部的矛盾，该城教会与罗马教廷之间的冲突已持续多年，那位下令废止古代奥运会、将罗马帝国一分为二的狄奥多西一世也下令烧毁了克娄巴特拉女王早先下令从大图书馆里抢救出来的那些宝藏，托勒密王朝膜拜的另一处藏有大量希腊手稿的西拉比斯神庙也难逃厄运。那时候，东汉（发明造纸术的蔡伦和文理兼备张衡[①]在世）已经分裂，隋朝尚未建立，中国社会正处于历史动荡的魏晋南北朝时代。在长期独尊儒学之后，学术界的思辨之风再起，就有了我们今日仍津津乐道的“魏晋风度”和“竹林七贤”。

所谓“魏晋风度”乃魏晋之际名士风度之谓也，亦称魏晋风流。名士们崇尚自然、超然物外，率真任性而风流自赏。他们言词高妙，不务世事，喜好饮酒，以隐逸为乐。尊《周易》《老子》和《庄子》为“三玄”，以至于清谈或玄谈成为崇尚虚无空谈名理的一种风气，魏末晋初，以诗人阮籍、嵇康为首的“竹林七贤”便是其中的典型代表。作为士大夫意识形态的一种人格表现，“魏晋风度”成为风靡一时的审美理想。

---

① 张衡（78—139），以制造出世界上第一台监测地震的仪器——地动仪闻名，曾采用 730/232（≈3.146 6)作为圆周率（如属实，当在刘徽之前），可惜其数学著作已经失传。此外，他还是著名的文学家和画家。

魏晋时期的数学家刘徽

在这样的社会和人文环境下，中国的数学研究也掀起了论证的热潮，多部学术著作以注释《周髀算经》或《九章算术》的形式出现，实质上是要给出这两部著作中一些重要结论的证明。前文中我们提到的赵爽（三国东吴人）便是其中的先驱人物，成就更大的是刘徽，他和赵爽的生卒年均无法考证，我们只知道他也生活在公元3世纪，并于263年（魏国和吴国均未灭亡）撰写了《九章算术注》。难以断定两个人谁在先，他们被公认为取得重要成就的中国数学家中最早历史留名的。

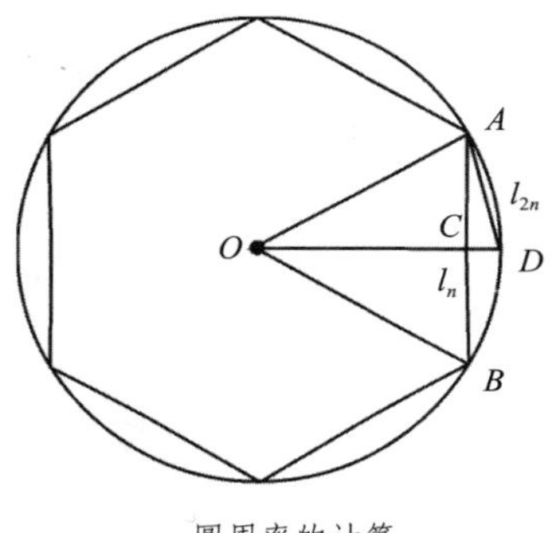

圆周率的计算

刘徽用几何图形分割后重新拼合（出入相补法）等方法验证了《九章算术》中各种图形计算公式的正确性，这与赵爽证明勾股定理一样，开创了中国古代史上对数学命题进行逻辑证明的范例。刘徽也注意到了这种方法的缺陷，即与平面的情形不同，并不是任意两个体积相等的立体图形都可以剖分或拼补。为了绕过这一障碍，刘徽借助了无限小的方法，如同阿基米德所做的那样。事实上，他采用了极限和不可分量这两种无限小的方法，指出《九章算术》中的球体积计算公式是错误的。

确切地说，刘徽是在一个立方体内作两个垂直的内切圆柱，所交部分刚好把立方体的内切球包含在内且与之相切，他称之为“牟合方盖”。刘徽发现，球体积与牟合方盖体积之比应该为$\frac{\pi}{4}$，这个结果实际上接近了积分学中以意大利数学家命名的“卡瓦列利原理”。可惜的是，他没有总结出一般形式，以至于无法计算出牟合方盖的体积，也就难以得到球体体积的计算公式。不过，他所用的方法为两个世纪以后祖冲之父子最终的成功铺平了道路。

除了对《九章算术》逐一注释以外，《九章算术注》一书的第 10 章是刘徽写的一篇论文，后来又单独刊行，即《海岛算经》。《海岛算经》发展了古代天文学中的“重差术”，成为测量学的典籍。当然，刘徽最有价值的工作是在“注方田”（《九章算术注》的第 1 章）中所引进的割圆术，用以计算圆的周长、面积和圆周率，其要旨是用圆内接正多边形去逼近圆。刘徽写道：

> 割之弥细，所失弥少，割之又割，以至于不可割，则与圆合体而无所失矣。

刘徽注意到，两次利用勾股定理，正 $2n$ 边形的边长 l_{2n} 可由正 n 边形的边长 l_n 导出。如上图所示，设圆的半径为 r，则

$$
\begin{aligned}
l_{2n} = AD &= \sqrt{AC^2 + CD^2} \\
&= \sqrt{(\frac{1}{2}l_n)^2 + (r - \sqrt{r^2 - (\frac{1}{2}l_n)^2})^2}
\end{aligned}
$$

取 $r = 1$，从正六边形出发，到第 5 次时，就得到正 192（6×2^5）边形的边长，由此得到的圆周率

$$\pi \approx \frac{157}{50} = 3.14$$

称为徽率。这与阿基米德于公元前 240 年所得到的结果和所用的方法基本一致，只不过后者利用了圆的外切和内接正多边形，因此只算了 96（6×2^4）边形的边长就得到了同样的值。注文［尚未证实是不是刘徽所为，但应算到了正 3072（6×2^9）边形的边长］得出

$$\pi = \frac{3\,927}{1\,250} = 3.141\,6$$

鉴于刘徽在数学领域所取得的卓越成就，公元1109年，宋徽宗封其为淄乡男。由于同时被封的其他人均以其故乡命名，由此可以推断，刘徽是山东人。因为含淄字的县级地名只有淄博和临淄，而按照《汉书》的记载，只有邻近淄博的邹平县有个淄乡。作为儒学发祥地的齐鲁之邦，经两汉到魏晋，学术氛围十分浓厚，这使得刘徽受到良好的文化熏陶，并置身于辩难之风。从刘徽的文字里也可以看出他谙熟诸子百家言论，深得思想解放之先风，因而得以开创上述算术之演绎。

祖氏父子

在刘徽注释《九章算术》的第三年，中国（继秦朝以后）获得了第二次统一，魏国的一个将军司马炎建立了晋朝（西晋）。经济的发展和日益增加的跨地域交往刺激了地理学的发展，并产生了地图学家裴秀（223—271），他提出比例尺、方位、距离等6条基本原则，奠定了中国制图学的理论基础。一些新的风俗习惯随之出现，如喝茶，若干新的节约劳动力的工具也被发明出来，如独轮车和水磨。公元283年，道家中的博物学家兼炼丹术士葛洪（283—364）出生了。

南北朝时期的数学家祖冲之

可是，北方的经济区仍面临着多个外来民族入侵的危险。317年，晋室被迫迁到长江以南，建都建康（南京），史称东晋，一共延续了103年（北方则被分割成16个小国）。此后南方的晋朝灭亡，相继被4个军人篡权并改国号，即宋（刘宋）、齐、梁、陈，史称南朝，历时约170年，均设都建康。刘宋10年，即429年，祖冲之出生在建康的一个历法世家。虽然他后来只在镇江、徐州等地做过几次小官，却是中国数学史上第一个名列正史的数学家。

《隋书》里记载了祖冲之算出的圆周率的上下限为

$$3.141\,592\,6 < \pi < 3.141\,592\,7$$

数值精确到小数点后 7 位。这是祖冲之最重要的数学贡献，直到 1424 年这个纪录才被阿拉伯数学家卡西（Kashi，？—1429）打破，后者算到了小数点后 17 位。遗憾的是，没有人知道祖冲之的计算方法。一般认为，他沿用了刘徽的割圆术。祖冲之必定是一个很有毅力的人，因为如果按照割圆术的方法，需要连续算到正 24576 边形，才能得到上述数据。

《隋书》里还记载了祖冲之计算圆周率的另一项重要成果，即约率为$\frac{22}{7}$，密率为$\frac{355}{113}$。约率与阿基米德的计算结果一致，都精确到小数点后两位，密率则精确到小数点后 6 位。在现代数论中，如果将π表示成连分数，则其渐进分数为：

$$\frac{3}{1}, \frac{22}{7}, \frac{333}{106}, \frac{355}{113}, \frac{103\,993}{33\,102}, \frac{104\,348}{33\,215}, \cdots$$

第一项与巴比伦人和《九章算术》里的结果相同，可称作古率，第二项是约率，第 4 项是密率，这是分子和分母都不超过 1 000 的最接近π真值的分数。

1913 年，日本数学史家三上义夫（1875—1950）在其有重大影响的著作《中国和日本数学之发展》里，主张把$\frac{355}{113}$这一圆周率数值称为“祖率”。在欧洲，直到 1573 年，这个密率才由欧洲数学家奥托（V. Otho，约 1550—1605）得到。遗憾的是，时至今日，我们仍然无法知晓祖冲之是如何计算出这个分数的。尚没有任何证据表明中国古代已有连分数的概念或应用，而割圆术是无法直接得到祖率的。因此有史家猜测，祖冲之使用的是同样发明于南北朝时期的“调日法”。

“调日法”的基本思想如下：假如$\frac{a}{b}$、$\frac{c}{d}$分别为不足和过剩近似分数，那么适当选取m、n，新得出的分数$\frac{ma+nc}{mb+nd}$就有可能更接近真值。这个方法是由刘宋政治家何承天（370—447）首先提出来的，他还是著名的天文学家和文学家。如果在$\frac{157}{50}$（徽率）和$\frac{22}{7}$（约率）之间选择$m=1$，$n=9$，或在$\frac{3}{1}$（古率）和$\frac{22}{7}$之间选择$m=1$，$n=16$，均可获得$\frac{355}{113}$（密率）。我们可以推测，祖冲之用“调日法”求得密率后，再用割圆术加以验证，正如阿基米德同时运用平衡法和穷竭法。

和刘徽一样，祖冲之的另一项成就也是球体积的计算。计算结果在他撰写的一篇非常有名的“驳议”（被收入《宋书》）里有所提及，并极有可能被写进他的代表性著作《缀术》里，可惜后者失传了。有趣的是，唐代数学家李淳风却在为《九章算术》所写的一篇注文中称之为“祖暅之开立圆术”。祖暅是祖冲之的儿子，在数学上也有许多创造。因此，现代的数学史家一般把球体积计算公式归功于祖氏父子。

按照李淳风的描述，祖氏是这样计算“牟合方盖”的体积的：先取以圆半径r为边长的一个立方体，以一顶点为心、r为半径分纵横两次各截立方体为圆柱体。如此，立方体就被分成4个部分：两个圆柱体的共同部分（内棋，即牟合方盖的$\frac{1}{8}$）和其余的三个部分（外三棋）。祖氏先算出“外三棋”的体积，这是问题的关键，他们发现，这三个部分在任何一个高度的截面积之和与一个内切的倒方锥相等。这个倒方锥的体积是立方体的$\frac{1}{3}$，因此内棋的体积是立方体的$\frac{2}{3}$，故而牟合方盖的体积为$\frac{16}{3}r^3$。

最后，利用刘徽关于牟合方盖体积与球体积之比为$\frac{4}{\pi}$的结果，就得到阿基米德的球体积计算公式：

$$V=\frac{4}{3}\pi r^3$$

正如中国当代数学史家李文林（1942—　）所指出的，“刘徽和祖冲之父子的工作中蕴含的思想是很深刻的，它们反映了魏晋南北朝时期中国古典数学研究中出现的论证倾向，以及这种倾向所达到的高度。然而令人迷惑的是，这种倾向随着这一时期的结束，可以说是戛然而止。”祖冲之的《缀术》在隋唐曾与《九章算术》一起被列为官方的教科书，国子监的算学馆也规定其为必读书之一，且修业的时间长达 4 年，并曾流传到朝鲜和日本，但可惜在公元 10 世纪以后却完全失传了。

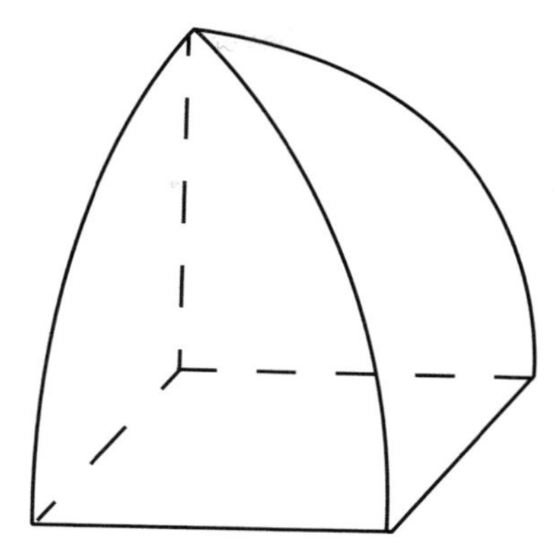

牟合方盖的八分之一

孙子定理

639 年，阿拉伯人大举入侵埃及，此时罗马人早已退出，埃及在行政上受拜占庭控制。拜占庭军队与阿拉伯人交战三年之后被迫撤离，亚历山大学术宝库里仅存的那些残本也被入侵者付之一炬，希腊文明至此落下了帷幕。此后，埃及才有了开罗，埃及人改说阿拉伯语并信奉伊斯兰教。那时中国正逢大唐盛世，唐太宗李世民在位。唐朝是中国封建社会最繁荣的时代，疆域的领土也不断扩大，首都长安（西安）成为各国商人和名士的聚集地，中国与西域等地的交往十分频繁。

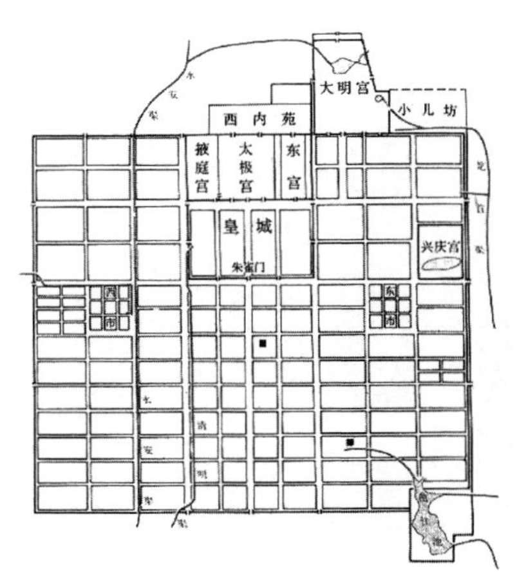

唐代长安城平面图，正方形里套着长方形

虽说唐代在数学上并没有产生与其前的魏晋南北朝或其后的宋元相媲美的大师，却在数学教育制度的确立和数学典籍的整理方面有所建树。唐代不仅沿袭了北朝和隋代创立的“算学”制度，设立了“算术博士”[①]的官衔，还在科举考试中设置了数学科目，给通过者授予官衔，可是级别最低，且到晚唐就被废止了。事实上，唐代文化氛围的主流是人文主义，而不太重视科学技术，这与意大利的文艺复兴时期颇为相似。存在近 300 年的唐代在数学方面最有意义的成就莫过于《算经十书》的整理和出版，这是唐高宗李治下令编撰的。

奉诏负责这 10 部算经编撰工作的正是前文提到的李淳风（602—670），除了精通数学以外，他更以天文学上的成就和奇书《推背图》闻名。在堪称世界上最早的气象学专著《乙巳占》里，他把风力分为 8 级（加上无风和微风则为 10 级）。直到 1805 年，一位英国学者才把风力等级划分为 0~12 级。除了《周髀算经》《九章算术》《海岛算经》和《缀术》以外，《算经十书》中至少还有三部值得一提，分别是《孙子算经》《张丘建算经》和《缉古算经》。这三部书的共同特点是，每一部都提出了一个非常有价值的问题，并以此传世。

淳风祠。作者摄于四川阆中

《孙子算经》的作者不详，一般被视为 4 世纪的作品，作者可能是一位姓孙的数学家。该书最为人所知的是一个“物不知数”问题：

> 今有物不知其数，三三数之剩二，五五数之剩三，七七数之剩二，问物几何？

这相当于求解如下同余方程组：

① 在中国古代，“算术博士”并非最早的专精一艺的官衔，西晋便置“律学博士”，北魏则增“医学博士”。

$$\begin{cases} n = 2 \pmod 3 \\ n = 3 \pmod 5 \\ n = 2 \pmod 7 \end{cases}$$

《孙子算经》给出的答案是23，这是符合该同余方程组的最小正整数。不仅如此，书中还给出了求解方法，其中的余数2、3和2可以换成任意数。这是一次同余式组的解法（孙子定理）的特殊形式，8世纪的唐代僧人、佛学家、天文学家一行（673—727）曾用此法制定历法，更一般的方法由宋代数学家秦九韶给出。

《张丘建算经》成书于5世纪，作者是北魏人张丘建。书中最后一道题堪称亮点，通常被称为“百鸡问题”，民间则流传着县令考问神童的故事。书中原文如下：

> 今有鸡翁一，直钱五；鸡母一，直钱三；鸡雏三，直钱一。凡百钱买鸡百只，问鸡翁、母、雏各几何？

设鸡翁、鸡母和鸡雏的数量分别是x、y、z，此题相当于解下列不定方程组的正整数解：

$$\begin{cases} x + y + z = 100 \\ 5x + 3y + \frac{z}{3} = 100 \end{cases}$$

张丘建给出了全部三组解答，即（4，18，78），（8，11，81），（12，4，84）。这两个三元一次方程可以化为一个二元一次方程，而让另一个元成为参数。今天我们知道，多元一次方程均可以给出一般解。类似的问题在国外过了很久，才由13世纪的意大利人斐波那契和15世纪的阿拉伯人卡西提出。遗憾的是，张丘建没有乘胜追击对这个问题进行总结，他也不如孙子幸运，后者有秦九韶完成后续研究。

《缉古算经》在10部算经中成书最晚（7世纪），作者王孝通是初唐的数学家，曾为算学博士（可能是唐代最有成就的算学博士了）。这部书也是一系列实用问题集，但对当时的人来说难度很大，主要涉

緝古算經攷注卷上
唐通直郎太史丞臣王孝通撰并注
榮祿大夫兵部左侍郎鍾祥李潢述
南豐劉衡校
第一術
假令天正十一月朔夜半日在斗十度七百分度之四百八十以章歲爲母朔月行定分九千朔日定小餘一萬日法二萬章歲七百亦名行分也也當作法據戊寅元改衡校今不取加時字脫日度問天正朔夜半之時月在何處

清版《缉古算经》

及天文历法、土木工程、仓房和地窖大小以及勾股问题等，大多数需要用双二次方程或高次方程来解决。尤其值得一提的是，书中给出了 28 个形如

$$x^3 + px^2 + qx = c$$

的正系数方程，并用注来说明各项系数的来历。作者给出了它们的正有理数根，但没有给出具体的解法。在世界数学史上，这是关于三次方程的数值解及其应用的最古老的文献。

法国有梅森，中国有一行。作者摄于西安

值得一提的是，世界上现存最古老的印刷书籍为印度佛教典籍《金刚经》的汉语版。是在唐代（868）印制的。1900 年，此书被匈牙利裔英国考古学家斯坦因（A. Stein，1862—1943）在敦煌购得，曾藏于伦敦大英博物馆，现藏于英国国家图书馆。由此可以断定，《算经十书》的原版早已不复存在。而据明代的意大利传教士利玛窦记载，当时中国有“极其大量的图书在流通”，并且以极低的价格出售。

宋元六大家

沈括和贾宪

虽说唐朝的经济和文化繁荣，可是9世纪末以后，不少世袭统治者的半自治政府兴起于边地，官僚的中央政府无力约束。加上税负加重，黄巢（820—884）农民起义后，参与镇压的节度使势力大增。到公元907年，中国再次进入分裂状态，五代开始了。短短的半个世纪时间里，更换了5个朝代，即后梁、后唐、后晋、后汉和后周，首都改设开封或洛阳。战乱的后果造成了经典著作的失传，祖冲之的《缀术》就在其列。而在南方，也有过10个小国，其中包括以金陵（南京）为都的南唐，它的最后一个皇帝李煜（937—978）因国破被虏而成为一代词人。

然而，天下“分久必合，合久必分”（罗贯中《三国演义》）。公元960年，军人出身的赵匡胤（927—976）在河南被部下拥立为皇，建立了宋朝。不流血的政变之后，他又“杯酒释兵权”，让一部分武将退役还乡。重新统一后的中国发生了有利于文化和科学事业发展的变化，散文化的诗歌——宋词在唐代以后又达到一个巅峰，商业的繁荣、手工业的兴旺以及由此引发的技术进步（四大发明中的三项——指南针、火药和印刷术是在宋代完成并获得广泛应用的）则为数学的发展注入新的活力。尤其是活字印刷的发明，为传播和保存数学知识提供了极大的方便，刘徽的《海岛算经》成为（现存）最早付印的数学论著。

虽说李约瑟在《中国科学技术史》里对“孙子定理”一笔带过，并未提升到“定理”的高度，但他却指出，宋代（南宋）出现了一批中国古代史上最伟大的数学家。那是在13世纪前后，正好是欧洲中世纪即将结束的年代，他们是被称为“宋元数学四大家”的杨辉、秦九韶、李冶、朱世杰。不过，在谈论这4个人之前，我们还需要提到两个北宋人——沈括和贾宪，其中杭州（余杭）出生的沈括于1086年完成了一部《梦溪笔谈》，可算作中国古代科学史上的一朵奇葩。值得一提的是，沈括晚年定居江苏镇江，之所以给自己的宅第起名“梦溪”，恐怕与东苕溪流经他家门前有关。

沈括之墓。作者摄于余杭

北宋博物学家沈括像　李之仪绘

沈括（1031—1095）系进士出身，曾参与文学家王安石（1021—1086）发起的变革，与诗人苏轼（1037—1101）也有交往，后出使辽国，回来后任翰林学士，政绩卓著。他每次旅行途中，无论公务多么繁忙，都不忘记录下科学技术上有意义的事情，堪称中国古代最伟大的博物学家。《梦溪笔谈》几乎囊括了所有已知的自然科学和社会科学知识，例如，他发现了夏至日长、冬至日短；在历法上他大胆提出十二节气，大月31日，小月30日；在物理学上，他做过凹面镜成像和声音共振实验；在地理学和地质学上，他以流水侵蚀作用解释奇异地貌的成因，从化石推测水陆变迁，等等。

现在，我们来谈谈沈括书里有关数学方面的记载。在几何学方面，出于测量的需要，必须确定圆弧的长度，为此他发明了一种局部以直代曲的方法，后来成为球面三角学的基础。在代数学方面，为了求出垒成棱台形状的酒桶的数目（这里酒桶每层纵横均有变化），他给出的是求取连续相邻整数平方和的公式，这是中国数学史上第一个求高阶等差级数之和的例子。沈括还认为数学的本质在于简洁，并指出“大凡物有定形，形有真数”，这与毕达哥拉斯的数学思想颇为接近。

相比之下，我们对与沈括同时代的贾宪（约 1010—约 1070）所知甚少，只知道他写过一部《黄帝九章算经细草》的著作，可惜已经失传。幸运的是，这部著作里的主要内容 200 年后被南宋数学家杨辉摘录进他的《详解九章算法》（1261）。此书记载了贾宪的高次开方法，这个方法以一张“开方作法本源图”为基础，它实际上是一张二项式系数表，即 $(x+a)^n$（$0 \leqslant n \leqslant 6$）展开式各项的系数。

$$
\begin{array}{c}
1 \\
1 \quad 2 \quad 1 \\
1 \quad 3 \quad 3 \quad 1 \\
1 \quad 4 \quad 6 \quad 4 \quad 1 \\
1 \quad 5 \quad 10 \quad 10 \quad 5 \quad 1 \\
1 \quad 6 \quad 15 \quad 20 \quad 15 \quad 6 \quad 1 \\
1 \quad 7 \quad 21 \quad 35 \quad 35 \quad 21 \quad 7 \quad 1
\end{array}
$$

此后，这个三角形就被称为“贾宪三角”或“杨辉三角”，比法国数学家帕斯卡尔的发现早了 600 多年。不仅如此，贾宪还把这个三角形用于开方根的计算，并取得了意想不到的效果，被称为“增乘开方法”。

杨辉和秦九韶

早在五代时期，在东北和蒙古一带还有一个契丹族建立的辽国，

宋楊輝算法
續古摘奇算法
田畝比類乘除捷法

1433 年朝鲜出版的《杨辉算法》

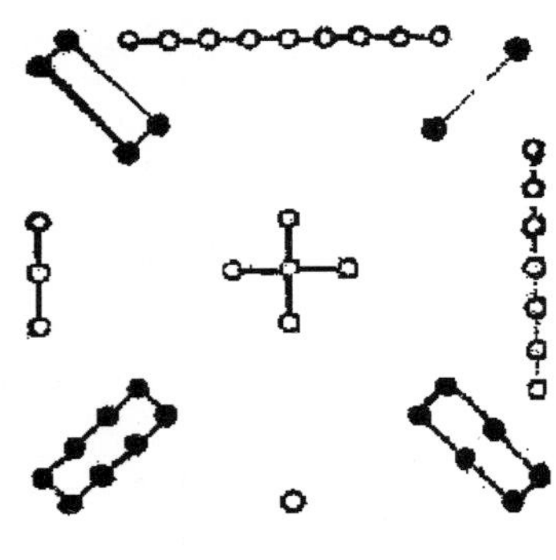

“洛书”的幻方

始于唐朝末年。宋朝建立之初，宋太宗还亲自率兵或派兵攻辽，不久却渐渐转为守势。最后，宋朝只好纳贡示好，开创了一个向番邦定期缴纳财物的先例，沈括曾出使辽国。当时，受辽国欺压的还有一个善于骑马的女真族，生活在黑龙江流域，他们强盛起来后建立了金国，并出兵灭了辽国。之后，金兵又南下进攻北宋的都城卞京（开封），俘虏了宋徽宗和宋钦宗父子。后宋钦宗之弟宋高宗被拥立为皇，迁都杭州（1127），改称临安，史称南宋。

虽然北方的威胁仍在，但南宋人的生活却过得有滋有味，在经济、文化上甚至更为繁荣。数学家杨辉和沈括同乡，也是临安（杭州）人，虽然他的生卒年不详，但我们知道他生活在 13 世纪，并在台州、苏州等地做过地方官，业余时间研究数学。从 1261 年到 1275 年的这 15 年间，杨辉独立完成了 5 部数学著作，包括前文提到的《详解九章算法》。他的书写得深入浅出，走到哪里都有人向他请教，因此他也被视为一位重要的数学教育家。

在前文中提到的贾宪的增乘开方法之后，杨辉接着举了一个实例，说明它是如何用来解四次方程的。这是一种高度机械化的方法，适用于解任意次方程，与现代西方通用的霍纳算法（1819）基本一致。此外，杨辉还利用“垛积法”导出了正四棱台的体积计算公式，由于捷算法的需要，他（在中国）率先提出了素数的概念，并找出了从 200 到 300 之间的全部 16 个素数。当然，杨辉对素数的研究远远落后于欧几里得，无论在时间上还是完整性上。

不过，杨辉最有趣的数学贡献应该在幻方方面，古人称之为纵横图。谈及幻方（Magic Square），它最早源于中国，在《易经》这部我国最古老的典籍里就有两幅分别叫“河图”和“洛书”的数字图表，传说是治水的大禹于公元前 2200 年左右分别在黄河岸边的一匹龙马和洛水中的一只神龟背上所见。“河图”是五行数，从 1 到 10，东南西北中各有一个奇数和偶数。“洛书”用阿拉伯数字表示就是

4	9	2
3	5	7
8	1	6

在这张表中，各行、各列或对角线上的三个元素相加均为常数。在 13 世纪以前，中国数学家并没有认真对待它，只把它看成一种数字游戏，甚至觉得它笼罩着一层神秘色彩。杨辉却孜孜不倦地探索幻方的性质，他以自己的研究成果证明，这种图形是有规律的。

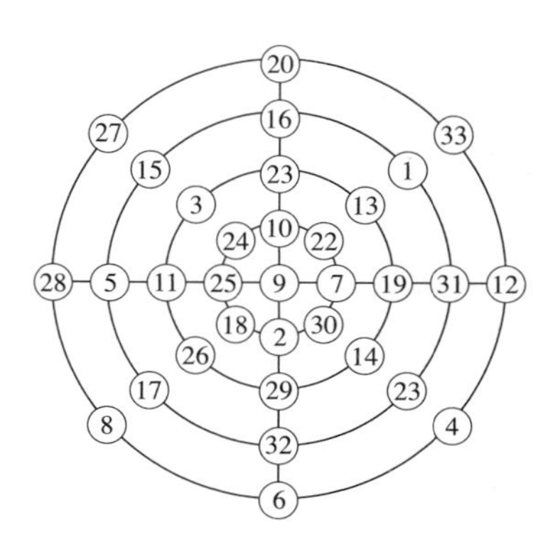

杨辉的圆形幻方简图

杨辉利用等差级数的求和公式，巧妙地构造出了三阶和四阶幻方。对 4 阶以上的幻方，他只给出了图形而未留下做法，但他所画的五阶、六阶乃至十阶幻方全都准确无误，可见他已经掌握了其中的规律。他称十阶幻方为百子图，其各行各列之和均为 505。此外，杨辉还研究了圆形幻方，如上图，4 个圆或 4 条直径上的 8 个数字之和几乎全是 138（各有一个例外为 140）。可以推测，这是他受“洛书”启发得到的。

在波斯、阿拉伯和印度，均有人研究幻方。尤其是印度人，在这方面有奇妙的发现。在欧洲，幻方的发现和研究虽说要晚许多，但却有一个著名的四阶幻方，它出现在德国版画家丢勒的名作《忧郁》中，我们将在后文提及。值得一提的是，任何一个幻方经过旋转或反射仍是幻方，共有 8 种等价形式，可归为同一类。不难验证，三阶幻方只有一类，而四阶和五阶幻方分别有 880 类和 275 305 224 类。

相比杨辉对数学研究的持之以恒，秦九韶（1202—1261）的学术生涯比较短暂。他出生在普州（今四川安岳），长年处于兵荒马乱之中，幼时曾随家人居住在京城临安。成年后他再度出川东下，考中进士，在湖北、安徽、江苏、福建等地为官。在南京任职期间，他的母亲去世，秦九韶离任返回湖州。正是在湖州守孝的三年时间里，他刻苦研究数学，写出了传世之作《数书九章》，全面超越了《九章算术》。

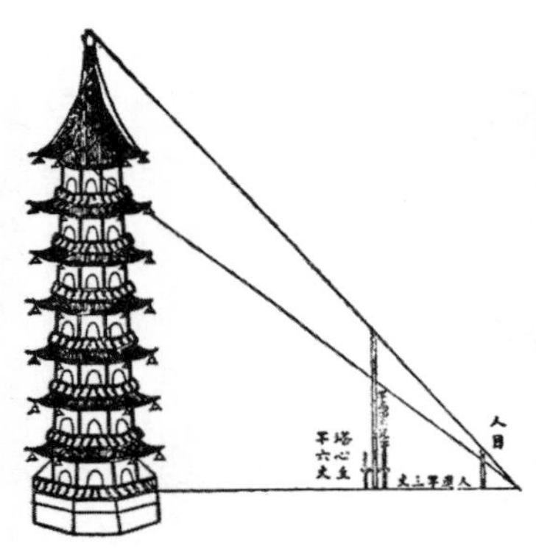

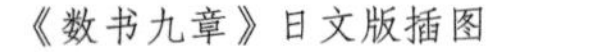

《数书九章》日文版插图

秦九韶塑像。作者摄于南京北极阁气象博物馆

《数书九章》最重要的两项成果是“正负开方术”和“大衍术”。正负开方术或“秦九韶算法”给出了一般高次代数方程，即

$$a_0 x^n + a_1 x^{n-1} + \cdots + a_{n-1} x + a_n = 0$$

的解的算法，其系数可正可负。这类方程求解需要迭代运算，那样需反复求取该多项式的值，而每次求值需经 $\frac{n(n+1)}{2}$ 次乘法和 n 次加法，

秦九韶将其转化为n个一次式的计算，只需n次乘法和n次加法。即便在计算机时代的今天，秦九韶算法仍有重要的意义。

大衍术明确地给出了孙子定理的严格表述，用现代数学语言来讲就是，设m_1，m_2，…，m_k是两两互素的大于 1 的正整数，则对任意的整数a_1，a_2，…，a_k，下列一次同余式组

$$x \equiv a_i \pmod{m_i},\ 1 \leqslant i \leqslant k$$

关于模$m = m_1 m_2 \cdots m_k$有且仅有一解。秦九韶还给出了求解的过程，为此他需要讨论下列同余式

$$ax \equiv 1 \pmod m$$

其中a和m互素。他用到了初等数论里的辗转相除法（欧几里得算法），并称其为“大衍求一术”。这个方法是完全正确且十分严密的，它在密码学中有重要的应用。

孙子定理堪称中国古代数学史上最完美和最值得骄傲的结果，它出现在中外每一本初等数论教科书中，西方人称之为“中国剩余定理”，可能是因为中国人贡献太少。而依本书作者看来，此定理应称为“孙子—秦九韶定理”，或“秦九韶定理”。在拙作《经典数论的现代导引》中、英文版中，作者率先称之为秦九韶定理。可是，由于古代中国数学家极少探讨理论，数学主要用来解决历法、工程、赋役和军旅等实际问题，秦九韶没有给出证明。实际上，他还允许模非两两互素，并给出了可靠的计算程序将其转化为两两互素。

在欧洲，18 世纪的欧拉和 19 世纪的高斯（C. F. Gauss，1777—1855）分别对一次同余式组进行了细致的研究，再次获得与秦九韶定理一致的结论，并对模两两互素的情形给予严格的证明。在英国传教士、汉学家伟烈亚力所著的《中国数学科学札记》出版后，欧洲学术界才认识到中国人在这方面的开创性工作，之后秦九韶的名字和“中国剩余定理”也传开了，此定理在抽象代数学等其他数学分支里也有重要应用。德国数学史家M. 康托尔（M. Cantor，1829—1920）称秦九韶为

“最幸运的天才”，比利时出生的美国科学史家萨顿科则赞其为“他那个民族、他那个时代并且也是所有时代最伟大的数学家之一”。

李冶和朱世杰

正如杨辉和秦九韶一直生活在南方，宋代的另外两位大数学家李冶和朱世杰则世居北方。李冶（1192—1279）出生在金国统治下的大兴（北京郊外），原名李治，后来发现与唐高宗同名，遂减去一点（如此又恰与唐代四大女诗人之一同名）。李冶的父亲是一位为人正直的地方官，又是一位博学多才的学者，李冶自小受其父亲影响，认为学问比财富更可贵。李冶年轻时便对文史、数学十分感兴趣，后来考中进士，被赞为“经为通儒，文为名家”。不久，蒙古的窝阔台军队入侵，他没有赴陕西上任，改到河南任知事。

公元1232年，蒙古人入侵中原，已经40岁的李冶换上平民服装，踏上漫长而艰苦的流亡之路。两年后金朝灭亡，可是他并没有回到南宋，而是留在蒙古人统治下的北方（元朝）。一是因为南宋和金素来为敌，二是因为忽必烈（元世祖）礼遇金朝的有识之士（曾三度召见他，李冶趁机劝其“减刑罚、止征伐”）。这是李冶一生的转折点，他的将近半个世纪的学术生涯开始了（他比丢番图的寿命长三年）。他返回河北老家，在今石家庄西南郊的封龙山收徒讲学、著书立说，著有随想录《泛说》等，记录了他对各种事物的见解。

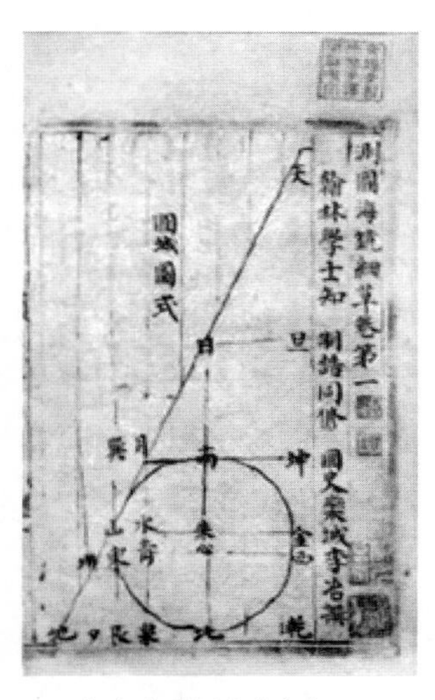

李冶《测圆海镜》插图

李冶一生著述甚多，最让他得意的是《测圆海镜》（1248），此书奠定了中国古代数学中天元术的基础。天元术是一种用数学符号列方程的方法，在《九章算术》中是用文字叙述的方式建立二次方程的，尚没有未知数的概念。到了唐代，已有人列出三次方程，却是用几何方法推导出的，需要高度的技巧，不易于推广。此后，方程理论一直受几何思维束缚，如常数项只能为正，方程次数不能高过三次。直到北宋年间，贾宪等人才找到了高次方程正根问题的基本解法。

可是，随着数学问题的日益复杂，迫切需要一种更一般的、能建立任意次方程的方法，天元术便应运而生。李冶意识到，只有摆脱几何思维模式，建立一整套不依赖于具体问题的普遍程序，才能实现上述目的。为此，他首先“立天元一为某某”，这相当于“设x为某某”，“天元一”表示未知数。他在一次项系数旁置“元”字，从上至下幂次依次递增。在这里，未知数有了纯代数意义，二次方不必代表面积，三次方不必代表体积，常数项也可正可负。至此，困扰中国数学家1 000多年的任意n次代数方程的表达就变得非常容易了。

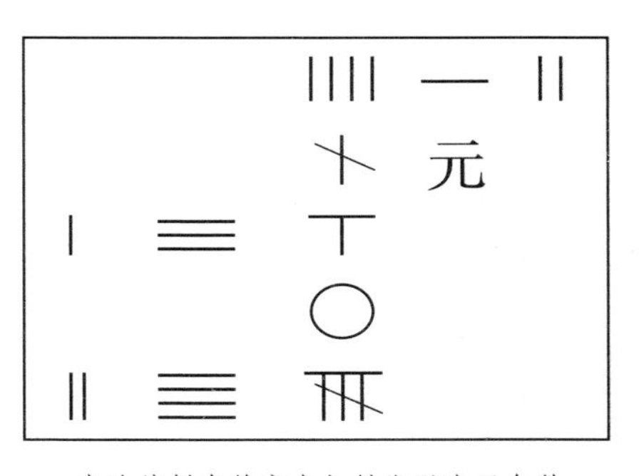

李冶首创在数字上加斜线以表示负数

不仅如此，李冶还引进记号○来代替空位，这样一来，传统的十进制便有了完整的数字体系。由于在南方，比《测圆海镜》早一年问世的《数书九章》也采用了同一记号，因此○号在中国迅速得以普及。除了○号以外，李冶还发明了负号（在数字上方加画一斜线）和一套相当简便的小数记法，这两种记号的使用分别比欧洲人早了2个世纪和4个世纪，也使得中国的代数学“半符号化”，因为尚缺少等号等运算符号。既然有如此先进的思维，李冶必然是一个有哲学头脑的人，他认为数虽奥妙无穷，却是可以认识的。

李冶去世那年，南宋也灭亡了。此前，南北方之间包括数学在内的交流是非常少的。朱世杰（1249—1314）在“宋元数学四大家”中出生时间最晚，因而幸运地得以博采南北两地数学之精华。由于朱世杰一生未入仕途，我们对他的家世一无所知，现有的资料是从友人

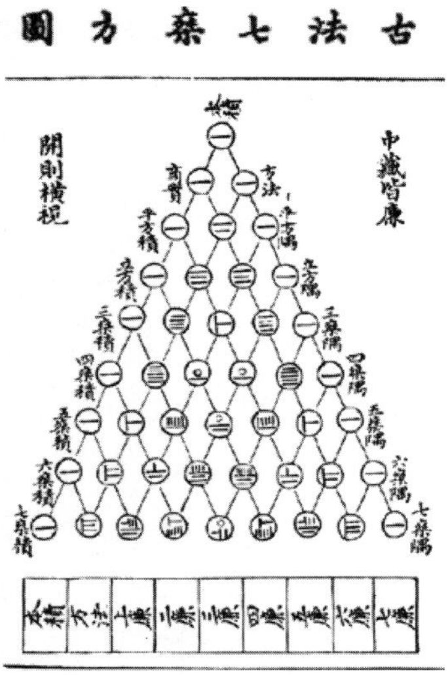

古法七乘方图

由朝鲜回归重印的《算学启蒙》

为他的两部著作《算学启蒙》（1299）和《四元玉鉴》（1303）所写的序言里获得的。与李冶一样，朱世杰也出生在北京附近，但那时元已灭金，北京（燕京）成为重要的政治和文化中心。

在长达20多年的游学之后，朱世杰终于在扬州安定下来，并刊印了他的两部数学著作。《算学启蒙》从简单的四则运算入手，一直讲到当时数学的重要成就——开高次方和天元术，包括了已有数学的方方面面，形成了一个完备的体系，是一部很好的数学启蒙教材。可能受南宋日用和商用数学的影响，以及杨辉著作的启发，朱世杰在书的最前面给出了包括乘法九九歌、除法九归歌等口诀，以便于更多人阅读。

据史载，明世宗朱厚熜（1507—1566）曾学习《算学启蒙》，并与大臣商讨过，可是到了明末这部书却在中国失传。幸亏它出版不久便流传至朝鲜和日本，并被多次注释，对日本的和算尤有影响。直到清朝道光年间（1839），《算学启蒙》才在它的诞生地扬州依据朝鲜的一个版本重新刻印。与《算学启蒙》的通俗性相比，《四元玉鉴》则是朱世杰多年研究成果的结晶，其中最重要的成果是，把李冶的天元术从一个未知数推广至二元、三元乃至四元高次联立方程组，这就是所谓的“四元术”。

朱世杰的四元术是这样的：令常数项居中，然后“立天元一于下，地元一于左，人元一于右，物元一于上”。也就是说，他用天、地、人、物来表示4个未知数，即今天的x、y、z、w。例如，方程$x + 2y + 3z + 4w + 5xy + 6zw = A$可以表示成下列图表：

	4	6
2	A	3
5	1	

朱世杰不仅给出了这种图表的四则运算法则，还发明了“四元消法”，可以依次消元，最后只留一个未知数，从而求得整个方程的解。在欧洲，直到 19 世纪，才由西尔维斯特和凯莱等人用矩阵的方法对消元法进行了较为全面的研究。除了四元术以外，朱世杰还对高阶等差级数求和（“垛积术”）做了深入探讨，在沈括、杨辉工作的基础上，给出了一系列更为复杂的三角垛的计算公式，并在牛顿（1676）之前给出了“插值法”（“招差术”）的计算公式。

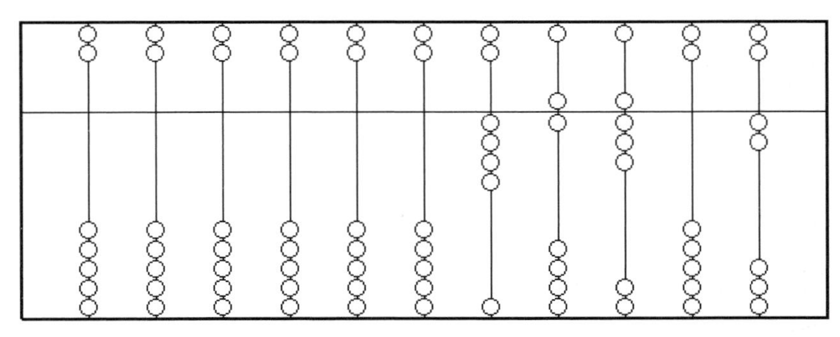

虽说算盘并非中国人的发明，但却在中国得到最广泛的应用

萨顿称赞《四元玉鉴》是“中国最重要的数学著作，也是中世纪最杰出的数学著作之一”。萨顿（G. Sarton，1884—1956）享有“科学史之父”的美名，他被公认为科学史这门学科的奠基人。萨顿精通包括汉语、阿拉伯语在内的 14 种语言，是中国语言学家赵元任（1892—1982）留学哈佛大学时的导师。“萨顿奖章”是科学史界的最高荣誉，第一个获奖人就是他本人（1955），李约瑟（1968）、以著作《科学革命的结构》闻名的美国人库恩（1982）、牛顿的传记作者威斯特福尔（1985）也曾获此奖项。

结语

遗憾的是，《四元玉鉴》之后，元朝再无高深的数学著作出现。到了明朝，虽然农、工、商业仍在发展，《几何原本》等西方典籍也传入了中国，却由于理学统治、八股取士、大兴文字狱，禁锢了人们的思想，扼杀了自由创造。明朝的数学水平远低于宋元，数学家看不懂祖先发明的增乘开方法、天元术、四元术。汉唐宋元的数学著作不仅没有新的刻本，反而大多失传。直到清朝后期，才出了一个李善兰，他是近代科学的先驱人物和传播者。可惜，由于当时的中国数学已经远远落后于西方，仅凭李善兰一人之力根本追赶不上。

写到这里，我想提一下深受中国文化影响的日本数学，在明末清初中国数学处于停滞不前的状态时，日本江户（今东京）诞生了数学神童关孝和（1642—1708）。他仅比牛顿大几个月，后来被公认为

清代最有成就的数学家李善兰

日本“算圣”关孝和

日本数学的奠基人。关孝和的养父是一位武士，他自己也曾担任幕府直属的武士和宰相府的会计检查官。他改进了朱世杰的天元术，建立起行列式的数学理论，比莱布尼茨的理论更早，也更广泛。在微积分学方面他也有重要建树，只是由于武士的谦逊和各学派之间的保密原则，我们不知道哪些成就属于他个人。他和他的学生组成的“关流”是和算最大的流派，他本人也被尊称为日本的“算圣”。

综观包括中世纪在内的古代中国数学史，数学家们大多是在以八股文取得一定的功名之后，才开始从事自己喜欢的数学研究。他们没有希腊的亚历山大大学和图书馆那样的群体研究机构和资料信息中心，只能以文养理或以官养理。这样一来，就难以全身心地投入研究。以数学进步较快的宋朝为例，多数数学家出身低级官吏，他们的注意力主要放在平民百姓和技术人员关心的问题上，因此忽略了理论工作。即使有著述，也大多是注释前人著作的形式。

不过，若是把古代中国的数学与其他古代民族，如埃及人、巴比伦人、印度人、阿拉伯人的数学，甚至中世纪欧洲各国的数学进行比较，还是很值得我们骄傲的。希腊数学就其抽象性和系统性而言，以欧几里得几何为代表，它的水平无疑是很高的，但在代数领域，中国人的成就不见得逊色，甚至可能略胜一筹。中国数学的最大弱点是缺少一种严格求证的思想，为数学而数学的情形极为罕见（一个突出的例子是规矩和欧几里得作图法的差异），这一点与贪图功名的文人一样，归因于一种功利主义。

功利主义当然有它的社会根源，学者们总是首先致力于统治阶级要求解决的问题。在中国古代，数学的重要性主要通过它与历法的关系显现出来。赵爽证明勾股定理以后，便用它来求取某些与历法相关的一元二次方程的根。祖冲之偏爱用约率和密率来表示圆周率，其目的是为了准确地计算闰年的周期；而秦九韶的大衍术主要用于上元积年的推算，后者可以帮助确定回归年、朔望月等天文常数。

在古代中国，一旦农业连续几年歉收，饥荒导致人口减少，统治者便会担心民众造反，尤其是农民揭竿起义。把责任归咎于历法不够准确，影响了农事，无疑是一种很好的借口和开脱的理由。每逢这个时候，朝廷便会颁布诏书，着令学者们重新制定历法。这样一来的结果必然是，最杰出的数学头脑总是围绕着那几个古老的计算问题，他们普遍缺乏开辟新天地的勇气和胆量。不过，当代数学家吴文俊（1919—2017）从古代中国的算法思想中汲取灵感，创造出了“吴方法”，应用于几何定理的机器证明。

最后，说一则古代中国数学家的故事。这个故事发生在杭州，此城有陈建功（1893—1971）和苏步青（1902—2003）两位留学日本的数学博士，他们在浙江大学建立了“陈苏学派”。而在古代为数不多的数学家中，也有两位（沈括和杨辉）出生在杭州。与杨辉同时代的数学家秦九韶，字道古，他曾随家人在杭州生活多年。浙大西溪校区附近有一座石桥叫道古桥，相传此桥系秦九韶倡导并亲自设计，架在西溪河上，本名西溪桥，提议将此桥更名为道古桥的是元代数学家朱世杰。

道古新桥。作者摄

由于在秦九韶晚年和去世之后，有两位文人撰文称秦九韶贪污违法，致使秦九韶的名誉受到严重的损害，直到清代才有多名有识之士为他辩护，痛斥诽谤。同样遗憾的是，21世纪的一项市政工程使得桥毁河填，仅留道古桥公交车站。2012年，在作者的建议之下，杭州市有关部门将距老桥遗址约百米的一座新桥命名为道古桥。比起祖冲之的圆周率和球体积计算公式来，秦九韶的两项成就——大衍术和秦九韶算法更有意义。但圆周率的结论和故事却更容易被大众理解，也更符合国人心目中对英雄的美好想象。

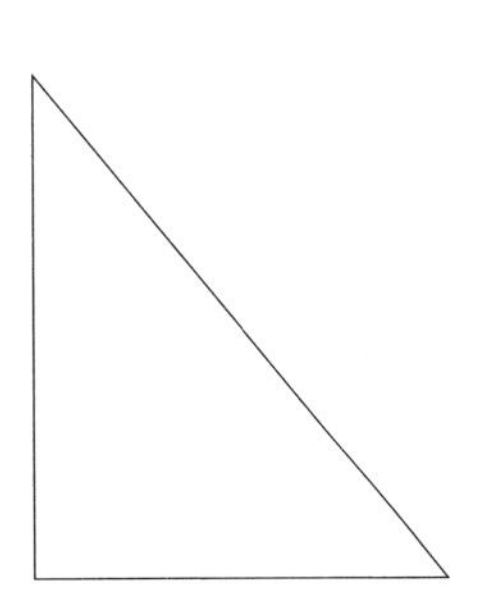

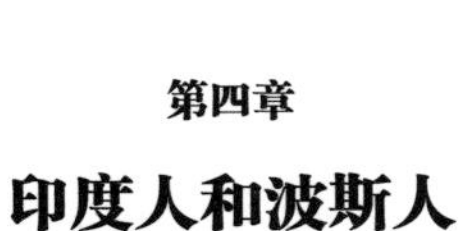

第四章

印度人和波斯人

人们可以写一部印度历史，一直写到距今四百年前而不提到一个“海”字。

——赫伯特·乔治·韦尔斯

从《鲁拜集》的诗篇里可以看出，宇宙的历史是神构思、演出、观看的戏剧。

——豪尔赫·路易斯·博尔赫斯

从印度河到恒河

雅利安人的宗教

大约 4 000 年前，正当埃及人、巴比伦人和中国人各自以不同的方式发展河谷文明的时候，有一个操印欧语系的游牧民族长途跋涉，从中亚细亚越过冈底斯山脉进入北印度并定居下来。这些人被称为雅利安人（Aryan），这个词源自梵文，本意是“高贵的”或“土地所有者”，他们最早把马匹和铁用于战争。另一部分雅利安人则西迁，成为伊朗人和一部分欧洲人的祖先。据说北欧和日耳曼诸民族是最纯粹的雅利安人，以至于有人鼓吹“高贵人种”说，这个谬论在 20 世纪三四十年代曾被希特勒及其追随者利用。

在雅利安人到来之前，印度已有被称为达罗毗荼人的原住民。他们的历史至少可以追溯到此前 1 000 多年，据说是从巴基斯坦的西部越过印度河延扩而来，至今仍有 1/4 的印度人操属于达罗毗荼语系的语言，其中南方的泰卢固语和泰米尔语等 4 种语言属于印度官方语言。遗憾的是，早期达罗毗荼人所用的象形文字和中国的殷商甲骨文一样难以破解，因此，对这个时期（也可算作河谷文明）的包括数学在内的印度文明我们所知甚少。

雅利安人在印度西北部站稳脚跟以后，继续向东推进，横穿了恒河平原，抵达今天的比哈尔邦（人口逾亿，密度是日本的两倍）一带。他们征服了达罗毗荼人，使得北部地区成为印度的文化核心区，包括吠陀教（印度教前身）、耆那教、佛教以及很久以后的锡克教等

恒河之滨，阿拉哈巴德沐浴节

均诞生在这里。雅利安人的影响逐渐扩散到整个印度，他们在抵达以后的第一个千年里，创造了书写和口语的梵文。吠陀教也是雅利安人创造的，这是印度最古老且有文字记载的宗教。可以说，古代印度的文化便是根值于吠陀教和梵语。

吠陀教是一种重视祭礼的多神教，尤其崇拜一些与天空和自然现象有关的男性神灵，与继而兴起的印度教很不相同。祭礼以宰牲献祭为中心内容，还要榨制和饮用苏摩（Soma）酒。苏摩是一种属性不明的植物，茎中的液汁经过羊毛过滤，和以水与奶成为苏摩酒。信徒珍视苏摩酒，因为它使人兴奋，甚至会产生幻觉。至于献祭的目的，自然是为了神灵能以大量牲畜、好运、健康长寿和男性子孙等物质利益相回报。可是，过于烦琐的仪式和清规戒律使得吠陀教日渐衰落。

吠陀教因其唯一的圣典《吠陀》而得名，后者成书于公元前 15 世纪至前 5 世纪，历时 1 000 年左右。吠陀（Veda）的本意是“知识”“光明”，这部圣典的主体部分是用梵文写的，其中最重要也是最古老的是几个吠陀本集，既有关于诸神的颂诗，也有散文体或韵文体的祭辞。书中把印度社会分成 4 个等级或种姓，分别是婆罗门（祭司）、刹帝利（统治者）、吠舍（商人）和首陀罗（非雅利安族奴隶），这种划分基本上仍存在于后世的印度教中。

除了本集以外，《吠陀》还有附加文献，用以对祷颂诗和祭辞的阐释和说明，包括三部分：《梵书》《森林书》和《奥义书》。《梵书》主要讲解祭仪规则，《森林书》主要阐述祭祀理论和灵性修持的各种不同方法，《奥义书》则揭示如何摧毁个体灵魂的无明，引导灵性修持者获得最高的智慧和完美的成就，以及摆脱我们对物质世界、世俗诱惑和肉体小我的执着。以上著作均属于“天启”，而根据人们记忆“传承”的经典则首推《薄伽梵歌》，这本书的一条箴言是：宁静即瑜伽。

《奥义书》

典型的泰国印度教寺庙，外观呈等腰梯形

《吠陀》最初由祭司口头传诵，后来记录在棕榈叶或树皮上。虽然大部分已经失传，但幸运的是，残留的《吠陀》中也有论及庙宇、祭坛的设计与测量的部分——《测绳的法规》，即《绳法经》。这是印度最早的数学文献，此前只在钱币和铭文上能看到零碎的数学符号，其中有一些数学问题涉及祭坛设计中的几何图形和代数计算，包括毕达哥拉斯定理的应用，矩形对角线的性质、相似图形的性质，以及一些作图法等，拉绳测量和基本几何体的面积计算是必不可少的。

《绳法经》和佛经

《绳法经》的成书年代大约为公元前 8 世纪至 2 世纪，不晚于印度两大古典史诗《摩诃婆罗多》和《罗摩衍那》。据说现在保存较好的《绳法经》共有 4 种，分别以其作者或作者所代表的学派命名。书中包含了修筑祭坛的法则，包括祭坛的形状和尺寸。最常用的三种形状是正方形、圆形和半圆形，但不管哪种形状，祭坛的面积必须相等。因此，印度人要学会（或已经学会）画出与正方形等面积的圆，或两倍于正方形面积的圆，以便建造半圆形的祭坛。另外一种形状是等腰梯形，甚至其他等面积的几何图形，这就提出了新的几何问题。

在设计这类规定形状的祭坛时，必须懂得一些基本的几何知识和结论，例如毕达哥拉斯定理。印度人陈述这个定理的方式非常独特，"矩形对角线生成的（正方形）面积等于矩形两边各自生成的（正方形）面积之和"。显而易见，这不同于《周髀算经》里源自日高测量需要的面积计算方法。这段时期的印度数学只不过是一些不连贯的用文字表达的求面积和体积的近似法则，这些法则大多是经验的，不过个别也有演绎证明。

举例来说，如果要修筑两倍于某正方形面积的圆形或半圆形祭坛，需要用到圆周率，按照《绳法经》的记载，相当于利用近似值：

$$\pi = 4\left(1-\frac{1}{8}+\frac{1}{8\times 29}-\frac{1}{8\times 29\times 6}-\frac{1}{8\times 29\times 6\times 8}\right)^2 \approx 3.088\,3$$

此外，还有人用到了 $\pi = 3.004$ 和 $\pi = 4(\frac{8}{9})^2 \approx 3.160\,49$ 的近似值。而在设计面积为 2 的正方形祭坛的边长时，又需要知道 $\sqrt{2}$ 的值。《绳法经》里有这样的公式记载：

$$\sqrt{2} = 1+\frac{1}{3}+\frac{1}{3\times 4}-\frac{1}{3\times 4\times 34} \approx 1.414\,215\,686$$

精确到小数点后 5 位。值得注意的是，这里的表达式和上文 π 的表达式全部采用了单位分数，这与埃及人的计数法完全一致，不知道是"惊人的巧合"，还是一种借鉴。

公元前 599 年，耆那教的创始人摩诃毗罗（又称大雄）出生在比哈尔邦，与比他小 36 岁的佛教始祖释迦牟尼的出生地颇为相近。两人还有许多共同点，例如，他们都是部落首领的儿子，都在优越的环境中长大，都是在 30 岁前后放弃财产、家庭和舒适的生活，去过流浪的生活并寻找真理。不同的是，（除了妻子以外）释迦牟尼扔下的是襁褓中的儿子，而摩诃毗罗抛弃的是年幼的女儿。耆那教和佛教几乎是同时兴起，都是为了反对吠陀教的繁文缛节和婆罗门至上的种姓制度。

耆那在梵语里的本意是胜利者或征服者，这种宗教认为没有创世之神，时间无尽无形，宇宙无边无际，万物分为灵魂与非灵魂。耆那教的兴趣和原始经典所涉及的范围非常广泛，除了阐明教义以外，还在文学、戏剧、艺术、建筑学等方面做出了重要贡献，其中也包含数学和天文学的基础原理和结论。在公元前 5 世纪到 2 世纪一些用普拉克利特语（比梵文更古老的语言，意指俗语，梵文即雅语）书写的读物中，出现了诸如圆周长 $C=\sqrt{10}d$，弧长 $s=\sqrt{a^2+6h^2}$ 等近似计算公式。

相比之下，佛陀认为一切无常，无论是外在事物或身心，都在不断变化。因此，它不可能规定诸如祭坛的面积。佛教接纳一切人，不分种姓，不承认人与人之间有任何本质差异。比起耆那教和印度教来，佛教更像一种哲学观念，尤其在印度。佛教的时间观念也很特

侧卧的佛陀（印度阿旃陀村）

祭坛上的图案

别，多少体现出一种数学的味道。例如，可能是因为印度一年有三个季节（雨季、夏季、旱季），佛经里把昼夜也各分成三个部分，分别是上日、中日和下日，初夜、中夜和后夜。至于年份，100 年为一世，500 年为一变，1 000 年为一化，1.2 万年为一周。

更有意思的是时间的分割，佛学中大抵以“刹那”为最小时间单位。梵语里有“刹那”和“一念”，一念有 90 刹那，所谓“少壮一弹指，六十三刹那”。可是，“刹那”的真量，除佛陀外皆不能尽知。于是，就有了以下诗歌：

> 我们看到月亮的圆缺，知道时间运转不息；
> 我们体察心念的生灭，知道光阴的短暂。

在耆那教和佛教兴起的同时（公元前 6 世纪），灵魂再生、因果报应和通过冥思苦想来摆脱轮回的观念在吠陀教徒中广为流传，进而脱胎成为印度教。

从此以后，这个涉及几乎全部人生的新教逐步主宰了整个印度次大陆（耆那教在印度的影响范围仅限于西部和北部的少数几个邦，而佛教的影响范围主要在东南亚等地，在印度则已蜕化成一种哲学体系和道德规范），甚至成为南亚许多民族（如尼泊尔人和斯里兰卡人）的信仰、习俗和社会宗教制度。与此同时，数学也逐渐摆脱了宗教的影响，成为天文学的有力工具。

零号和印度数字

到公元前 5 世纪中叶，位于比哈尔邦的摩揭陀国征服了整个恒河平原，为日后的孔雀帝国（约公元前 324—约前 188）的繁荣昌盛打下了基础，后者在阿育王统治时期（公元前 3 世纪）达到鼎盛。阿育王被视为印度历史上最伟大的君主，毕生致力于佛教的宣扬和传播，他是佛陀之后使佛教成为世界性宗教的第一人，犹如基督教的使者保罗。阿育王的祖父是孔雀王朝的创立者，他在驱逐亚历山大大帝留下的部队以后征服了印度北部，建立起印度历史上的第一个帝国。

说到亚历山大的入侵，那是一次奇迹般的征程，也可以说架起了一座连接西方的希腊和东方的印度的桥梁。在到达里海南岸后，亚历山大的军队继续向东行进，建造了阿富汗的两座名城——赫拉特和坎大哈，之后向北进入中亚的撒马尔罕。亚历山大没有占领那里，而是挥师南下，穿过兴都库什山脉的山隘，从喀布尔以东的开伯尔山口进入印度。本来，他还想继续东进，越过沙漠到达恒河地区。可是，经过多年征战，士兵们已筋疲力尽。公元前325年，亚历山大从印度河流域撤走，返回波斯。他在旁遮普设立了总督，并留下一支军队，后来被阿育王的祖父赶走。

亚历山大大帝，他的远征架起了连接东西方的桥梁

虽以失败告终，但这次远征却留下了不可磨灭的痕迹。它开启了希腊与印度的交流，据说到了罗马时代，亚历山大商人在南印度拥有许多定居区，他们甚至在那里建起奥古斯都神庙，其影响力可见一斑。定居点通常由两队罗马士兵守卫，罗马皇帝也曾派遣使臣到南印

度。至于在数学和其他科学领域，希腊文明对印度人肯定也有影响。公元 5 世纪的一位印度天文学家这样写道：“希腊人虽不纯正（凡持不同信仰的人都被视为不纯正）但必须受到崇敬，因他们在科学方面训练有素并超过他人。”

1881 年夏，在今天巴基斯坦（在当时和古代的大部分时间里都属于印度）西北部距离白沙瓦约 80 公里的一座叫巴克沙利的村庄，一个佃户在挖地时发现了书写在桦树皮上的所谓“巴克沙利手稿”。上面记载了公元元年前后数个世纪的数学（也称耆那教数学）知识，内容十分丰富，涉及分数、平方数、数列、比例、收支与利润计算、级数求和、代数方程，等等。其中还引进了减号，状如今天的加号，不过写在减数的右边而非左边。最有意义的是，手稿中出现了完整的十进制数字，其中零用实心的点号表示。

表示零的点号后来逐渐演变成为圆圈，即现在通用的“0”，它最晚在公元 9 世纪就已出现，因为在 876 年的一块瓜廖尔石碑上，清晰地刻着数字“0”。瓜廖尔是印度北方的一座城市，属于人口最密集的中央邦，该邦与比哈尔邦相邻，同处恒河流域。据说那块石碑是在一座花园里，上面刻着每天计划供给当地庙宇的花环或花冠数，其中的两个“0”虽然不大，但却写得非常清晰。

印度人还用正数表示财产，负数表示欠债。用“0”表示零，无疑是印度人的一大发明，这或许是因为印度人认为宇宙诞生于虚无。“0”既表示“无”的概念，又表示位值制数字计数法中的空位。它是数的一个基本单位，可以与其他数一起计算。相比之下，早期巴比伦楔形数字和宋元以前的中国算筹计数法，都只是留出空位而没有符号。后来的巴比伦人和玛雅人虽然引进了零号（玛雅人是用一只贝壳或眼睛），但仅用它表示空位而没有把它看作一个独立的数字。

值得一提的是，瓜廖尔石碑上所刻的数字比起阿拉伯语数字来，更接近于今天全世界通用的“阿拉伯数字”。公元 8 世纪以后，印度数字和零号便先后传入阿拉伯世界，再通过阿拉伯传到欧洲。13 世纪初，斐波那契的《算经》里已有包括零号在内的完整的印度数字的介绍。印度数字和十进制计数法被欧洲人普遍接受并改造以后，在近代科学的进步中扮演了重要的角色。从那以后，印度数学史也成了几个驰名世界的顶尖数学家的历史。

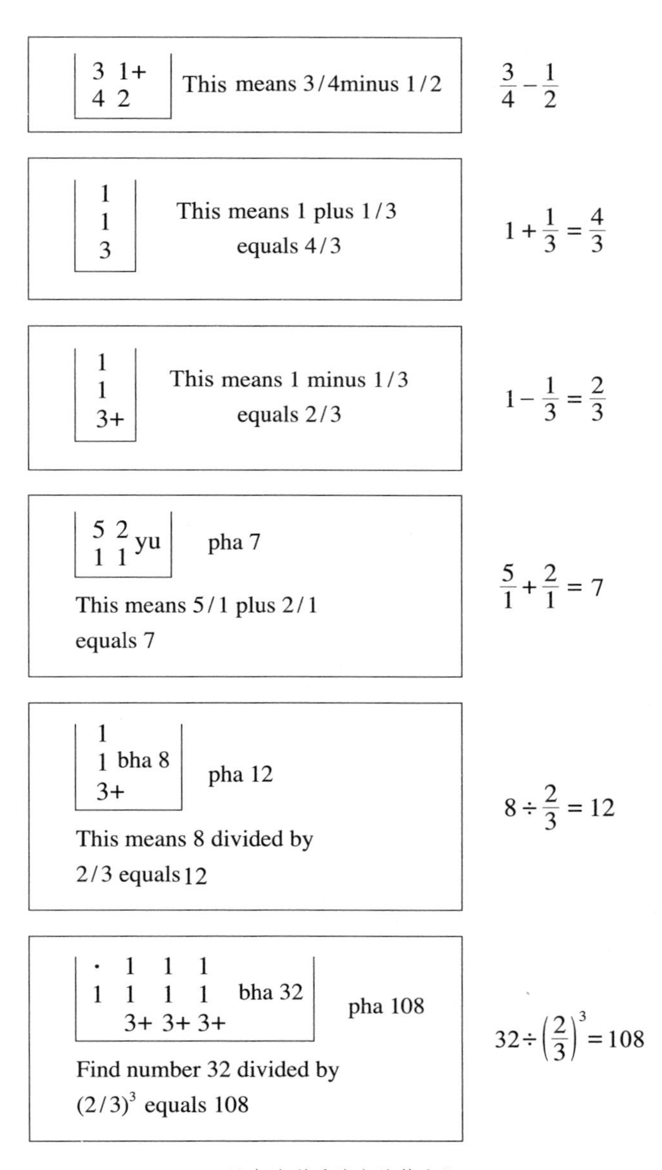

巴克沙利手稿上的算术题

从北印度到南印度

阿耶波多

476年，在距离巴特那不远的恒河南岸，诞生了迄今所知最早的印度数学家——阿耶波多（Aryabhata）。巴特那现在是比哈尔邦的首府，原先叫华氏城，16世纪阿富汗人入侵后重建并改名为巴特那。释迦牟尼晚年曾行教至此，它是印度历史上最强盛的两个王朝——孔雀和笈多（约320—540）的都城。笈多王朝是中世纪统一印度的第一个王朝，疆域包括今天印度北部、中部和西部的大部分地区，其间诞生了十进制计数法、印度教艺术和伟大的梵文史诗、戏剧《沙恭达罗》及其作者迦梨陀娑（约5世纪），东晋高僧法显曾来此取经。

浦那的阿耶波多塑像

阿耶波多出生时，笈多王朝的首都已经西迁，华氏城开始衰落，但仍为学术中心（玄奘约于631年抵达此城）。与后来的印度数学家一样，阿耶波多的数学工作主要是为了研究天文学和占星术。他在故乡和华氏城著书立说，代表作有两部，一部是《阿耶波多历数书》（499），另一部算术书已失传。《阿耶波多历数书》的主要部分是天文表，但也包含了算术、时间的度量、球等数学内容。该书在 800 年左右被译成拉丁文，流传到欧洲。此书在印度尤其是南印度影响甚广，曾被多位数学家评注。

阿耶波多给出了连续n个正整数的平方和和立方和的表达式，即

$$1^2+2^2+\cdots+n^2=\frac{n(n+1)(2n+1)}{6}$$

$$1^3+2^3+\cdots+n^3=\frac{n^2(n+1)^2}{4}$$

关于圆周率，阿耶波多在印度率先求得π= 3.141 6，但其方法不得而知（有人说他是通过计算圆内接正 384 边形的周长），或许与中国的π值计算方法有关系。在三角学方面，阿耶波多以制作正弦表闻名。古希腊的托勒密也制作过正弦表，但他把圆弧和半径的长度用不同的度量划分，非常不方便。阿耶波多做了改进，他默认曲线和直线用同一单位度量，制作了从 0 度到 90 度平均间隔为 3°45′的正弦表。阿耶波多把半弦称作jiva，意思是猎人的弓弦；阿拉伯人把它译成dschaib，意思是胸膛、海湾或凹处；到了拉丁文里它又变成sinus，“正弦”（sine）一词即来源于此。

在解答算术问题时，阿耶波多经常采用“试位法”和“反演法”。所谓反演法，就是从已知条件逐步往回推。例如，他曾描述过这样的问题：“带着微笑眼睛的美丽少女，请你告诉我，什么数乘以 3，加上这个乘积的 3/4，然后除以 7，减去此商的 1/3，自乘，减去 52，取平方根，加上 8，除以 10，得 2？”根据反演法，我们从 2 这个数开始往回推，于是，$(2\times10-8)^2+52=196$，$\sqrt{196}=14$，$14\times(\frac{3}{2})\times7\times(\frac{4}{7})/3=28$，即为答案。从中我们也可以看出，印度数学家是用诗歌的语言来表达这类算术问题的。

阿耶波多最有意义的工作是求解一次不定方程

$$ax+by=c$$

他利用所谓的“库塔卡”（kuttaka，意思是粉碎或碾细）方法。例如，

设$a>b>0$，$c=(a, b)$是a和b的最大公因数，则

$$
\begin{aligned}
&a=bq_1+r_1,\ 0\leqslant r_1<b,\\
&b=r_1q_2+r_2,\ 0\leqslant r_2<r_1,\\
&\cdots\\
&r_{n-2}=r_{n-1}q_n+r_n,\ 0\leqslant r_n<r_{n-1},\\
&r_{n-1}=r_nq_{n+1}
\end{aligned}
$$

依次迭代，可将$c=(a, b)=r_n$表示成a和b的线性组合，从而求得上述不定方程的整数解x和y。

事实上，这种方法就是后来秦九韶在大衍术中使用的“辗转相除法”，它的雏形“更相减损术”早在《九章算术》里就已经出现。在西方这个方法叫欧几里得算法，只不过希腊人的这套方法也不完善，即便是最后一个数论大家丢番图，也只考虑此类方程的正整数解，阿耶波多和他的后继者则取消了这个限制。在天文学上，阿耶波多也有很多贡献，他用数学方法计算出黄道、白道的升交点和降交点的运动，以及地球的周长，他还提出日食和月食的推算方式，以及地球自转的想法，可惜并未得到后世同胞的认可和响应。为了纪念阿耶波多，印度发射成功的第一颗人造卫星以他的名字命名（1975）。

婆罗摩笈多

阿耶波多之后，印度又等了一个多世纪才出现下一个重要的数学家，那便是婆罗摩笈多（Brahmagupta，约598—约660）。有意思的是，在这100多年间，整个世界（无论东方还是西方）都没有产生一个大数学家。婆罗摩笈多的祖籍可能是在今巴基斯坦南部的信德省，该省的首府是巴基斯坦第一大城市卡拉奇，但婆罗摩笈多出生在印度中央邦西南部的城市乌贾因，并在那里长大。与比哈尔邦毗邻的中央邦是印度面积最大的邦，这两个邦是古代印度政治、文化和科学的中心地带，如同我们的关中和中原地区。

沉湎于计算的婆罗摩笈多

乌贾因虽说不曾做过统一王朝的都城（笈多王朝之后印度一直处于分裂状态），却是印度七大圣城之一。北回归线经过这座城市的北郊，印度地理学家确定的第一条子午线也穿过它。它是继巴特那之后古代印度的数学和天文学中心，也是大诗人、戏剧家迦梨陀娑的诞生地，后者被视为印度历史上最伟大的作家。由于这两座城市相距将近 1 000 公里（乌贾因离孟买比离巴特那更近），这就意味着印度的科学中心在向西南转移。据说阿育王继位以前，他的父王曾派他到乌贾因担任总督。婆罗摩笈多成年以后，一直在乌贾因天文台工作，在望远镜出现之前，它可谓世界上最古老、最负盛名的天文台之一。

婆罗摩笈多留下了两部天文学著作，《婆罗多修正体系》（628）和《肯达克迪迦》（约 665）。后者是在作者去世后刊出的，其中包括正弦函数表，他利用了不同于阿耶波多的方法，即“二次插值法”。前者虽用抒情的文字写成，却包含更多的数学内容，全书共分 24 章，“算术讲义”和“不定方程讲义”两章是专论数学的，分别研究三角形、四边形、二次方程、零和负数的算术性质、运算规则，以及研究一阶和二阶不定方程。其他各章虽然是关于天文学研究的，但也涉及不少数学知识。

以零的运算法则为例，婆罗摩笈多这样写道：“负数减去零是负数，正数减去零是正数，零减去零什么也没有，零乘负数、正数或零都是零……零除以零是空无一物，正数或负数除以零是一个以零为分母的分数。”最后这句话是印度人提出以零为除数问题的最早记录，将零作为一个数进行运算的思想被后来的印度数学家所继承。他也提出了负数的概念和记号，并给出了运算法则。“一个正数和一个负数之和等于它们的绝对值之差”，“一个正数与一个负数的乘积为负数，两个正数的乘积为正数，两个负数的乘积为正数”，这些在世界上都是领先的。

婆罗摩笈多最重要的数学成果是解下列不定方程

$$nx^2 + 1 = y^2$$

其中n是非平方数。虽然在欧洲费尔马是第一个提出此类方程的数学家，但它们却被 18 世纪的瑞士数学家欧拉错误地记为由佩尔提出，所以后人称它们为佩尔方程（Pell’s equation，佩尔是 17 世纪的英国数学家）。婆罗摩笈多给出了佩尔方程的一种特殊解法，并将其命名为“瓦格布拉蒂”。他的方法非常巧妙，这项成就在数学史上占有一席之地。

此外，婆罗摩笈多还给出了有关一元二次方程的一般求根公式，可惜丢了一个根。他也得到边长分别为a、b、c、d的四边形的面积公式，即

$$s = \sqrt{(p-a)(p-b)(p-c)(p-d)}$$

其中$p=\dfrac{a+b+c+d}{2}$。可以想象，婆罗摩笈多一定对这个结果感到得意，但实际上，它仅仅对圆内接四边形才是正确的。最后，值得一提的是，利用两组相邻三角形的边长比例关系，他给出了一个关于毕达哥拉斯定理的漂亮证明。

马哈维拉

婆罗摩笈多是一位有思想的数学家，可惜这方面和他的生平一样留下来的资料很少。他说：“正如太阳之以其光芒使众星失色，学者也以其能提出代数问题而使满座高朋逊色，若其能给予解答则将使侪辈更为相形见绌。”想必在他生活的年代，乌贾因地区有着很好的学术氛围，史上也有所谓的“乌贾因学派”之说。遗憾的是，在婆罗摩笈多去世后的 4 个多世纪里，乌贾因再也没有出现杰出的数学家，政治

动乱和王朝更迭可能是其中的一个主要原因。倒是在南印度相对偏僻的卡纳塔克（本意是“高地”）邦，诞生了两位数学天才——马哈维拉和婆什迦罗。

印度的国土面积不过300万平方公里，且南北的长度小于东西的长度，可是“南印度”的概念却扎根在印度人心中。印度南方有地势高耸的德干高原（“德干”来源于一个意思为“南方”的梵文词汇）及其北缘的两座山脉形成天然屏障，加上纳巴达（讷尔默达）河的护卫，使其免受北方历代王朝或帝国的入侵。事实上，来自北方的多次征讨都遭到南方的猛烈抵抗。雅利安人并没有带来他们的饮食习惯，亚历山大的军队未曾涉足，穆斯林和蒙古人的入侵只是点到为止，甚至法兰西和不列颠的影响也微乎其微。

我们对阿育王时代以前的南印度了解甚少，但有一点是明确的，即使分裂成相互对抗的阵营，南印度也与雅利安人统治的北方有着同样丰富和先进的文化，无论在宗教、哲学、价值观、艺术形式还是物质生活等方面。南方几个较大的独立政权国家或王朝为取得支配权而相互竞争，但谁都未能将整个地区统一起来置于自己的控制之下。每个王朝都与东南亚保持着发达的海上贸易关系，每个王朝的政治和文化生活都围绕着以寺庙建筑为主的首都展开。

在南方的诸多王朝里，有一个叫拉喜特拉库塔，大约在755至975年统治着德干高原及其附近的一块土地。这个王朝最初可能是由达罗毗荼人创造的，一度建立起庞大的帝国，以至于有一个穆斯林旅行者在他的书里把该王朝的统治者称为世界四大帝王之一（另外三个是哈里发、拜占庭皇帝和中国皇帝）。在特立尼达岛出生的印裔英国作家奈保尔（V. S. Naipaul，1932—2018）也提到过，在离班加罗尔320公里外的地方有一处维加雅那加王国的都城遗址，它是14世纪世界上最伟大的城市之一。

就在拉喜特拉库塔王朝处于鼎盛时期时，马哈维拉（Mahavira，约800—870）出生于迈索尔的一个耆那教徒家庭。迈索尔是印度西南海岸卡纳塔克邦的第二大城市，位于两座名城班加罗尔和卡利卡特之间。班加罗尔作为卡纳塔克邦的首府，如今已是印度的“硅谷”和国立数学研究所的所在地；卡利卡特既是中国航海家郑和去世的地方，也是葡萄牙人达·伽马绕过好望角抵达印度的港口。我们对马哈维拉的生平所知不多，只知道他成年后，在拉喜特拉库塔王朝的宫廷里生活过很长一段时间，可以说是一位宫廷数学家。

大约在 850 年，马哈维拉撰写了《计算精华》一书，该书曾在南印度被广泛使用。1912 年，这部书被译成英文在马德拉斯（今金奈）出版。此书是印度第一部初具现代形式的教科书，现今数学教材中的一些论题和结构在其中可以见到。更为稀罕的是，《计算精华》是一部纯粹的数学书，几乎没有涉及任何天文学问题，这也是马哈维拉与前人不同的地方。全书共分 9 章，其中最有价值的研究成果包括：零的运算、二次方程、利率计算、整数性质和排列组合等。

马哈维拉指出，一数乘以 0 得 0，减去 0 也不会使此数减少。他还指出，除以一个分数等于乘以此数的倒数，甚至提到一数除以零为无穷量。不过，他曾错误地断言负数的平方根不存在。有趣的是，与中国数学家杨辉潜心于幻方一样，马哈维拉也着迷于一种叫“花环数”的游戏。将两整数相乘，若其乘积的数字呈中心对称，马哈维拉就称之为“花环数”。他对这种特殊整数的构成规律进行了研究，例如：

$$14\ 287\ 143 \times 7 = 100\ 010\ 001$$

$$12\ 345\ 679 \times 9 = 111\ 111\ 111$$

$$27\ 994\ 681 \times 441 = 12\ 345\ 654\ 321$$

有趣的是，中国人沿用诗词里的词汇，称花环数为“回文数”，英文则叫 Palindromic number，又称谢赫拉莎德数，即以《一千零一夜》里那位会讲故事的苏丹王妃命名。方幂数里也有许多花环数，例如，$11^2=121$，$7^3=343$，$11^4=14\ 641$，但迄今未见 5 次方的花环数。

耆那教的典籍中含有一些简单的排列组合问题，马哈维拉在总结前人工作的基础上，率先给出了今天我们熟知的二项式定理的计算公式，即若 $1 \leqslant r \leqslant n$，

$$\binom{n}{r}=\frac{n(n-1)\cdots(n-r+1)}{r(r-1)\cdots 1}$$

此时距离贾宪生活的时代尚有两个世纪。此外，马哈维拉还改进了一次不定方程的库塔卡解法，对古老的埃及分数做了深入研究，证明 1 可表示成任意多个单分数之和，任何分数均可表示成偶数个指定分子的分数之和，等等。他也详细地研究了某些高次方程的求解方法，平面几何的作图问题，以及椭圆周长和弓形面积的近似计算公式，后者与《九章算术》里的结果不谋而合。

婆什迦罗

接下来，我们终于要谈到印度古代和中世纪最伟大的数学家、天文学家婆什迦罗了。印度有两个叫婆什迦罗的数学家，一个生活在 7 世纪，而我们要说的那个生活在 12 世纪。1114 年，婆什迦罗（Bhaskara）出生在印度南方德干高原西侧的比德尔，该城位于 2010 年国际数学家大会主办城市海得拉巴到孟买的公路和铁路线上，与马哈维拉的故乡迈索尔同属于卡纳塔克邦。婆什迦罗的父亲是正统的婆罗门（祭司贵族），曾写过一本很流行的占星术著作。婆什迦罗成年后，来到乌贾因天文台工作，成为婆罗摩笈多的继承者，后来还做了天文台的台长。

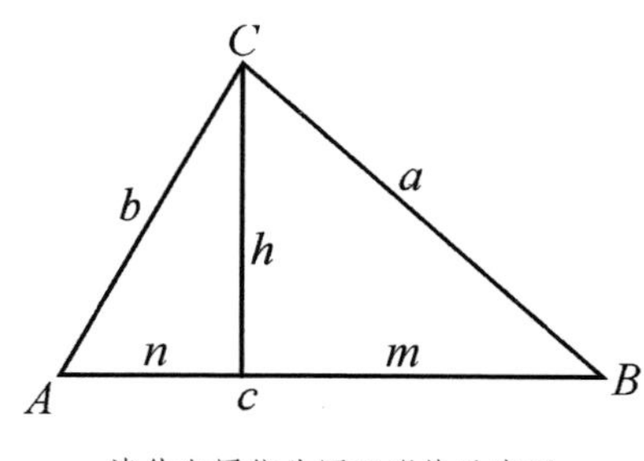

婆什迦罗依此图证明毕氏定理

到 12 世纪，印度数学已经积累了相当多的成果。婆什迦罗通过吸收这些成果并做进一步研究，取得了超越前人的成就。他的文学造诣也很高，其著作弥漫着诗一般的气息。婆什迦罗的重要数学著作有两部——《莉拉沃蒂》和《算法本源》。《算法本源》主要探讨代数问题，涉及正负数法则、线性方程组、低阶整系数方程求解等，还给出两个关于毕达哥拉斯定理的漂亮证明，其中一个与赵爽的方法相同，另一个直到17世纪才被英国数学家沃利斯（J. Wallis，1616—1703）重新发现。如图所示，利用相似三角形的性质，

$$\frac{c}{a}=\frac{a}{m},\ \frac{c}{b}=\frac{b}{n}$$

由此可得 $cm=a^2$，$cn=b^2$，两式相加，即得

$$a^2+b^2=c(m+n)=c^2$$

婆什迦罗还在书中谈到了朴素而粗糙的无穷大概念，他写道：

> 一个数除以零便成为一个分母是符号0的分数，例如3除以0得3/0。这个分母是符号0的分数，被称为无穷大量。在这个以符号0作为分母的量中，可以加入或取出任意量而无任何变化发生，就像在世界毁灭或创造世界的时候，那个无穷的、永恒的上帝没有发生任何变化一样，虽然有大量的各种生物被吞没或被产生。

《莉拉沃蒂》的内容更广泛一些，全书从一个印度教信徒的祈祷开始。说到这部书，有一个传说：莉拉沃蒂是婆什迦罗宠爱的女儿的名字，婆什迦罗占卜得知，她婚后将有灾祸降临。按照婆什迦罗的计算，如果女儿的婚礼在某一时辰举行，灾祸便可以避免。但到了婚礼那天，正当新娘等待着“时刻杯”中的水面下落，一颗珍珠不知什么原因从她的头饰上掉落，堵住了杯孔，水不再流出，以致无法确认“吉祥的时辰”。婚后莉拉沃蒂不幸失去了丈夫，为了安慰她，婆什迦罗教她算术，并以她的名字命名了自己的著作。①

婆什迦罗对数学的主要贡献有：采用缩写文字和符号来表示未知数和运算；熟练地掌握了三角函数的和差化积等公式；比较全面地讨

---

① 自2010年印度海得拉巴开始，四年一度的国际数学家大会就设立了数学普及领域的“莉拉沃蒂奖”。

论了负数，将其命名为“负债”或“损失”，并表示成在数字上方加小点的形式。婆什迦罗写道：“正数、负数的平方常为正数，正数的平方根有两个，一正一负；负数无平方根，因为它不是一个平方数。”希腊人虽然早就发现了不可通约量，但却不承认无理数是数字。婆什迦罗和其他印度数学家则广泛使用无理数，并在运算时和有理数同等对待。

作为婆罗摩笈多数学事业的继承人，婆什迦罗对这位前辈的每项工作都进行了深入的了解和研究，并对其中的有些结果做了改进，尤其是佩尔方程 $nx^2 + 1 = y^2$ 的求解方法。作为一个天文学家，婆什迦罗也是硕果累累，他涉足的领域包括球面三角学、宇宙结构、天文仪器，等等。而且，处处可见数学家的观点和眼光，例如，他用微分学中的求“瞬时速度”的方法来研究行星的运动法则。据说后人在巴特那发现一块石碑，记载了 1207 年 8 月 9 日当地权贵捐给一个教育机构一笔款项，用于研究婆什迦罗的著作，而此时他已经去世（约 1185）20 多年了。

值得一提的是，在印度这块土地上，除了诞生萨克雷（W. M. Thackeray，1811—1863）、奥威尔（G. Orwell，1903—1950）和吉卜林（R. Kipling，1865—1936）这样的英国作家，也诞生过两位英国数学家。19 世纪初和 20 世纪初，在南印度泰米尔纳德邦的马杜赖和金奈，数理逻辑学家摩根（A. Morgan，1806—1871）和拓扑学家亨利·怀特海（J. H. Whitehead，1904—1960）分别出生。前者断言亚里士多德传下的逻辑不必要地受到了限制，并成为现代数理逻辑学的奠基人。后者对拓扑学中同伦论的发展做出了重大贡献，并最先给出了微分流形的精确定义。有意思的是，也是在泰米尔纳德邦，19 世纪后期还诞生了一位享誉世界的印度数学天才拉曼纽扬。

拉曼纽扬（S. Ramanujan，1887—1920）是主要依靠自学成才的天才型数学家，他在数论尤其是整数分拆方面有突出贡献，在椭圆函数、超几何函数和发散级数领域也做了出色的工作。他与稍早的诗人、诺贝尔文学奖得主泰戈尔（R. Tagore，1861—1941）是最让国人感到骄傲的两位印度人。在拉曼纽扬的精神感召下，20 世纪后半叶的印度数学和自然科学有了很大的进展。在数论领域，出现了以拉曼羌德拉（K. Ramachandra，1933—2011）为首的印度学派，一直延伸到北美洲的加拿大。在物理学方面，印度人也有卓越贡献，仅马德拉斯大学就出过两位诺贝尔奖得主——拉曼（C. V. Raman，1888—1970）和钱德拉塞卡（S. Chandrasekhar，1910—1995），后者在拉曼纽扬去世时还是一个不满 10 岁的男孩。

印度数学天才拉曼纽扬

印度数学家拉曼羌德拉。作者摄于班加罗尔

神赐的土地

阿拉伯帝国

阿拉伯帝国的兴盛被视为人类历史上最精彩的插曲之一，这当然与先知穆罕默德的传奇经历有关。570年，穆罕默德出生在阿拉伯半岛西南部的麦加。与耆那教和佛教的始祖摩诃毗罗和释迦牟尼不同，他的祖父虽是部落首领，但他从小就是孤儿，无权继承遗产。麦加当时是一个远离商业、艺术和文化中心的落后地区，穆罕默德在极其艰苦的条件下长大成人。25岁那年，他娶了一位富商的遗孀，经济状况有所改善。直到40岁前后，他的人生才有了奇妙的变化。

穆罕默德领悟到有且只有一个全能的神主宰世界，并确信真主安拉选择了他作为使者在人间传教。这就是伊斯兰教的来历，它在阿拉伯语里的意思是"顺从"，其信徒叫作穆斯林（已顺从者）。根据伊斯兰教的教义，世界末日死者会复活，每个人将依照自己的行为受审。穆斯林有解除他人痛苦、救济贫穷者的义务，而聚敛财富或否认穷人的权利将导致社会腐败，会在后世受到严惩。伊斯兰教还强调，一切信徒皆为兄弟，他们共同生活在紧密的集体中，安拉比颈部的血管离你还近。

622年，穆罕默德带领大约70名门徒被迫出走，他们来到麦加以北200公里的麦地那。这是伊斯兰教的又一个转折点，其信徒人数迅速增加。居住在阿拉伯半岛上的贝都因人是讲阿拉伯语的游牧民族，以勇猛善战著称，但他们四分五裂，一直不是生活在半岛北部可耕作土地上的其他部落的对手。穆罕默德通过伊斯兰教以及联姻等世俗手段把他们团结起来，开始了史无前例的大规模征战（圣战），他本人曾亲率穆斯林大军逼近叙利亚的边界。

在穆罕默德去世（632）后的10年里，这支军队在他的两任哈里发继承人（均是他的岳父）的率领下，击败了波斯萨珊王朝的大军，占领了美索不达米亚、叙利亚和巴勒斯坦，并从拜占庭手中夺取了埃及（给了亚历山大最后一击）。大约在650年，依据穆罕默德得到的真主的启示辑录而成的《古兰经》问世。这部书被穆斯林视为上天的启示，用真主安拉的语言写成，并成为伊斯兰教的四项基本原则（乌苏尔）之首（其余三项分别是圣训、集体一致意见和个人判断）。

清真寺的几何轮廓

《古兰经》封面

在那以后，阿拉伯人的征战并未结束，711年他们扫平北非，直指大西洋。接着，他们向北穿越直布罗陀海峡，占领西班牙。那时候中国处于唐朝的太平盛世，李白（701—762）还是一个孩童，杜甫（712—770）则在母亲的腹中。在数学界，印度的婆罗摩笈多已经过世半个世纪，无论是东方还是西方均没有一个数学家在世。信奉基督教的欧洲岌岌可危，似乎快要被穆斯林的军队攻克。可是，732年，已经抵达法国中部的阿拉伯人在图尔战役中战败。

尽管如此，阿拉伯人的倭玛亚王朝已经把他们的疆域拓展到东起印度，西至大西洋，北达里海和中亚的广阔地区，这可能是迄今为止人类历史上最大的帝国了。穆斯林军队每到一处，就在那里不遗余力地传播伊斯兰教。755 年，由于哈里发的权力之争，阿拉伯帝国分裂成东西两个独立王国，西边的定都西班牙的科尔多瓦，东边的定都叙利亚的大马士革。后者在由阿拔斯家族掌握权力之后，重心逐渐东移到了伊拉克的巴格达，在那里阿拉伯人创建了“一座举世无双的城市”，这一哲学、文化、科学、技术的中心，成就了伊斯兰的黄金时代，阿拔斯王朝也成为伊斯兰历史上最驰名和统治时间最长的朝代。

巴格达的智慧宫

巴格达位于底格里斯河畔距离幼发拉底河的最近处，四周是一片平坦的冲积平原。巴格达一词在波斯语里的意思是“神赐的礼物”，自从 762 年被阿拔斯王朝的第二任哈里发曼苏尔（Mansur，707—775）选定为首都之后，这座城市开始兴旺发达，在一个圆形的城墙内，一座座宫殿和建筑拔地而起。到 8 世纪后期和 9 世纪上半叶，巴格达在马赫迪（Mahdi，生卒年不详）及其继承人哈伦·拉希德（Rashid，约 764—809）和马蒙（786—833）的领导下，经济繁荣和学术生活都达到顶点，成为继中国长安城之后世界上最富庶的城市。

在世界史上，9 世纪是以两位皇帝的出场拉开帷幕的，他们在国际事务中占有优越的地位。其中一位是法兰克国王查理曼（Charlemagne，742—814），他的爷爷曾成功地在法国图尔阻止了穆斯林军队的入侵，800 年的圣诞节，他被教皇加冕为

智慧宫。1237 年的插画

“罗马人的皇帝”；另一位是哈伦·拉希德。在这两个人中，哈伦·拉希德的势力无疑更大一些。出于各自的目的，这两位同时代的东西方领袖人物之间建立了私人友谊和同盟关系，经常互赠贵重的礼品。查理曼希望哈伦·拉希德和他一起对抗他的敌人——拜占庭帝国，哈伦也希望利用查理曼对抗他的死对头——西班牙的倭马亚王朝。

无论历史还是传说，都证实了巴格达最辉煌的时代就是哈伦·拉希德在位时期。建都不到半个世纪的时间，这座城市就从一个荒芜之地发展成一个拥有惊人财富的国际大都会，只有拜占庭的君士坦丁堡可以与之抗衡。哈伦·拉希德是一位典型的穆斯林君主，他所表现出来的慷慨大方，像磁石一样把诗人、乐师、歌手、舞女、猎犬和斗鸡的驯养者，以及所有有一技之长的人都吸引到巴格达。以至于在《一千零一夜》里，哈伦·拉希德被描绘成挥金如土、穷奢极侈的君主。

与此同时，大约在771年，即巴格达建都的第9年，有一位印度旅行家带来了两篇科学论文。一篇是天文学论文，曼苏尔命人把这篇论文译成阿拉伯文，结果那个人就成了伊斯兰世界的第一位天文学家。阿拉伯人还在沙漠里生活时，就对星辰的位置很感兴趣，却没有做过任何科学研究。他们信奉伊斯兰教后，增加了研究天文学的动力，因为无论身处何地，每天都需要向麦加方向祈祷朝拜5次，此乃伊斯兰五功之一的拜功，另四功分别是念功、课功（纳财供赈济贫民）、斋功和朝功（朝觐麦加）。

希腊著作的阿拉伯语译本

另一篇是婆罗摩笈多的数学论文，正如黎巴嫩出生的美国历史学家希提（P. Hitti，1886—1978）所说，欧洲人所谓的阿拉伯数字，以及阿拉伯人所谓的印度数字，就是由这篇文章传入穆斯林世界的。不过，印度人的文化输出十分有限。在阿拉伯人的生活中，希腊文化最终成为一切外国影响因素中最重要的。事实上，在阿拉伯人征服叙利亚和埃及以后，他们接触到的希腊文化遗产便成为他们眼里最宝贵的财富。之后，他们四处搜寻希腊人的著作，包括欧几里得的《几何原本》、托勒密的《地理志》和柏拉图等人的著作便陆续被译成了阿拉伯语版本。

必须指出的是，那时候中国的造纸术传入阿拉伯世界不久（4个世纪以后，这一技艺像印度—阿拉伯数字一样，经中东和北非绕过地中海传入欧洲），巴格达城里已建起一座造纸厂。自东汉的蔡伦于2世纪初改进造纸术以后，在很长一段时间里，中国人对造纸工艺严格保密。可是，751年，唐朝的一支军队在今哈萨克斯坦中部的江布尔败于阿拉伯人，一批造纸工人被俘虏到撒马尔罕，他们在牢房里被迫泄露了造纸工艺。

在哈伦·拉希德的儿子马蒙继任哈里发之后，希腊的影响力达到了极致。马蒙本人对理性十分痴迷，据说他曾梦见亚里士多德向他保证，理性和伊斯兰教教义之间没有真正的分歧。830年，马蒙下令在巴格达建造了“智慧宫”（Baytal-Hikmah）。那是一个集图书馆、科学院和翻译局于一体的联合机构，无论从哪方面来看，它都是公元前3世纪亚历山大图书馆建立以来最重要的学术机关。很快，它就成为世界的学术中心，研究的内容包括哲学、医学、动物学、植物学、天文学、数学、机械、建筑、伊斯兰教教义和阿拉伯语语法学，等等。

花拉子密的《代数学》

撒马尔罕的花拉子密塑像

在阿拔斯王朝早期这个漫长而有成效的翻译时代的后半期，巴格达迎来了一个对于科学来说具有独创性的年代，其中最重要、最有影响力的人物便是数学家、天文学家花拉子密（Khwarizmi，约783—约850）。

花拉子密出生时，印度数学家婆罗摩笈多已去世一个多世纪了，而马哈维拉尚未出世。花拉子密的生平资料很少流传下来，一般认为，他出生在注入咸海的阿姆河下游的花剌子模地区，即今天乌兹别克斯坦境内的希瓦城附近。另一个说法是，他生在巴格达近郊，祖先是花剌子模人。但有一点比较肯定，花拉子密是拜火教徒的后裔。

拜火教又名琐罗亚斯德教或袄教、帕西教，距今已有 2 500 多年的历史，以对火的尊崇，反对戒斋、禁欲、单身，以及主张善恶二元论著称。其创始人琐罗亚斯德（Zarathustra，公元前 628—前 551）比耆那教的创始人摩诃毗罗年长约 30 岁，他的故乡在今天伊朗的北部，他创立的宗教几度成为波斯帝国的国教。从花拉子密是拜火教徒这一点我们可以推测，他很有可能是波斯人的后裔，即便不是（或许是中亚人），他的精神世界也倾向于波斯这个富有悠久文化传统的民族。虽然花拉子密不是纯粹的阿拉伯人，但他无疑精通阿拉伯文。

花拉子密早年在故乡接受教育，后到中亚古城梅尔夫继续深造，并到过阿富汗、印度等地游学。不久，他便成为远近闻名的科学家，时任东部地区统治者的马蒙曾在梅尔夫召见他。813 年，马蒙成为阿拔斯王朝的哈里发后，聘请花拉子密到首都巴格达工作。后来马蒙创建智慧宫，花拉子密就担任了智慧宫的主要负责人。在马蒙去世后，花拉子密仍留在巴格达工作，直至离世。那时的阿拉伯帝国处于政治稳定、经济发展、文化科学繁荣的阶段。

علي تسعة وثلثين ليتم السطح الاعظم الذي هو سطح ره فبلغ
ذلك كله اربعة وستين فاخذنا جذرها وهو ثمانية وهو احد
اضلاع السطح الاعظم فاذا نقصنا منه مثل ما زدنا عليه وهو
خمسة بقي ثلثة وهو ضلع سطح اب الذي هو المال وهو جذره
والمال تسعة وهذه صورته

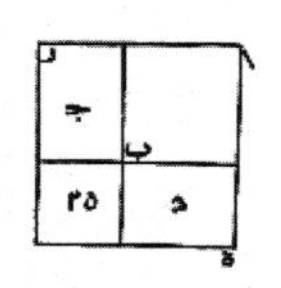

花拉子密的《代数学》手稿

花拉子密在数学方面留下了两部传世之作——《代数学》和《印度的计算术》。《代数学》的阿拉伯文原名是“还原与对消计算概要”，其中还原一词 al-jabr 也有移项之意。这部书在 12 世纪的后翻译时代被译成拉丁文，在欧洲产生了巨大影响。al-jabr也被译成algebra，这正是今天包括英文在内的西方文字中的“代数学”一词。于是，花拉子密的书也被冠名“代数学”。可以说，正如埃及人发明了几何学，阿拉伯人命名了代数学。代数学对阿拉伯人来说，就像数字背后的语法。

《代数学》这部书大约完成于 820 年，所讨论的数学问题并不比丢番图或婆罗摩笈多的问题复杂，但它探讨了一般性解法，因而远比希腊人和印度人的著作更接近于近代初等代数，这是难能可贵的。书中用代数方式处理了线性方程组，并率先给出了二次方程的一般代数解法，还引进了移项、合并同类项等代数运算方法。这一切为作为“解方程的科学”的代数学开拓了道路，难怪花拉子密的书在欧洲被用作标准课本长达数百年，这对东方数学家来说十分罕见。

婆罗摩笈多只给出了一元二次方程一个根的解法，花拉子密则求出了两个根。可以说，他是世界上最早认识到二次方程有两个根的数学家。遗憾的是，尽管他意识到负根的存在，但却舍弃了负根和零根。他指出，（用现在的语言）如果判别式是负的，则方程无（实）根。在给出各种典型方程的解以后，花拉子密还用几何方法给予证明，这明显是受到欧几里得的影响。因此我们可以说，花拉子密与后来的其他阿拉伯数学家一样，深受希腊和印度两大文明的熏陶，这当然与他们所处的地理位置有关。

《印度的计算术》也是数学史上非常有价值的一本书，该书系统地介绍了印度数字和十进制计数法。尽管此前已被那位印度旅行家介绍到巴格达，但并未引起广泛注意，而花拉子密使它们在阿拉伯世界流行起来。12 世纪，这本书传入欧洲并广为传播，其拉丁文手稿现存于剑桥大学图书馆。印度数字也逐渐取代了希腊字母计数系统和罗马数字，成为世界通用的数字，以至于人们习惯称印度数字为阿拉伯数字。值得一提的是，该书的原名是“花拉子密的印度计算法”（*Algoritmi de numero indorum*），其中 Algoritmi 是花拉子密的拉丁语名字，现代数学术语“算法”（Algorithm）即来源于此。

在几何学领域，尤其是在面积测量方面，花拉子密也有自己的贡献。他把三角形和四边形进行了分类，分别给出相应的面积测量公式。他还给出了圆面积的近似计算公式：

$$S=(1-\frac{1}{7}-\frac{1}{2}\times\frac{1}{7})d^2$$

d为圆的直径，圆周率等于 $3\frac{1}{7}\approx 3.14$。阿拉伯人和印度人一样，沿用了埃及人使用单位分数的习惯。花拉子密还给出了弓形面积的计算公式，并把弓形分为大于和小于半圆的两种情况。

在天文学方面，花拉子密也做出了重要贡献。他汇编了三角表和天文表，以便测定星辰的位置和日月食，并撰写了多部专述星盘、正弦平方仪、日晷和历法的著作。这方面花拉子密有一位出色的继承人，即在叙利亚出生的巴塔尼（Battani，约 858—929），他发现了太阳的远地点（离地球最远的点）的位置是变动的，因而有可能发生日环食。巴塔尼用三角学取代几何方法，引进了正弦函数，纠正了托勒密的一些错误，包括太阳和某些行星轨道的计算方法。巴塔尼的《历数书》在 12 世纪被译成拉丁文出版，使其成为中世纪欧洲人最熟知的阿拉伯天文学家。

在数学与天文学之外，花拉子密也有许多贡献，他用阿拉伯文写出了最早的历史著作，有力地推动了历史学这门学科的发展。因为军事和商业贸易（阿拉伯人是精明的商人）的需要，制作世界地图在当时非常重要，这要用到复杂的数学和天文学知识。花拉子密的《地球景象书》是中世纪阿拉伯世界的第一部地理学专著，书中描述了当时世界上已知的重要居民点、山川湖海和岛屿，并附有 4 幅地图。

波斯的智者

伊斯法罕的海亚姆

在中世纪的阿拉伯，虽然在数学和科学领域主要受希腊和印度的影响，但在文化方面，无疑波斯的影响更大，这一点不亚于处于希腊文明影响之下的马其顿，后者产生了像亚里士多德那样的全才。除了果断和英勇善战以外，阿拉伯人的优点还在于，他们具有出色的组织和管理才能，以及包容大度的良好心态。但在理性和智慧方面，他们尚不及波斯人。事实上，阿拉伯人只有两种东西保全下来，一种是变成国教的伊斯兰教，另一种是变成国语的阿拉伯语。在首都巴格达，波斯头衔、波斯酒、波斯太太、波斯情妇、波斯歌曲等，逐渐成为时尚。

相传哈里发曼苏尔是第一个戴波斯高帽子的，他的臣民自然会效仿他。在他的政府中，首次出现了波斯官职——大臣，并且是由一个拥有波斯血统的人担任。哈里发让妻子和这位大臣的妻子相互哺育对方的女儿，并让大臣的儿子教导自己的儿子哈伦·拉希德。但是好景不长，当哈伦·拉希德从麦加朝觐回来，却发现这位年轻的老师已让他的妹妹怀孕并偷偷地生子，而这个妹妹偏偏因为被哈伦·拉希德过分宠爱而不准嫁人。结果那位异乡人人头落地，尸体被剖成两半，挂在巴格达的两座桥上示众。

更为不幸的是，马蒙死后，阿拔斯王朝便走上了下坡路。在巴格达周围，出现了许多小王朝，政局持续动荡，帝国被一点点儿瓜分，

内沙布尔的海亚姆纪念碑

剩下的权力也逐渐被军人掌控。一支禁卫军起义了，接着爆发了黑奴起义，宗教派别层出不穷，中央政权的根基迅速瓦解。这个时候，波斯人和突厥人又把短剑对准了它的心脏。尽管如此，10世纪的巴格达郊外仍诞生了波斯数学家凯拉吉（Karaji，约953—约1029），他在二项式定理（晚于印度人但略早于贾宪探讨了这个问题）、代数学、线性方程组解法以及数学归纳法方面均有建树。1067年，在巴格达创建了伊斯兰世界的第一所大学——尼采米亚大学，但却没有吸引像欧玛尔·海亚姆那样聪颖智慧的青年才俊。

大约在1048年，伊斯兰世界最具智慧的人物——欧玛尔·海亚姆（Omar Khayyam）出生在伊朗东北部霍拉桑地区的古城内沙布尔，他于1131年去世。“海亚姆”是指制造或销售帐篷的职业，这说明他的父亲或祖辈是从事这项工作的。可能出于这个原因，他得以跟随父亲在各地游历，先在家乡，后在阿富汗北部小镇巴尔赫接受教育，接着来到中亚最古老的城市撒马尔罕，海亚姆在当地一位有政治背景的学者庇护下，从事数学研究。

在欧几里得的《几何原本》里有用几何方法解形如$x^2 + ax = b^2$的二次方程的例子，其中的一个解是$\sqrt{(\frac{a}{2}) + b^2} - \frac{a}{2}$。它可以用毕达哥拉斯定理来求取：作一个两直角边分别为$\frac{a}{2}$和b的直角三角形，在斜边上去掉长度为$\frac{a}{2}$的线段之后，剩下部分的长度即为所求之解。三次方程的求解方法显然更为复杂，海亚姆考虑了14种类型的方程，通过两条圆锥曲线的交点来确定它们的根。

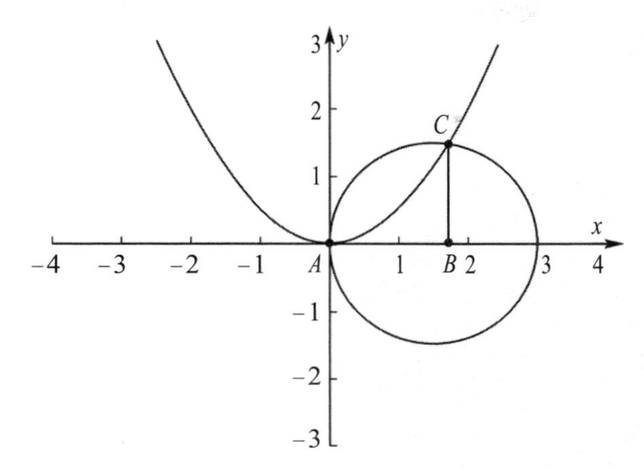

借助此图，海亚姆求得三次方程的解

以方程$x^3 + ax = b$为例，它可以改写成$x^3 + c^2x = c^2h$。在海亚姆看来，这个方程恰好是抛物线$x^2 = cy$和半圆周$y^2 = x(h - x)$交点C（如上图）的横坐标x。因为从后两式中消去y，就可得到前面的方程。于是，海亚姆有了用圆锥曲线解三次方程等数学发现，并完成了一部《代数问题的论证》。此外，他在证明欧几里得平行（第五）公设方面也做了非常有益的尝试。

也是在11世纪，一个叫塞尔柱的由土耳其突厥人建立的王朝崛起，领土从伊朗和外高加索一直延伸到地中海，他们也是举着伊斯兰教的旗帜。后来，海亚姆在塞尔柱苏丹马利克沙的邀请之下来到首都伊斯法罕，主持新建天文台的工作并进行历法改革。事实上，这是海亚姆的立足之本和生活的保障，而数学发现则是他的副业。他提出在平年365天的基础上，每33年增加8个闰日。这样一来，与实际的回归年仅相差19.37秒，即每4 460年的误差只有一天。这比现在全世界通行的公历还要准确，可惜因为领导人的更迭而未能实施。

海亚姆在伊斯法罕度过了他一生中的大部分时光，伊斯兰教义、塞尔柱宫廷和波斯血统这三者在他身上交替呈现，时局的动荡和怪异的个性导致他的生活并不称心如意。他终生独居，不时地把头脑里那

海亚姆的四行诗和插图

些不合时宜的思想悄悄地用波斯语记录下来，以在霍拉桑地区流行的四行诗为载体。恐怕海亚姆自己也没有想到，800 年后一位叫爱德华·菲茨杰拉德的英国人把他的诗集《鲁拜集》（意为四行诗）翻译成英文，使他成为名扬世界的诗人，甚至超过他作为数学家的声望。例如，海亚姆在一首四行诗中这样叹息自己从事的历法改革的夭折（《鲁拜集》第 57 首）：

啊，人们说我的推算高明
纠正了时间，把年份算准
可谁知道那只是从旧历中消去
未卜的明天和已逝的昨日

作为雅利安人的一支，伊朗人很可能是在公元前 2000 年到前 1000 年去往欧洲的那个印欧语系的中亚游牧民族的一部分，他们在西迁途中留了下来，“伊朗”一词的原意便是“雅利安人之乡”。这样一来，他们就与先前进入印度的那部分雅利安人同宗。不同的是，后者与被称作达罗毗荼人的原住民通婚，因此肤色变得黝黑。至于波斯（Persia）这个名字，则是由于伊朗中南部地区法尔斯（Fars）的古称为波尔斯（Persis），法尔斯的中心城市是有着“玫瑰花和诗人的城市”之誉的设拉子。

法尔斯是波斯的发祥地，波斯帝国的缔造者居鲁士大帝（Cyrus，约公元前 600—前 530）就出生在那里。公元前 6 世纪，他从故乡的一个小首领起家，打败了巴比伦等帝国，建立起范围从印度到地中海的大帝国。居鲁士死后，他的一个儿子以及他的一个大臣的儿子大流士继续扩张，把埃及也纳入帝国版图，以至于在那里游学的毕达哥拉斯被抓到巴比伦，而帮助破解巴比伦楔形文字之谜的伊朗西部贝希斯敦石崖上所刻文字正是讲述大流士如何登上王位的一篇铭文。据说柏拉图学园被迫关闭以后，许多希腊学者跑到波斯，播下了文明的种子。

大不里士的纳西尔丁

在海亚姆过世约70年（其间意大利的斐波那契和中国的李冶相继出世）以后，波斯的图斯城（也属霍拉桑省）又诞生了一位了不起的智者纳西尔丁（1201—1274）。图斯是当时阿拉伯的文化中心，哈伦·拉希德在此去世。纳西尔丁的父亲是一位法理学家，他给儿子以启蒙教育，同城的舅舅则教他逻辑学和哲学。此外，他还学习了代数和几何。后来，他来到海亚姆的故乡内沙布尔深造，跟随波斯哲学家兼科学家伊本·西拿（980—1037）的门徒学习医学和数学，并逐渐成名。值得一提的是，伊本·西拿的拉丁文名叫阿维森纳（Avicenna），他在东方被尊为“卓越的智者”，在西方则被誉为“最杰出的医生”。

伊朗发行的纳西尔丁纪念邮票

此时，蒙古大军正大举西进，阿拉伯帝国摇摇欲坠。为了求得一个安宁的学术环境，纳西尔丁受邀到几处要塞居住，写出了一批数学、哲学等方面的论著。1256年，成吉思汗的孙子、蒙哥大汗（1209—1259）的胞弟旭烈兀（1217—1265）征服了波斯北部，占领了纳西尔丁所在的要塞。没想到，旭烈兀相当敬重纳西尔丁，邀请其入朝担任科学顾问。两年后，纳西尔丁又随旭烈兀远征巴格达，那是一场残酷血腥的战争，宣告了阿拔斯王朝的灭亡。

长兄蒙哥去世后，四哥忽必烈继位，成为元世祖，旭烈兀被封为伊利汗国国王，从此便留在波斯，定都大不里士（伊朗西北部名城，邻近阿塞拜疆）。此前在旭烈兀的批准和资助下，纳西尔丁在大不里士城南建造了一座天文台。他广招贤士，著书立说，还制作了许多先进的观察仪器，使得天文台成为当时重要的学术中心。1274 年，73 岁的纳西尔丁出访巴格达，不幸患病逝世，被安葬在郊外。旭烈兀死在他前面，早已把整个波斯纳入版图，巴格达也包括在内。到他的孙子统治时期，伊利汗国的领土“东起阿姆河，西至地中海，北自高加索，南抵印度洋”。

纳西尔丁一生勤于著述，留下的论著和书信无数，大多是用阿拉伯文书写的，少数哲学、逻辑学的则用波斯文书写。据说他还懂得希腊语，个别论著中甚至出现了土耳其语。至于内容，涉及当时伊斯兰世界的所有学科，其中尤以数学、天文学、逻辑学、哲学、伦理学和神学方面的影响较大。它们不仅在伊斯兰世界被奉为经典，也对欧洲科学的觉醒产生了影响。据说纳西尔丁制作的天文观察仪器还被带到了中国，并被同行借鉴。

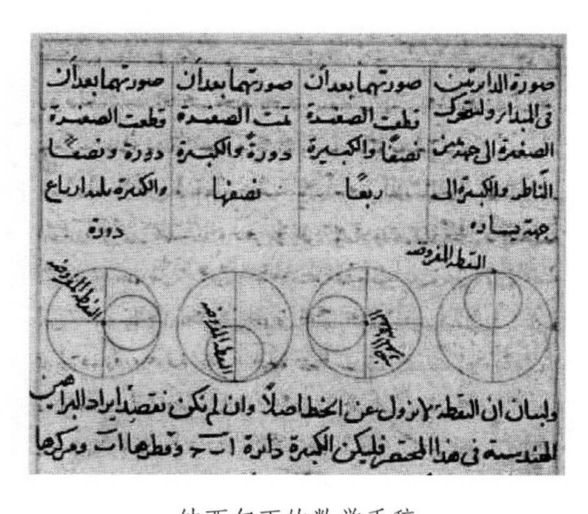

纳西尔丁的数学手稿

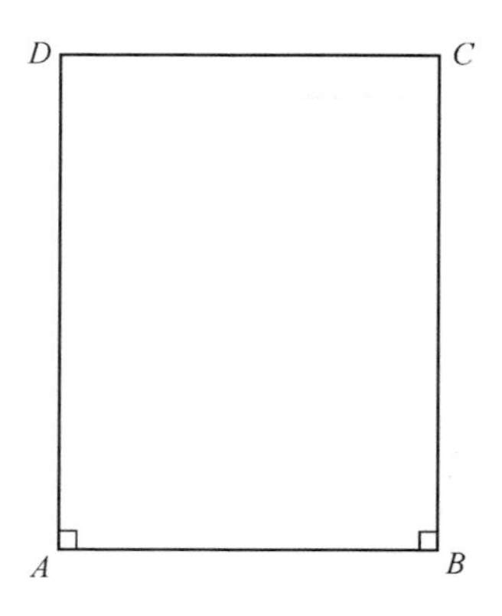

用以证明平行公设的四边形

纳西尔丁在数学方面的著作一共有三部。《算板与沙盘计算方法集成》主要讲算术，他继承了海亚姆的成果，将数的研究扩展到无理数等领域。书中采用了印度数字，谈到了帕斯卡尔（贾宪）三角形，还讨论了求一个数的四次或四次以上方根的方法，成为现存的记载这种方法的最早论著。有意思的是，纳西尔丁得出了“两个奇数的平方和不可能是一个平方数”这一重要的数论结论，这个结论的证明通常依赖于数论中的同余理论。

更值得注意的是《令人满意的论著》，这部书讨论了几何学特别是欧几里得平行公设。纳西尔丁曾两次修订和注释《几何原本》，对平行公设做了较深入的探讨。纳西尔丁试图利用其他公理和公设证明平行公设，为此他沿用了海亚姆的方法：假设有一个四边形$ABCD$，DA和CB等长且均垂直于AB，则$\angle C$和$\angle D$相等。他证明了，如果$\angle C$和$\angle D$是锐角，则可推导出一个三角形的内角和小于180度，这正是罗巴切夫斯基几何的基本命题。

纳西尔丁最重要的数学著作是《横截线原理书》，这是数学史上流传至今最早的三角学专著。在此以前，三角学知识只出现在天文学论著中，是附属于天文学的一种计算方法，而纳西尔丁的工作使得三角学成为纯粹数学的一个独立分支。正是在这部书里，首次出现了著名的正弦定理：

设A、B、C分别为三角形的三个角，a、b、c是它们所对应的边的长度，则

$$\frac{a}{\sin A}=\frac{b}{\sin B}=\frac{c}{\sin C}$$

在天文学方面，纳西尔丁的贡献同样卓著，在这里我就不赘述了。据说他的两个儿子也在大不里士城南的那座当时世界上最先进的天文台工作，还有一个中国人，但他的姓名和来历已无法查证了。据《元史》记载，元初曾有阿拉伯人在中国“造西域仪象”7件，有些仪器与纳西尔丁制作的颇为相像。同样，18世纪印度人在德里等地建造的几座天文台在外表和结构上也模仿了纳西尔丁的天文台。

撒马尔罕的卡西

伊斯兰教的魅力在于，穆斯林用武力夺取的领土可能在一段时间以后失去，但被征服的人们却大多数从此皈依伊斯兰教。伊朗或波斯便是一个典型的例子，自从640年由于与拜占庭帝国的战争付出高昂的代价而被阿拉伯人乘机征服后，这片土地几易其主，可是至今它的国徽和国旗仍带有浓厚的伊斯兰味道。前者由弯月、宝剑和书籍组成，弯月和宝剑分别是伊斯兰教和力量的象征，高高在上的书籍则是《古兰经》。后者是蓝、白、红三色，在蓝和白、白和红之间均用波斯语写满了“真主伟大”字样。

现在，我们要谈谈古代阿拉伯世界（也是整个东方）最后一位重要的数学家和天文学家卡西，人们常以他的卒年（1429）作为那个时代的终结。可是，卡西的生年却没有任何记载，他的活动最早见诸文献是在1406年6月2日，当时他在家乡卡尚观测到一次月食。卡尚位于伊朗罗斯山脉东麓，故都伊斯法罕和首都德黑兰的铁路线中间。尽管卡西可能出身平凡家庭，但他与他的波斯前辈海亚姆和纳西尔丁一样，很早就得到了权贵人士的赏识。

14世纪末，成吉思汗的后裔、中亚细亚的帖木儿（1336—1405）建立了帖木儿王国，定都撒马尔罕。他本是信仰伊斯兰教的突厥化蒙古人，主要以其野蛮地征服从印度、俄罗斯到地中海的辽阔土地以及王朝的文化成就被载入史册。帖木儿打着重建蒙古帝国的旗号，所向披靡，直到埃及苏丹和拜占庭皇帝向他屈服纳贡以后，才返回撒马尔罕。虽然目不识丁，年轻时落下腿疾，帖木儿却愿意与学者交往，并嗜好下棋，能够与第一流的学者讨论历史、伊斯兰教义和应用科学的各种问题。

撒马尔罕的古城门

1405年，正当帖木儿准备再度出发，率军远征中国（此时元朝早已灭亡），却因病去世了。他的孙子兀鲁伯（1394—1449）不仅不尚武，而且痴迷天文学，并通过观测发现了天文学家托勒密的多处计算错误。同时，兀鲁伯还写诗、研究历史和《古兰经》，并且是科学与艺术的积极倡导者和保护者。年轻时，他就在撒马尔罕创办了一所教授科学和神学的学校，不久又建造了一座天文台，使撒马尔罕成为东方最重要的学术中心。

卡西的学术生涯与兀鲁伯息息相关，卡西曾是一名医生，却渴望从事数学与天文学的研究。在长期的贫困与彷徨之后，卡西终于在撒马尔罕找到了一个稳定又体面的职位，那就是在兀鲁伯的宫殿里协助策划与开展科学工作。卡西积极参与天文台的修建和仪器的安装，成为兀鲁伯的得力助手，并且在天文台建成以后担任负责人。在《天的阶梯》等天文学著作里，卡西论述了星辰的距离和大小，介绍了浑天仪等天文仪器，有的还是他的独创。当然，历法改革也不可缺少。

在给父亲的一封信里，卡西极力称赞兀鲁伯渊博的知识、组织能力和数学才华；他还提到当时讨论科学时的自由空气，声称这是科学进步的必要条件。兀鲁伯对待科学家非常宽厚，特别能谅解卡西对宫廷礼仪的疏忽，以及缺少良好的生活习惯。在一部以他自己的名字命

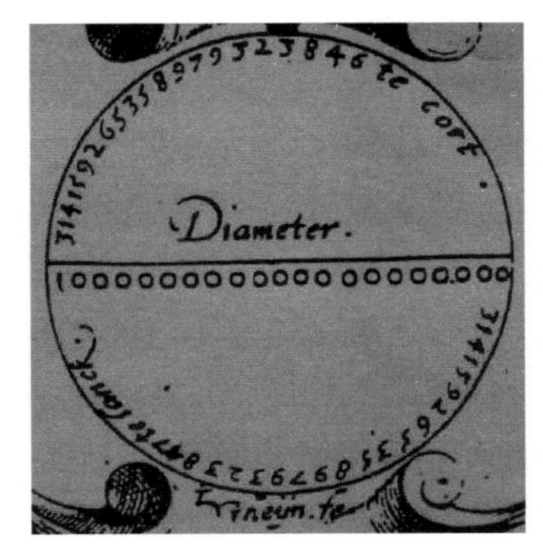

卡西的圆周率

乌兹别克发行的王子兀鲁伯纪念邮票

名的历法书的序言中，兀鲁伯提到了卡西之死，“卡西是一位杰出的科学家，是世界上最出色的学者之一。他通晓古代科学，并推动其发展，他能解决最困难的问题”。

卡西在数学上取得了两项世界领先的成就，一是圆周率的计算，二是给出 sin 1°的精确值。在古代，对圆周率π的研究和计算，在一定程度上反映了这个地区或时代的数学水平，就如同今天对最大素数的求取，代表了某个大公司甚或国家计算机研发的先进程度。1424 年，在中国数学家祖冲之把π的值精确到小数点后 7 位的 962 年之后，卡西终于打破了这项世界纪录，他算出

$$\pi=3.141\ 592\ 653\ 589\ 793\ 25$$

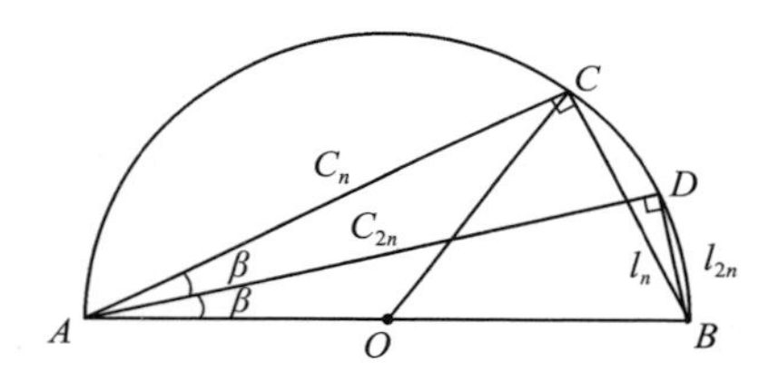

卡西利用此图计算圆周率

精确到小数点后 17 位。卡西算到了正 3×2^{28} 边形的周长，直到 1596 年，荷兰数学家科伊伦（L. Ceulen，1540—1610）才通过圆内接和外切正 60×2^{33} 边形，算出π的小数点后 20 位的精确值。

最后，我们介绍卡西计算圆周率的方法。如上图所示，设 $AB=2r$ 是圆的直径，l_n（l_{2n}）是内接于圆的正 n（$2n$）边形的一边之长，则另外两条直角边 c_n 和 c_{2n} 有如下递推关系：

$$c_{2n}=d\cos\beta=d\sqrt{\frac{1+\cos2\beta}{2}}=\sqrt{r(2r+c_n)}$$

而由毕达哥拉斯定理可知：

$$l_n=\sqrt{(2r)^2-c_n^{\ 2}}$$

类似地，可求得圆外切正多边形的边长。取两者的算术平均值作为圆周长，即可求得圆周率。与刘徽的割圆术相比，卡西利用了余弦函数的半角公式，这样只需计算一次根号就可倍增正多边形的边数。

结语

大约在 1185 年，婆什迦罗死于乌贾因。之后，印度的科学活动逐渐走向衰落，数学上的进展也基本上停止了。1206 年，德里苏丹国建立，印度开始接受穆斯林的统治。一个世纪之后，南方的一部分地区独立出去，接着是旷日持久的争夺统治权的斗争。相比之下，波斯的数学兴起得晚，衰败得也晚。但在兀鲁伯于 1449 年被处死（据说他的儿子是幕后策划人）后不久，尚武且内耗不断的萨非王朝接踵而至，波斯乃至整个阿拉伯数学的辉煌时代随之宣告结束。而与此同时，欧洲的文艺复兴之火在亚平宁半岛点燃了。

与埃及一样，早期印度拥有数学教养的人几乎全是僧侣，要么是种姓地位较高的人，这与希腊的情况完全不同，后者的数学大门对所有人敞开。印度数学家（马哈维拉除外）多以天文学为职业，而对于希腊人来说，数学是独立存在的，并且是为了它本身而进行研究的，即所谓的“为数学而数学”。印度人用诗的语言来表达数学，他们的著作含糊而神秘（虽然发明了零号），且多半是经验的，很少给出推导和证明；而希腊人则表达得既清楚又富有逻辑性，并能给出严格的证明。

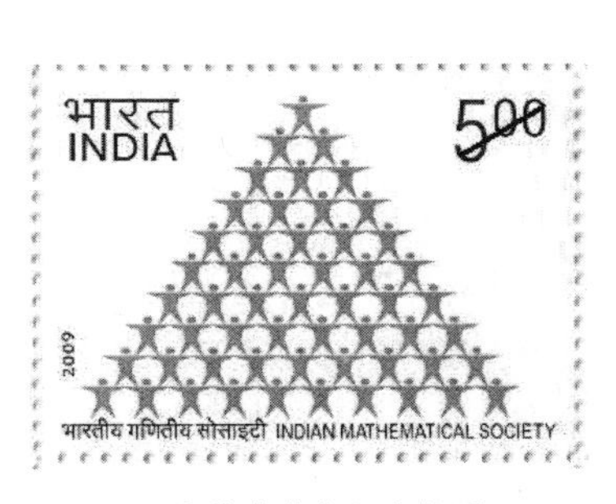

印度数学学会纪念邮票

相比之下，波斯人在几何学方面的才能更强些（但与希腊人仍无法相比），尤以海亚姆的三次方程的几何求解法为代表。和印度人一样，阿拉伯数学家一般把自己看作天文学家，他们在三角学方面做出了较大贡献，前面论及的4位数学家均在天文学方面有重要建树。事实上，今天仍然沿用的许多星星的名字，如金牛座的“毕宿五”、天琴座的“织女一”、猎户座的“参宿七”、英仙座的“大陵五”、大熊座的“北斗六”，其拉丁文译名都是阿拉伯文的音译。至于代数方面，阿拉伯人也有贡献，不仅花拉子密命名了“代数学”，在斐波那契的《算经》里，有许多问题出自花拉子密的《代数学》。

阿拉伯人之所以重视天文学，是因为他们需要知道祈祷的准确时间（每天5次），使广大帝国内的臣民在祈祷时能够辨明方向（面朝麦加）。为此，他们不仅花费巨资修建天文台，更招聘有数学才能的人到天文台工作。这些人的主要工作是充实天文数字表，同时改进仪器、修建观察台，这又带动了另一门科学——光学的发展。可以说，阿拉伯人对数学的需要主要体现在天文学、占星术和光学方面，除此以外，他们也是出色的商人，需要计算如何分配、继承产业、合伙分红，等等。因此，他们的工作偏重于代数，尤其是计算。

在数学史上，不仅印度数学经由阿拉伯人的创造之手传递到西方，古印度和古希腊的大部分著作也如此，那是数学史上有名的翻译时代。就在前文提到的巴格达智慧宫里，包括欧几里得《几何原本》在内的数学著作被翻译成阿拉伯文并完好地保存了几个世纪以后，（在希腊原文被悉数焚毁之后）又被后来的欧洲学者翻译成拉丁文，后一项工作主要是在阿拉伯帝国的西端——西班牙故都托莱多——完成的。遗憾的是，与中世纪的中国文明和印度文明一样，阿拉伯人的数学也讲究实效，加上前面提到的其他因素，这就注定他们难以达到理论巅峰和实现可持续性发展。

最后，让我们比较一下东方智慧和希腊智慧的差异。20世纪法国哲学家雅克·马利坦（Jacques Maritain，1882—1973）认为，印度人把智慧视为解放、拯救或神圣的智慧，他们的形而上学从未取得实践科学中纯粹思辨的形式。这与希腊智慧恰好相反，希腊人的智慧是人的智慧、理性的智慧，即下界的、尘世的智慧，它始于可感触的实在、事物的变化和运动，以及存在的多样性。不可思议的是，在神圣智慧的引导下，古代印度人对数学的要求反而简单实用；而在尘世智慧的助推下，希腊乃至于整个西方却追求逻辑演绎和完美，视数学为一种独立存在。

值得一提的是，进入21世纪以来，各有两位印度裔和波斯（伊朗）裔数学家获得菲尔兹奖，分别是玛利亚姆·米尔扎哈尼（Maryam Mirzakhani，2014）、考切尔·比尔卡尔（Caucher Birkar，2018）和曼朱尔·巴尔加瓦（Manjul Bhargava，2014）、阿克萨伊·文卡特什（Akshay Venkatesh，2018），其中米尔扎哈尼（1977—2017）第一位女性获奖者。此外，来自发展中国家获此殊荣的尚有华裔的陶哲轩（Terence Tao，2006）、越南裔的吴宝珠（Bao Chau Ngo，2010）、巴西裔的阿图尔·阿维拉（Artur Avila，2014）和乌克兰裔的维亚佐夫斯卡（Maryna Viazovska，2022）。

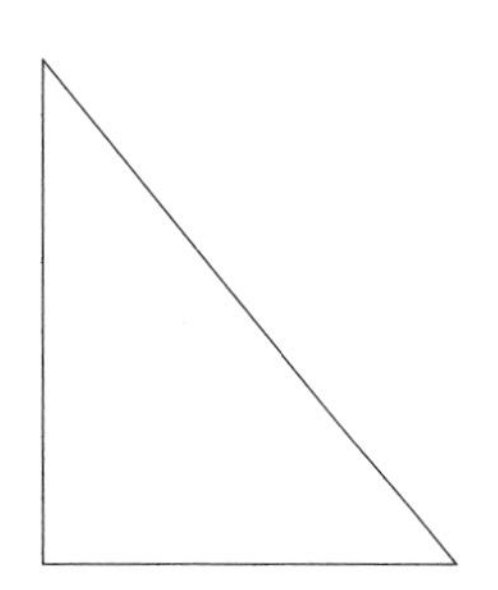

第五章

从文艺复兴到微积分的诞生

我希望画家应当通晓全部自由艺术，但我首先希望他们精通几何学。

——莱昂·阿尔贝蒂

他几乎以神一般的思维，最先说明了行星的运动和图像，彗星的轨迹和大海的潮汐。

——牛顿墓志铭

欧洲的文艺复兴

中世纪的欧洲

正当东方的文明古国如中国、印度和阿拉伯在数学上做出新的贡献时，欧洲却处于漫长的“黑暗时代”（意大利诗人彼特拉克[①]用了这个词）。这段历史始于5世纪罗马文明的瓦解，而关于结束的时间却说法不一，可以说是14世纪、15世纪甚或16世纪，那正是欧洲文艺复兴时期。这段长达1 000年的黑暗时代被后来的意大利人文主义者称为“中世纪”，以便凸显他们的工作和理想，同时把所处的时代与之区别开来，从而与古希腊和古罗马遥相呼应。

可是，在中世纪以前，希腊和罗马之外的欧洲民族并没有多少作为，至少在人类文明史上没有留下特别值得称道的成就。而在此之后，希腊也没有复兴的迹象。因此，中世纪也好，黑暗时代也罢，除了黑死病的流行，主要针对意大利人而言，它们更多的是人文主义的学术用词。实际上，即使在亚平宁半岛，那个时候数学家的境况也不算太糟。罗马教皇西尔维斯特二世（Sylvester Ⅱ，约945—1003）非常喜欢数学，他能够登基也与这个嗜好有关，可谓数学史上的一大传奇。

这位教皇本名为热尔贝，出生在法国中部，年轻时曾旅居西班牙三年，在一座修道院学习“四艺”，那里由于受阿拉伯人统治而有较高的数学水平。后来他来到罗马，因数学才能得到教皇的赏识，并被

① 彼特拉克（F. Petrarca，1304—1374），意大利诗人，被誉为“文艺复兴之父”。

罗马教皇热尔贝

引荐给皇帝，又深得皇帝赏识，遂成为王子的老师。以后的几任皇帝也非常器重他，直到任命他做了新教皇。据说他还做过算盘、地球仪和时钟，他撰写的一部几何学著作解决了当时的一个难题：已知直角三角形的斜边和面积，求出它的两条直角边。

大约就在热尔贝的时代，希腊数学和科学的经典著作开始传入西欧，那是科学史上有名的翻译时代。希腊人的学术著作在被阿拉伯人保存了数个世纪以后，又完好无损地还给了欧洲。如果说从希腊语译成阿拉伯语主要是在巴格达的智慧宫完成的，那么从阿拉伯语译成拉丁语的途径就比较丰富了，比如西班牙的古城托莱多（穆斯林败于基督徒后该城涌入了大量欧洲学者），西西里岛（曾经是阿拉伯人的殖民地），还有君士坦丁堡和巴格达的外交官。而在当年希腊学术中心的亚历山大等地，经过多年的战争洗劫，这些著作早已荡然无存。

古罗马衰落后的西班牙首都托莱多。作者摄

在这些被翻译成拉丁文的著作中，除了欧几里得的《几何原本》、托勒密的《地理志》、阿基米德的《圆的度量》和阿波罗尼奥斯的《圆锥曲线论》等希腊经典名著以外，还有阿拉伯人的学术结晶，如花拉子密的《代数学》，这些译作主要是在12世纪完成的。那时，经济力量的重心从地中海东部缓慢地移向西部。这种变化首先源自农业的发展，种植豆类使得人类在历史上首次有了食物方面的保证，人口因此迅速增长，这是导致旧的封建社会结构解体的一个因素。

到了 13 世纪，不同种类的社会组织在意大利层出不穷，包括各种行会、协会、市民议事机构和教会，等等，它们迫切希望获得某种程度的自治。重要法律的代议制度有了发展，终于产生了政治议会，其成员有权做出决定，对于选举他们的全体公民具有约束力。在艺术领域，哥特式建筑和雕塑的经典模式已经形成，文化生活方面则产生了经院哲学的方法论，这方面的杰出代表是圣托马斯·阿奎那（T. Aquinas，约 1225—1274），上一章结尾提到的法国哲学家马利坦便是他的门徒。这位西西里岛出生的基督教哲学家从亚里士多德的理论中获得了许多启示，保守的教徒们第一次正视科学的理性主义。

斐波那契的兔子

在相对开放的政治和人文氛围里，数学领域也不甘落后，出现了中世纪欧洲最杰出的数学家斐波那契（L. Fibonacci，约 1170—约 1250），他比婆什迦罗出生晚但比李冶出生早。斐波那契出生在比萨，年轻时他随身为政府官员的父亲前往阿尔及利亚，在那里接触到阿拉伯人的数学并学会了用印度数字做计算，后又到了埃及、叙利亚、拜占庭和西西里等地，学到了东方人和阿拉伯人的计算方法。他回到比萨后不久，就完成并出版了著名的《算经》。此书又名“算盘书”，这里的算盘指用于计算的沙盘，而非算盘。

《算经》的第一部分介绍了数的基本算法，采用的是六十进制，斐波那契引进了分数中间的那条横杠，这个记号一直沿用至今。《算经》的第二部分是商业应用题，其中包括中国的“百钱买百鸡”，看来张丘建提出的这个问题早就传到了阿拉伯世界。《算经》的第三部分是杂题和怪题，其中以“兔子问题”最为引人注目。兔子问题是这样的：由一对小兔开始，一年后将会有多少对兔子？其中，每对兔子每月能生产一对小兔，每对小兔过两个月就能成为可以繁殖的大兔。

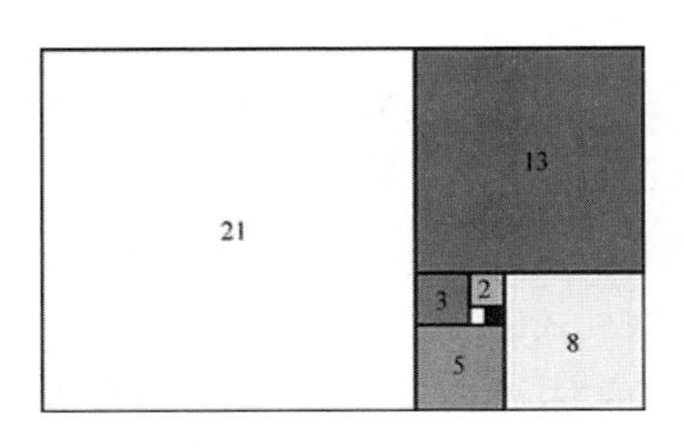

依阿基米德螺线排列的斐波那契数

宫廷数字家斐波那契

依据“兔子问题”，后人得到了所谓的斐波那契数列：

1，1，2，3，5，8，13，21，34，…

这个数列的递归公式（数学家发现的最早的递归公式之一）是：

$$F_1 = F_2 = 1，F_n = F_{n-1} + F_{n-2}（n \geqslant 3）$$

有意思的是，这个整数数列的通项竟然是一个含有无理数$\sqrt{5}$的式子，即

$$F_n = \frac{1}{\sqrt{5}}\left[\left(\frac{1+\sqrt{5}}{2}\right)^n - \left(\frac{1-\sqrt{5}}{2}\right)^n\right]$$

斐波那契数列有许多重要的性质和应用。例如，当$n \to \infty$时，

$$\frac{F_{n+1}}{F_n} \to \frac{\sqrt{5}+1}{2} \approx 1.618$$

这便与早年毕达哥拉斯从线段比例中提取出来的黄金分割率产生了联系。除了在许多数学分支中都能看见以外，斐波那契数列还可以帮助解决诸如蜜蜂的繁殖、雏菊的花瓣数和艺术美感等方面的问题。

大约在 1220 年，斐波那契受到到访比萨的神圣罗马帝国皇帝腓

特烈二世（Friedrich II，1194—1250）的召见，皇帝的随从向他提出了一系列数学难题，他逐一予以解答。其中有一道题是求解三次方程 $x^3 + 2x^2 + 10x = 20$，斐波那契用逼近法给出了六十进制的答案，居然精确到小数点后 9 位。从那以后，他与这位酷爱数学的皇帝及其随从保持着长期的通信联系。（另一个说法是，他被皇帝聘请到宫里，成为欧洲历史上的第一个宫廷数学家。）这位皇帝可谓精力充沛，他还是西西里和德意志的国王。

斐波那契接下来出版的一部重要著作《平方数书》就是献给腓特烈二世的，书中提出了这样一个深刻的断言，即 $x^2 + y^2$ 和 $x^2 - y^2$ 不全是平方数。或许这是第一本专论某类问题的数论专著，它奠定了斐波那契作为数论学家的地位，使他成为介于丢番图和费尔马之间的最有影响力的数论学家。综观斐波那契的成就，他既在欧洲数学的复兴中起到先锋作用，又在东西方数学的交流中起到桥梁作用。16 世纪意大利最顶尖的数学家卡尔达诺这样评价他的前辈：“我们可以假定，所有我们掌握的希腊以外的数学知识都是由于斐波那契的出现而得到的。”

从斐波那契留下来的画像来看，他的神韵颇似晚他三个世纪出生的同胞画家拉斐尔（Raffaello Sanzio，1483—1520），他常常以旅行者自居。人们称他是“比萨的列奥纳多”，而把《蒙娜丽莎》的作者称为“芬奇的列奥纳多”。1963 年，一群热衷研究兔子问题的数学家成立了国际性的斐波那契协会，并着手在美国出版《斐波那契季刊》（*The Fibonacci Quarterly*），专门刊登研究和斐波那契数列有关的数学论文。同时，在世界各地轮流举办两年一度的国际斐波那契数及其应用大会。这在世界数学史上可谓一个奇迹或神话。

阿尔贝蒂的透视学

随着封建社会结构的瓦解，意大利城邦力量的增强，西班牙、法国和英国国家君主制的相继出现，世俗教育的兴起，新航路的开辟和新大陆的发现，哥白尼“日心说”的提出（哥伦布[①]抵达新大陆时哥白尼正在克拉科夫大学读书，克拉科夫这座波兰的中等城市在21世纪初曾同时住着两位诺贝尔文学奖得主——米沃什和辛波丝卡），活字印刷术的发明和应用等，一个具有全新精神面貌的新时代诞生了。这个时代回顾古典学术、智慧和价值观，从中汲取灵感，被称为“文艺复兴时期”。

人文主义者阿尔贝蒂

在文艺复兴时期，意大利人表现出这样一种人文主义理想，即人是宇宙的中心，他的发展能力是无限的。那时候的一部分人产生了一种信念，即人们应该努力去获得一切知识，并尽量发展自己的能力。于是，人们就在知识的各个方面，以及身体锻炼、社会活动和文学艺术等方面，探求技能的发展。这样的人被称为“文艺复兴人”（Renaissance man）或“全才”（Universal man），其最优秀的例证是集雕刻家、建筑师、画家、文学家、数学家、哲学家身份于一身的阿尔贝蒂（L. B. Alberti，1404—1472），他还擅长马术和武术。

布鲁内莱斯基作品：佛罗伦萨主教堂

阿尔贝蒂是佛罗伦萨一位银行家的私生子，出生在热那亚，但少时就随父亲学习数学，很早便用拉丁文创作喜剧，后来又获得法学博士学位，还担任过罗马教廷秘书。阿尔贝蒂利用他掌握的几何知识，在历史上首次找到在平面木板上或

① 哥伦布（C. Columbus，1451—1506），探险家、航海家。

墙壁上绘制出立体场景的规则，这对意大利的绘画与浮雕水平的提升起到了立竿见影的效果，产生了准确、丰满、几何形的合乎透视画法的绘画风格。“一个人只要想做，他就能做成一切事情。”阿尔贝蒂说到做到，“我希望画家应当通晓全部自由艺术，但我首先希望他们精通几何学。”

在阿尔贝蒂之前，佛罗伦萨诞生了一位伟大的建筑师布鲁内莱斯基（F. Brunelleschi，1377—1446），如今这座艺术之都最吸引游客的大教堂便是他的杰作。有一种说法，布鲁内莱斯基自幼酷爱数学，为了运用几何才学习绘画，这样当然成不了大家，因此后来他成了建筑师和工程师，但他是最早研究透视法的人。阿尔贝蒂正是因为与像布鲁内莱斯基那样的前辈来往密切才对透视法特别感兴趣，他创立的透视法的基本原理如下：

> 在我们的眼睛和景物之间安插一块直立的玻璃屏板，设想光线从一只眼睛出发射到景物的每一个点上，那么这些光线穿过玻璃时所有点的集合就会产生一个截景。这个截景给眼睛的印象应该和景物一样，所以作画逼真的问题就是在玻璃（画布）上画出一个真正的截景。阿尔贝蒂注意到，如果在眼睛和截景之间安插两块玻璃，则截景将有所不同；而如果眼睛从两个位置看同一个景物，玻璃屏板上的截景也将有所不同。

无论在何种情况下，阿尔贝蒂提出的“任意两个平行的截景之间有什么样的数学关系？”这个问题是射影几何学的出发点。

除此以外，阿尔贝蒂还发现，在作画的某个实际图景里，画面上的平行线（除非它们与玻璃屏板或画面平行）必然相交于某一点。这个点就是“没影点”，它的出现成为绘画史上的一个转折点。在此之前的画家很少有人能画得那么精确，而在此之后的许多画家则都遵循这一原则，当然没影点本身不必出现在画面上。这个没影点的来历或存在的原因如下：实景上的任何两条平行线与观测点各自组成两个相交的平面，其交线与玻璃屏板的交点就是没影点。正因为透视

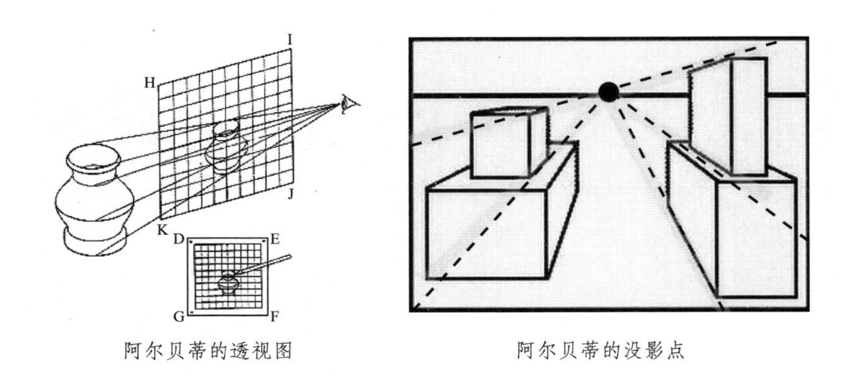

阿尔贝蒂的透视图　　阿尔贝蒂的没影点

法和没影点这两项工作，阿尔贝蒂成为文艺复兴时期最重要的艺术理论家。

在阿尔贝蒂的所有工作中，他始终服务于当时佛罗伦斯流行的“有公民意识的人文主义”的社会观。例如，他写出了第一本意大利语文法书，认为佛罗伦萨当地语言和拉丁语同样“正规”，因而可以用作文学语言。他还写出了一本密码学的先驱性作品，其中有已知的第一张频率表和第一套多字母编码方法。他所写的一篇对话录《论家庭》，视有所成就和为公众服务为美德，这充分体现了讲究公益精神的人文主义。据文艺复兴时期的传记作家瓦萨里（G. Vasari，1511—1574）描述，阿尔贝蒂死时“宁静而满足”。

达·芬奇和丢勒

在阿尔贝蒂年近50岁时，佛罗伦萨郊外的一座叫芬奇的村庄里诞生了文艺复兴时期最光辉灿烂的人物——列奥纳多·达·芬奇（Leonardo da Vinci，1452—1519）。列奥纳多的母亲是一个村姑，后来嫁给了一名工匠。列奥纳多的父亲是佛罗伦萨的一位公证人和地主，由于几任妻子迟迟未能生育，本是私生子的列奥纳多就被当作嫡子在家中抚养，并接受了初等教育：阅读、写作和算术。据说列奥纳多是以学徒的身份开始学习绘画的，他30岁以后一度专心于高等几何和算法，他创作《最后的晚餐》和《蒙娜丽莎》分别是在中年和晚年。

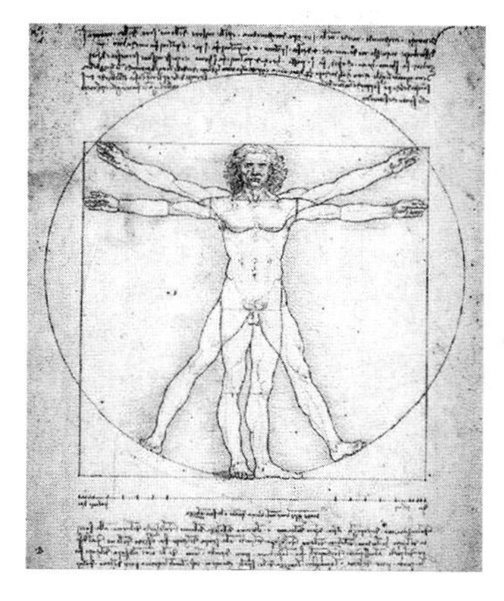

达·芬奇的素描《维特鲁威人》

达·芬奇塑像，法国安伯瓦兹

列奥纳多在艺术方面的成就每个人都知道，这里就不再赘述了，他的大名甚至帮助 21 世纪的一本悬疑小说成为世界级畅销书。他认为一幅画必须是原形的精确再现，坚持认为数学的透视法可以做到这一点，并称它是“绘画的舵轮和准绳”。大概正因为如此，20 世纪的法国先锋派画家马塞尔·杜尚（M. Duchamp，1887—1968）才会标新立异地创作出长胡子的《蒙娜丽莎》。列奥纳多在几何学方面的主要成就是给出了四面体的重心的位置，即在底面三角形的重心到对顶点的连线四分之一的位置上。然而，在求等腰梯形的重心问题上他却犯了错误，给出的两个方法中只有一个是正确的。

在艺术和数学领域之外，列奥纳多也是成绩斐然。他观察天体，在笔记本上偷偷写下了“太阳是不动的”这句话。虽然不尽准确，但可以说他比哥白尼更早发现了“太阳中心说”，这与《圣经》上所讲的“神造日月，使之绕地而行”的结论相悖。鸟的飞翔给他以启示，在探讨了空气阻力以后，他设计出第一台飞行器。今天有的动力学家认为，假若当时有轻燃料，他可能已经飞上天了。他还亲自解剖了 30 多具尸体，试图弄清人体结构和生命的奥秘。但所有这些都半途而废，尽管如此，这些实践使他对绘画对象的观察更加精细。

同样是在 15 世纪，在欧洲的北方——德国巴伐利亚的纽伦堡，也出现了一位多才多艺的艺术家、一位文艺复兴时期的人物，他就

丢勒自画像

是阿尔布雷特·丢勒（A. Dürer，1471—1528），他在阿尔贝蒂去世前一年出生。丢勒的人文主义思想使其艺术具有知识和理性的特征，他一生大约有20年时间在荷兰、瑞士、意大利等地旅行或侨居，同时与比他稍年轻的同胞、宗教改革家马丁·路德（Martin Luther，1483—1546）周围的人有密切的联系。他的创作领域十分宽广，包括油画、版画、木刻、插图等，显而易见，他深谙阿尔贝蒂发明的透视法。

丢勒被视为文艺复兴时期所有艺术家中最懂数学的人，他的著作《圆规直尺测量法》主要是关于几何学的，也顺便提到了透视法。书中谈到了空间曲线及其在平面上的投影，他还介绍了外摆线，即一个圆滚动时圆周上一点的运动轨迹。丢勒甚至还考虑了曲线或人影在两个或三个相互垂直的平面上的正交投影，这个想法极其前卫，直到18世纪才由法国数学家蒙日发展出一个数学分支，叫“画法几何”，蒙日也因此在数学史上留名。

丢勒的版画《忧郁》

在丢勒于1514年创作的版画《忧郁》中，画面的前方有个左手扶额做沉思状的坐着的男子，背景里有一个四阶幻方，这个幻方（如下页表，各行、列或对角线、角落和中央的5个二阶方阵以及其他平行四边形的的四数之和均为34）与我国南宋数学家杨辉著作中所引用的例子只是行列的次序不同。

16	3	2	13
5	10	11	8
9	6	7	12
4	15	14	1

幻方的出现无疑加重了画面的忧郁气氛和神秘感，更有意思的是，幻方最后一行的中间两个数恰好组成了画作的完成年份，即1514。原来，那年丢勒亲爱的母亲故世，他借此画寄托了自己的哀思。

一般来说，在绘画语言中，色彩更长于表现情感，线条更长于表现理智。德意志民族常被认为更富有理性思维，就有了德国画家擅长使用线条的说法。无论正确与否，至少丢勒确实如此。他以精密的线描，更直接地表现出观察的精微和构思的复杂。他的丰富的思维与热烈的理想结合在一起，产生了一种独特的效果。除了绘画和数学以外，丢勒也致力于艺术理论和科学著作的写作，包括绘画技巧、人体比例和建筑工程，他还亲自为这些书绘制插图。

微积分的创立

近代数学的兴起

虽说文艺复兴时期的艺术家们对数学有着独到的见解，但数学的复兴乃至近代数学的兴起要等到 16 世纪。新数学的推进首先从代数学开始，例如，三角学从天文学中分离出来，透视法产生射影几何，对数的发明改进了计算，但其主要成就应是三次和四次代数方程求解的突破和代数的符号化。花拉子密的《代数学》被译成拉丁文之后，在欧洲广为流传并用作教科书，但人们仍然认为三次或四次方程就像希腊的三大几何问题一样难解。在世纪交替之际，意大利诞生了两位能解答这类问题的人物：塔尔塔利亚和卡尔达诺。

塔尔塔利亚（N. Tartaglia，1499—1557）本名丰塔纳，出生在米兰附近的一个邮差家庭。他幼年丧父，并被法国兵砍伤脸部而留下了口吃的后遗症，故而得此诨名（塔尔塔利亚意为“口吃者”）。成年以后，他在威尼斯谋得一份数学教职，宣称能解出没有一次项或二次项的所有三次方程，即$x^3+mx^2=n$和$x^3+mx=n$（$m, n>0$）。对此，博洛尼亚大学的一位教授表示怀疑，他派了一位学生前来向塔尔塔利亚公然发出挑战，结果塔尔塔利亚获胜，因为对手只会解缺少二次项的那一类方程。

1539 年，一位在米兰行医的数学爱好者卡尔达诺（G. Cardano，1501—1576）以仰慕者的身份邀请塔尔塔利亚到他家中做客三天。塔尔塔利亚酒足饭饱之后，在卡尔达诺发誓保密的情况下，以暗语般的 25 行诗歌道出了三次方程的解法。没想到，几年以后卡尔达诺出版了一本书《大术》，将这种方法公之与众，引发了轩然大波，两位顶尖数学家之间发生了一场激战。用现代人的语言来描述，塔尔塔利亚的解法是这样的，考虑恒等式

$$(a-b)^3+3ab(a-b)=a^3-b^3$$

选取适当的a、b使之满足

$$3ab=m,\ a^3-b^3=n$$

那么$a-b$就是方程$x^3+mx=n$的解答。后一组方程的解a和b也不难求出，如下

$$\left[\pm\frac{n}{2}+\sqrt{\left(\frac{n}{2}\right)^2+\left(\frac{m}{3}\right)^3}\right]^{\frac{1}{3}}$$

这就是人们所说的卡尔达诺公式。不过，他在书中说明了这个解法是由塔尔塔利亚发明的。除此以外，卡尔达诺还考虑了$m<0$的情形，并给出了同样完整的解答。而对于缺少一次项的那类三次方程，他可以通过变换转化成上述情形。

卡尔达诺医生

律师兼政客韦达

殊为难得的是,《大术》还介绍了四次方程的一般解法，不过这也不是卡尔达诺给出的，而是他的仆人费拉里的功劳。费拉里（L. Ferrari，1522—1565）出身贫寒，15 岁到卡尔达诺医生家为仆，主人看他聪明好学，便教他数学。费拉里找到了将四次方程转换为三次方程的方法，因而成为第一个破解四次方程的数学家。他还代替师傅接受塔尔塔利亚的公开挑战，这回比赛地点是在米兰，获胜的一方也不再是塔尔塔利亚。费拉里出名后，很快变得富有并做了博洛尼亚大学的数学教授，可惜 43 岁那年死于白砒霜中毒，据称是他贪财的寡居姐姐所为。由于五次和五次以上代数方程之不可解性直到 19 世纪才由挪威数学家阿贝尔给出证明，因此在很长一段时间内，这几位意大利人的工作和故事一直被同行们津津乐道。

从以上叙述可以看出，虽然塔尔塔利亚和费拉里解决具体问题的能力或许较强，但卡尔达诺所扮演的角色更为重要，他是那种欧几里得式的人物。这样的人物在 16 世纪的法国也有一位，那就是韦达（F. Vieta，1540—1603）。韦达被公认为第一个引进了系统的代数符号的人，并对方程论做出了贡献。今天中学数学教程中有“韦达公式”，即一元二次方程 $ax^2+bx+cx=0$ 的两个根 x_1、x_2 与系数之间的关系：

$$x_1+x_2=-\frac{b}{a}\ ,\ \ x_1x_2=\frac{c}{a}$$

韦达的职业是律师和政客，他曾利用自己的数学才华，破译了与法军交战的西班牙国王的密令。韦达在政途黯淡期间潜心研究数学，他从丢番图的著作中获得了使用字母的想法。韦达后来被誉为现代代数符号之父，虽然他本人启用的符号大多被取代，例如，他曾经用辅音字母表示已知数，用元音字母表示未知数，并用 ~ 表示减号。在今天数学书中被广泛使用的符号体系中，有 15 世纪引入的加号（+）、减号（–）和乘幂表示法，16 世纪引入的等号（=）、大于号（ > ）、小于号（ < ）、根号（ $\sqrt{\ }$ ），17 世纪引入的乘号（ × ）、除号（ ÷ ）、已知数（a、b、c）、未知数（x、y、z）和指数表示法，等等。

解析几何的诞生

进入 17 世纪以后，各式各样的数学理论和分支如雨后春笋般茁壮成长，我们不可能一一分析，甚至不得不错过一些比较重要的数学家。下一个我们要谈论的对象是法国数学家德扎尔格（Desargue，1591—1661），正是他回答了阿尔贝蒂提出的有关透视法的数学问题，并建立起射影几何学的主要概念，他本人也成为这个数学分支的奠基人。德扎尔格本是军人出身，后来靠做工程师和建筑师谋生，而在梅森（M. Mersenne，1588—1648）神甫组织的巴黎数学沙龙里，他赢得了年轻的数学家笛卡尔、帕斯卡尔等人的尊敬。

德扎尔格对几何学的一大贡献是，他提出了“无穷远点”的概念，从而使两条直线平行和相交完全统一（平行即相交于无穷远点，这对第七章将要讲到的非欧几何学非常重要），进而得出同一平面上的两条直线必相交的结论，这是射影几何学赖以建立的基本观点。此外，他只关心几何图形的相互关系，而不涉及度量，这也是几何学的一种新思想。所谓德扎尔格定理是指，假如平面或空间中的两个三角形的对应顶点的连线共点，那么它们的（三组）对应边（延长线）的交点共线。

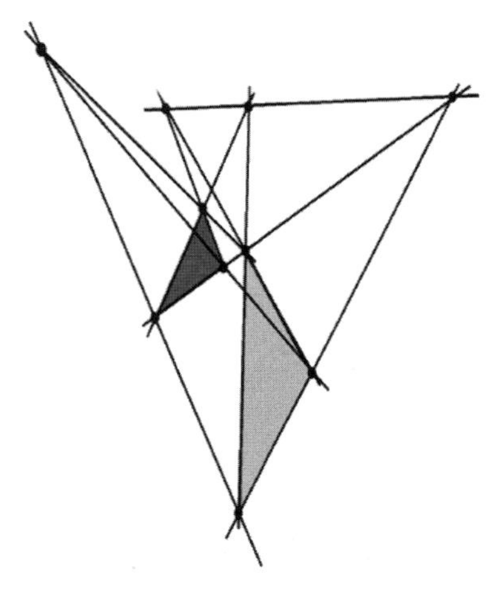

德扎尔格定理

依据德扎尔格曲线设计的时装秀

如果从画家们的角度出发，这个定理可以这样叙述：假如两个三角形可以通过一个外部的点透视地看到（恰好处于锥体的两个不同截面），则当它们没有两条对应边平行时，对应边的交点共线。事实上，那个世纪的几何学研究主要是沿着两条道路实现突破的：一条是德扎尔格所走的道路，可谓几何方法的一种综合，但却是在更一般的情况下进行的；另一条道路则更加辉煌，就是利用代数的方法来研究几何，即笛卡尔建立起来的解析几何。

从本质上讲，近代数学就是关于变量的数学，这也是它与古代数学的区别所在，后者是关于常量的数学。文艺复兴以来资本主义生产力的发展，对科学技术提出了全新的要求。例如，机械的普遍使用引发了对机械运动的研究；由贸易带动的航海业的发展要求更精确和便捷地测定船舶的位置，这需要研究天体运动的规律；武器的改进则推动了弹道问题的研究。所有这些问题都表明，对运动和变化的研究已成为自然科学研究和数学研究的中心问题。

变量数学的第一个里程碑是解析几何的发明。作为几何学的一个分支，解析几何的基本思想是在平面中引进坐标的概念，因此它又被称为坐标几何。所谓坐标是通过坐标系赋予的，设A、B是平面上任意两条相交直线，其交点O称为原点，A和B称为坐标轴，在A轴和B轴方向确立单位坐标以后，坐标系就建立起来了。每一对有序实数（x，y）都对应坐标平面上的一个点，反之亦然。

用解析几何的方法，我们可以将任何一个形如

$$f(x, y)=0$$

的代数方程（通过方程的解）与平面上的一条曲线对应起来。这样一来，一方面，几何问题也就可以转化为代数问题，再通过对代数问题的研究就可以发现新的几何结果。另一方面，代数问题也就有了几何意义的解释。

虽说 14 世纪的法国数学家奥雷斯姆（N. Oresme，约 1320—1382）借用“经度”和“纬度”这两个地理学术语来描绘他的图形，16 世纪

比利时出生的荷兰地理学家麦卡托（G. Mercator，1512—1594）更是利用相互直交的经纬线，绘制出有史以来第一本地图册。说到Atlas（地图册），这个英文词汇就是由麦卡托率先使用的，他精通那个时代的数学和物理并能应用自如，还是一位出色的雕刻师和书法家。可是，这两位均没有进一步将数和形的概念对应起来。解析几何的真正发明应该归功于另外两位法国数学家——笛卡尔和费尔马。

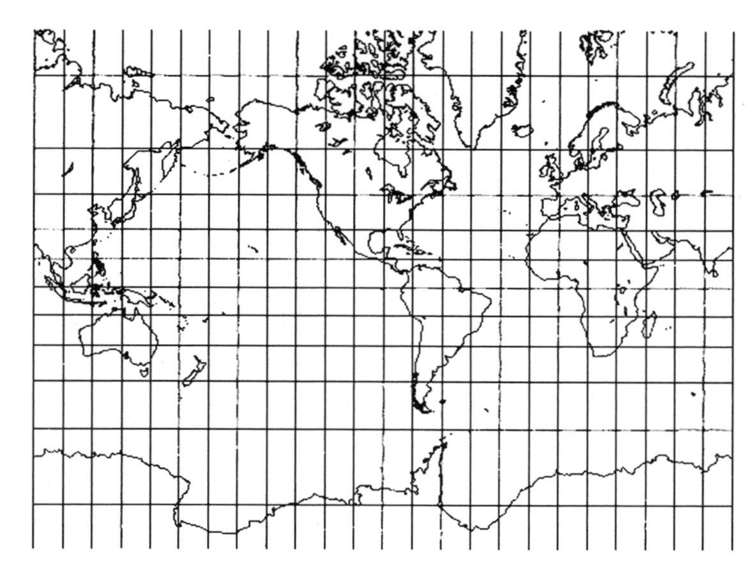

麦卡托绘制的世界地图

必须指出的是，无论笛卡尔还是费尔马，他们最初建立的都是斜坐标系，而只是把直角坐标系（即A和B相互垂直，A是水平的，B是竖立的）作为一种特殊情况（也都提到了三维坐标系的可能性）。从那以后，人们习惯于称直角坐标系为笛卡尔坐标系，但这不等于说笛卡尔的工作比费尔马更早或更高明。他们研究坐标几何的方法的不同之

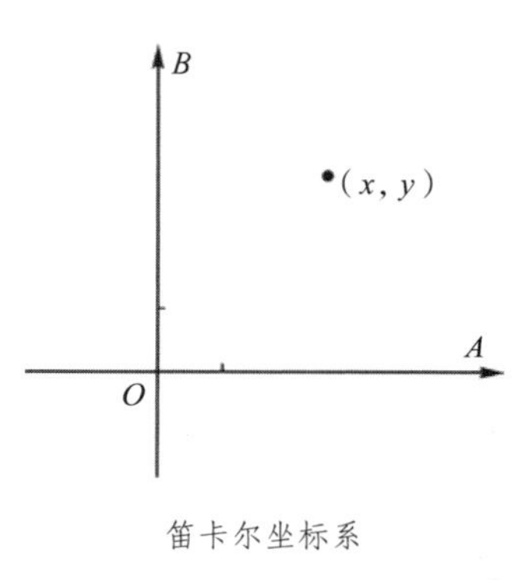

笛卡尔坐标系

处在于笛卡尔背离了希腊的传统，并发现了代数方法的威力，而费尔马则认为自己的工作只是重新表述了阿波罗尼奥斯的发现。费尔马在强调轨迹的方程和用方程表示曲线的思想方面无疑更为明显，他直接给出了直线、圆、椭圆、抛物线、双曲线等方程的现代形式。

虽然笛卡尔和费尔马发明解析几何的方式和目的不尽相同，他们却被卷入了优先权之争。1637 年，笛卡尔以其哲学著作《方法论》附录的形式发表了《几何学》，其中包括了解析几何的全部思想。而费尔马虽然早在 1629 年就已经发现了坐标几何的基本原理，却一直到去世（1665）都没有发表（他的其他许多数学发现也是一样）。幸好他们都是法国人，这个矛盾才不至于闹得太大。但费尔马生前得到了帕斯卡尔的支持，而德扎尔格则站在笛卡尔一边。

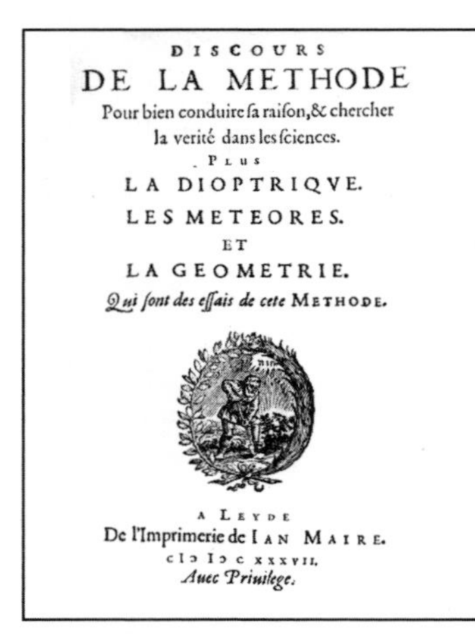
DISCOURS
DE LA METHODE
Pour bien conduire ſa raiſon,& chercher
la verité dans les ſciences.
PLUS
LA DIOPTRIQVE.
LES METEORES.
ET
LA GEOMETRIE.
Qui ſont des eſſais de cete METHODE.

A LEYDE
De l'Imprimerie de IAN MAIRE.
CIↃ IↃ C XXXVII.
Auec Priuilege.

《方法论》扉页，注明《几何学》作为附录三

近代哲学之父笛卡尔

笛卡尔和费尔马建立的坐标系并不是唯一的坐标系。1671 年，即费尔马的坐标几何原理发表两年之后，英国的牛顿也建立了自己的坐标系——极坐标系。用现代的数学语言来表达极坐标系就是，给定一个平面，设 O 是平面上的一点，A 是从 O 点出发的一条半直线，则平面上任何一点 B 都可以通过点 O 到 B 的距离 r，以及 OB 与 OA 的夹角 θ

来确定，有序数组（r，θ）就是B点的极坐标。上中学时我们已经知道，有些几何图形用极坐标比用笛卡尔坐标表现更为简单，如阿基米德螺线、悬链线、心脏线、三叶或四叶玫瑰线，等等。

微积分学的先驱

解析几何不仅把代数方法应用于几何，也把变量引入了数学，为微积分的创立开辟了道路，但真正起关键作用的还是函数概念的建立。1642 年，即笛卡尔发表解析几何原理的 5 年以后，牛顿出生在英格兰林肯郡的一个小村庄，那一年伽利略去世了。身为遗腹子的牛顿并非神童，但他爱读课外书，并从中学起开始记笔记（这很重要，高斯也有这个习惯）。有意思的是，牛顿将这些笔记本称为“废书”（waste book），后来又被他带到剑桥大学记录力学和数学笔记，包括微积分和万有引力在内的研究心得都在其中。

大约在牛顿 22 岁那年，他开始在废书中记录有关微积分的研究，他一直用“流量”（fluent）一词来表示变量之间的关系。比他稍晚的德国数学家莱布尼茨则率先用“函数”（function）一词来表示任何一个随着曲线上的点的变动而变动的量，至于该曲线本身，莱布尼茨认定是由一个方程式给出的。值得一提的是，用记号$f(x)$来表示函数是由瑞士数学家欧拉在 1734 年引进的，那时函数已成为微积分学的中心概念。

其实，微积分特别是积分学的萌芽，可以追溯到古代。前文已经谈到，面积、体积的计算自古以来一直是数学家们感兴趣的问题，在古代希腊、中国和印度的著述中，不乏用无限小的过程计算特殊形状的面积、体积和曲线长的例子。其中包括阿基米德和祖冲之父子，他们成功地求出了球的体积；芝诺的悖论则表明，一个普通的常量也可以被无限划分。在微分学方面，阿基米德和阿波罗尼奥斯分别讨论过螺线和圆锥曲线的切线，但这些都只是个别的或静态的。微积分的创立，主要是为了解决 17 世纪面临的科学问题。

17 世纪上半叶，欧洲接连取得了天文学和力学领域的重大进展。首先是荷兰的一位眼镜制造商发明了望远镜，得知这一消息的意大利人伽利略（Galileo Galilei，1546—1642）迅速造出了高倍望远镜。他用望远镜发现了太阳系的许多不为人知的秘密，从而证实了 15 世纪波兰天文学家哥白尼（N. Copernicus，1473—1543）的“日心说”是正确的，但这一成就给伽利略带来的是一系列灾难，教会的审讯和迫害导致他双目失明，最后郁郁寡欢而亡。与此同时，比他小 7 岁的德国天文学家开普勒（J. Kepler，1571—1630）在获取丹麦前辈及同行第谷（Tycho Brahe，1546—1601）的观察数据后，用更精确的数学推导过程证明了“日心说”。

天文学家哥白尼

物理学家伽利略

哥白尼也好，第谷也好，都以为行星的运动轨道是圆的（伽利略也未曾否认这一点），开普勒的第一行星运动定律却认定“行星的运动轨道是椭圆的，太阳位于该椭圆轨道的一个焦点上”。他的另外两大运动定律也充分显示出其数学才华（应在伽利略之上）：“由太阳到行星的矢径在相等的时间内扫过的面积相等”，“行星绕太阳公转周期的平方，与其椭圆轨道的半长轴的立方成正比”。幸好，伽利略在他的前半生，即 16 世纪后期发明了自由落体定律（$s = \frac{1}{2}gt^2$）和惯性定律，加上他是科学实验方法的开启者，他的成就才没有落在开普勒后面。

无论是开普勒的出生地（斯图加特附近），还是他后来居住的布拉格，都不是欧洲文明的中心，这虽然导致他的工作没有引起足够的重视，但也避免了伽利略遭受过的宗教迫害。然而，这并不等于说他的生活就幸福了，事实上，他是一个体弱多病的早产儿，一个不幸婚姻的后代，他自己也经历了两次糟糕的婚姻。幸亏他有数学和天文学的安慰，由于受毕达哥拉斯和柏拉图的影响，他相信天空符合“数学和谐”的观念，执意找到行星运动的规律。据说有一次他上街买东西，对商人们粗糙地估计酒桶的体积十分不满，因而努力找到了旋转体的体积计算方法，从而把阿基米德发明的球体积公式做了一般的推广。

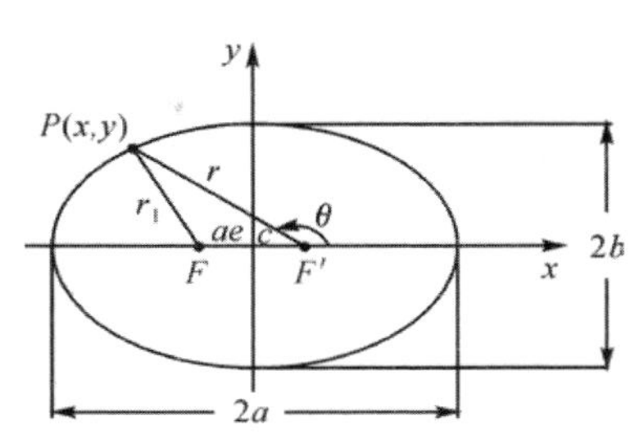

开普勒认定行星的运行轨道是椭圆的

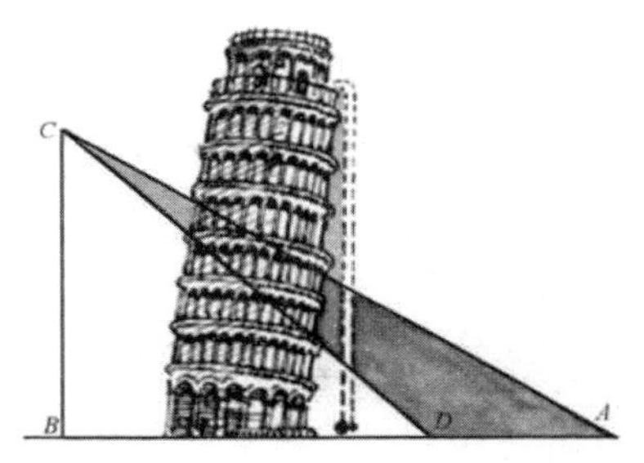

比萨斜塔和传说中的自由落体实验

必须提到的是，开普勒的前两个运动定律是在1609年同一年得到的，第三个运动定律却相隔了10年，原因在于第谷留下的数据非常庞杂，估算和推测很困难，尤其是大数的连乘。1614年，苏格兰贵族纳皮尔（1550—1617）适时发明了对数，将乘除计算简化为加减。但只有当1616年，英格兰数学家布里格斯（1561—1630）来拜访他时

布拉格的第谷和开普勒塑像

建议构造以 10 为底的对数表，也就是后来的常用数表，才变得实用。开普勒及时听说了纳皮尔和布里格斯的发明，可以说对数对发现第三运动定律十分关键。

开普勒所用的方法正是积分学中的“微元法”，用现代数学语言来说，就是用无数无限小的元素之和去求取曲边形的面积和旋转体的体积。相比之下，伽利略的门徒、意大利人卡瓦列利（B. Cavalieri，1598—1647）对数学的研究更为专一，他一生的主要成就就是发展了所谓的“不可分量”理论，即线、面、立体分别是由无限多个点、线和平面组成。不过，卡瓦列利也仅能求出幂函数x^n的定积分，这里n必须是正整数。英国数学家沃利斯则考虑把n换成分数p/q，但他仅得到了$p=1$时的结果。从年龄上看，沃利斯已经是离牛顿最近的前辈了。

沿着微分学的路线追溯，我们也可以列举三位前辈的工作，他们是笛卡尔、费尔马和巴罗——牛顿的老师。笛卡尔和巴罗（I. Barrow，1630—1677）尝试求一般曲线的切线，分别采用了被后人称作“圆法”的代数方法和“微分三角形”的几何方法，费尔马则是在求函数的极值时采用了微分学的方法，唯一的差别是符号不同。实际上，他已经意识到，用这种方法可以求出切线，但因为是在写给梅森神甫的信里，故只是意味深长地说了一句，“我将在另外的场合论述”。可以说，费尔马是上述诸位中最接近成功的一位，现在，该轮到牛顿和莱布尼茨建功立业了。

牛顿和莱布尼茨

前文已提及 17 世纪所面临的新的科学问题，它们与微积分的关系非常密切。例如，曲线的切线既可以用来确定运动物体在某一点的运动方向，也可以求出光线进入透镜时与法线的夹角；函数的极值既可以用来计算炮弹最大射程的发射角，也可以求得行星离开太阳的最近和最远的距离。此外，还有这样一个问题：已知物体移动的距离可表示为时间的函数，求该物体在任何时刻的速度和加速度。可以说，正是这个并不复杂的动力学问题及其逆问题促使牛顿创立了微积分。

牛顿的苹果树。作者摄于剑桥

牛顿（I. Newton，1642—1727）建立微积分的方法被称为“流数术”，他在剑桥大学上学时便开始研究，在回到家乡林肯郡躲避鼠疫的两年时间里取得了突破。据牛顿本人说，他是在1665年11月发明了“正流数术”（微分学），在次年5月发明了“反流数术”（积分学）。也就是说，牛顿与之前所有的探求微积分学的同行们不同，他把微分和积分作为矛盾的对立面一起考虑并加以解决（他的竞争者莱布尼茨也如此）。有意思的是，从“废书”中我们得知，牛顿虽在剑桥受教于巴罗，却更多地受到在牛津执教的沃利斯和笛卡尔的影响（倒是远在巴黎的莱布尼茨吸取了巴罗工作的精华）。

1669年，回到剑桥的牛顿在朋友们中间散发了题为“运用无穷多项方程的分析学”的小册子（此前，他曾从运动学的角度出发做过类似的探讨），像那个时候的其他学者一样，他也是用拉丁文写的。牛顿假定，有一条曲线y，它下方的面积是：

$$z = ax^n$$

其中n可以是整数或分数。给定x的无限小增量叫o，由x轴、y轴、曲线和$x + o$处的纵坐标围成的面积，他用$z + oy$表示，其中oy是面积的增量。那么，

$$z + oy = a\ (x + o)^n$$

利用他自己发明的二项式展开定理，上式等号右边是一个无穷级数。将这个方程与前面的方程相减，用o除以方程的两边，略去仍然含有o的项，得到

三一学院礼拜堂内的牛顿塑像。作者摄于剑桥

$$y = nax^{n-1}$$

用现代的数学语言讲就是，面积在任意x点的变化率是曲线在x处的y值；反之，如果曲线是$y = nax^{n-1}$，那么它下方的面积就是$z = ax^n$，这正是微分学和积分学的雏形。两年以后，牛顿在一本《流数法与无穷级数》的书里给出了更广泛且明确的说明。他把变量叫作“流”（fluent），把变量的变化率叫作“流数”（fluxion），“流数术”一说由此而来。

与此同时，牛顿也将他的正、反流数术应用于切线、曲率、拐点、曲线长度、引力和引力中心等问题的计算。可是，牛顿也像费尔马一样不愿意发表结果，《运用无穷多项方程的分析学》小册子是在友人的反复催促下才于1711年发表，而《流数法与无穷级数》一书则是在他死后的1736年才于正式出版。即使较早问世的《自然哲学的数学原理》（1687），也披上了几何学的外衣，没有被学术界及时认可。但这并不妨碍此书成为近代最伟大的科学著作，因为仅是万有引力定律的建立和开普勒三大行星定律的严格数学推导就足以让它流芳百世了。

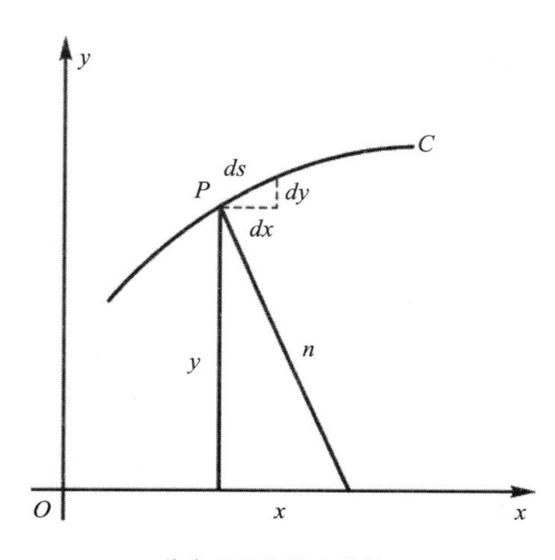

莱布尼茨的微分学原理

相比之下，莱布尼茨（G. W. Leibniz，1646—1710）的微积分理论虽然发现得比牛顿晚，却发表在先（1684和1686），因此才引发了一场旷日持久的优先权之争。与牛顿流数术的运动

学背景不同，莱布尼茨是从几何学的角度出发的。确切地说，他最初（1673）是从帕斯卡尔的一篇谈论圆的论文中获得灵感的。如下图所示，在曲线c上任意一点P作一个特征小三角形（斜边与切线平行），再利用相似三角形的边长比例关系推导可得：

$$\frac{ds}{n}=\frac{dx}{y}$$

这里n表示曲线c在P点的法线，由此求和可得：

$$\int yds=\int ndx$$

不过，由于当时他是用语言而不是用公式来描述的，因此较为模糊。4 年以后，莱布尼茨才在一篇手稿中明确陈述了微积分基本定理。

早在 1666 年，莱布尼茨就在《论组合的艺术》一文中考察过下列平方数数列：

0，1，4，9，16，25，36，…

其一阶差和二阶差分别是 1，3，5，7，9，11，…和 2，2，2，2，2，…。他注意到一阶差的和对应于原数列，求和与求差成互逆关系，由此他联想到微分与积分的关系。利用笛卡尔坐标系，他把曲线上无穷多个点的纵坐标表示成y的数列，相应的横坐标的点就是x的数列。如果以x作为确定纵坐标的次序，再考虑任意两个相继的y值之差的数列，莱布尼茨惊喜地发现，“求切线不过是求差，求积不过是求和”。

接下来的进展并不顺利，莱布尼茨从离散的差值逐渐过渡到任意函数的增值，1675 年他引进了十分重要的积分符号∫，次年他得到了幂函数的微分和积分公式。至于莱布尼茨的微积分基本定理，用现代数学语言描绘是这样的：为了求出在纵坐标为y的曲线下方的面积，只需求出一条纵坐标为z的曲线，使其切线的斜率为$\frac{dz}{dx}=y$。如果是在区间$[a, b]$上，由$[0, b]$上的面积减去$[0, a]$上的面积，就可得到：

$$\int_a^b yds=z(b)-z(a)$$

出于众所周知的原因，这个公式也被称作牛顿—莱布尼茨公式。

有意思的是，莱布尼茨对数学最初的热情来自一种政治野心。那时候，德意志就像 2 000 多年前中国的春秋战国时期那样，处于诸侯割据状态。有一年夏天，莱布尼茨在一次旅途中遇到了美因茨选帝侯（有权选举罗马皇帝的诸侯，美因茨因为古腾堡在那里发明活字印刷术而闻名遐迩）的前任首相。这位睿智开明的首相尽管已经卸任，但仍有着巨大的影响力，他对这位学识渊博、谈吐幽默的年轻人印象深刻，就把莱布尼茨推荐给选帝侯。

其时，法国已成为欧洲的主要力量，太阳王路易十四的势力如日中天，随时可能进犯北方邻国。鉴于此，身为选帝侯法律顾问助手的莱布尼茨不失时机地献上一条锦囊妙计。这条妙计是，用一个让法国征服埃及的诱人计划去分散路易十四对北方的注意力。随后，26 岁的莱布尼茨被派往巴黎，在那里度过了 4 个年头。虽说那时笛卡尔、帕斯卡尔和费尔马均已过世，但莱布尼茨却幸运地遇到了从荷兰来的数学家惠更斯（C. Huygens，1629—1695），后者也是钟摆理论和光的波动理论的创立者。

莱布尼茨很快就意识到自己在科技落后的德国所受教育的局限性，因此虚心地学习，对数学的兴趣尤甚，并得到了惠更斯的悉心指导。由于莱布尼茨的勤奋和天赋，也由于那个时代的数学基础十分有限，当他离开巴黎的时候，已经完成了主要的数学发现（原先的使命则被搁置脑后）。他先是发明了二进制，接着改进了帕斯卡尔加法器，制造出第一台可进行乘除和开方运算的机械计算机。当然，他最重

帕斯卡尔的加法器

莱布尼茨的计算机

要的贡献无疑是在无穷小的计算方面，即微积分的发明。

这是科学史上划时代的贡献，正是由于这一发明，数学开始在自然科学和社会生活中扮演极其重要的角色，也给后来喜欢数学的人提供了成千上万的工作岗位，就如同20世纪电子计算机的发明一样。除此以外，莱布尼茨还创立了形式优美的行列式理论，并把有着对称之美的二项式定理推广到任意变量上。最让我们感到愉悦的可能要数他27岁那年（1673）在伦敦旅行期间所发现的圆周率的无穷级数表达式，即

$$\frac{\pi}{4}=1-\frac{1}{3}+\frac{1}{5}-\frac{1}{7}+\cdots$$

其实，苏格兰数学家、天文学家格里高利（Gregory，James，1638—1675）此前已独立发现了这个表达式。而在14世纪的印度南端的喀拉拉邦，数学家兼天文学家马德哈瓦(Madhava of Sangamagrama，约1340—约1425)已发现这个公式，他并建立了喀拉拉数学学派。他们利用这个级数公式，把圆周率计算到小数点后11位或13位。因此，上述公式也被称为马德哈瓦–格里高利–莱布尼茨公式。

牛顿的竞争对手莱布尼茨

莱布尼茨骨冢。作者摄于汉诺威

莱布尼茨从伦敦返回巴黎后不久，他的赞助人便去世了，他多次申请法国科学院和外交官的职位未果，只好做家庭教师谋生。1676 年 10 月，30 岁的莱布尼茨接受了布伦瑞克公爵的邀请，北上汉诺威担任公爵府的法律顾问兼图书馆馆长，并在那里度过余生。莱布尼茨继续潜心研究数学、哲学和科学，成就斐然，并因此成为欧洲诸多皇室的座上宾。

最后，我想谈谈数学传承（并非师徒意义上的），这与艺术家之间的心灵感应或启迪是一样的。如同欧拉悉心研究了费尔马的数学遗产，莱布尼茨也对帕斯卡尔的研究尤为关注。他创立微积分的最初灵感来自帕斯卡尔特征三角形，他的可进行乘除和开方运算的计算机也是对帕斯卡尔加法器的改进；帕斯卡尔三角形是针对两个变量的二项式系数，莱布尼茨则将其推广到任意多个变量上。在哲学和人文领域，莱布尼茨也追随着帕斯卡尔的脚印，两人甚至都终生未婚。

结语

12 世纪以来，欧洲人通过阿拉伯人，从中国人那里学会了如何制造麻纸和绵纸，以取代羊皮纸和纸草纸。大约在 1450 年，古腾堡（J. Gutenberg，1397—1468）发明了活字印刷术。从此，数学、天文学方面的著作开始大量印刷出版了。正如上章结语所写到的，古希腊大部分学术著作是通过阿拉伯人的译文再译成拉丁语，重又回到欧洲人的视线的。1482 年 ，拉丁文版的《几何原本》首次在威尼斯付印。此外，欧洲人还从中国引进了指南针和火药，前者使得远洋航行成为可能，后者则改变了战争的方式和防御工事的结构、设计，使得研究抛射体的运动变得十分重要。

在大量希腊著作传入的同时，古希腊人的生活风尚也在欧洲尤其是意大利传播开来。例如 ，对大自然的探讨、对理性的崇尚和依赖、物质世界的享受、力求身心的完美、表达的欲望和自由，等等。其中，艺术家们最先表示出对自然界的兴趣，并最先认真地运用希腊人的学说，即数学是自然界真实的本质。他们通过实践来学习数学，尤其是几何学，因此产生了像阿尔贝蒂、达·芬奇这样的文艺复兴式人物。阿尔贝蒂对数学的兴趣和研究还直接推动了一个数学分支——射影几何学的诞生。

由于演绎推理的广泛应用，自然科学变得更加数学化，越来越多地使用数学术语、方法和结论。与此同时，随着各门科学与数学的进一步融合，它们自身的发展进程也越来越快。从伽利略到笛卡尔，他们都认为世界是由运动的物质组成的，科学的目的是为了揭示这些运动的数学规律，牛顿的三大运动定律和万有引力定律便是这方面最好的范例。

微积分作为欧几里得几何学之后数学领域中最重要的创造，它的出现有着深刻的社会背景。首先，它是为了处理和解决 17 世纪几个主要的科学问题，包括物理学、天文学、光学和军事科学；其次，它也是数学自身发展的需要，例如求解曲线的切线问题。与此同时，随着解析几何的出现，变量进入数学领域，使得运动和变化的定量表述成为可能，从而为微积分的创立奠定了基础。

伟大的数学是由伟大的数学家创立的，17 世纪也因此成为“天才的世纪”（阿尔弗雷德 · 怀特海语）。可以说，在人类文明的发展史上，17 世纪发挥着非常关键的影响力，究其原因，一方面，数学的拓展和深入起到了主要作用，尤其是微积分和解析几何的诞生。另一方面，继古希腊之后，数学与哲学又一次相遇，产生了多位文理贯通的大思想家，如笛卡尔、帕斯卡尔、莱布尼茨，书写了辉煌的历史篇章。

这里我想谈谈笛卡尔（R. Descartes，1596—1650）和帕斯卡尔（B. Pascal，1623—1662）这两位法国人的成长经历。他们俩（还有费尔马）都出生在外省，幼年丧母，从小体弱多病。幸好，他们的父亲为他们提供了良好的教育，但他们对数学的兴趣却完全是自发的。从未受过相关训练的帕斯卡尔在 12 岁那年推导出几何学中的一条公理，

帕斯卡尔肖像

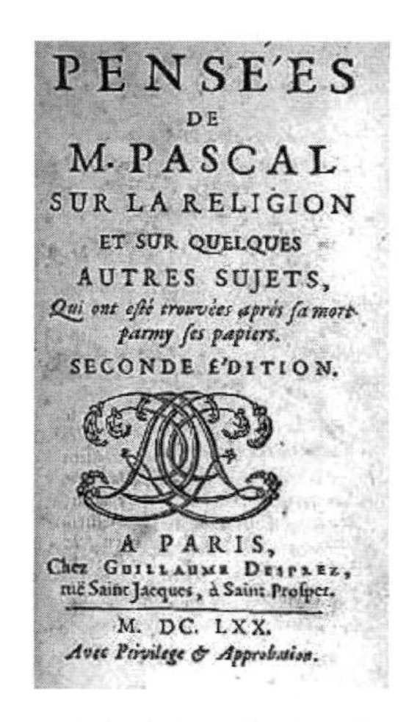

PENSÉES
DE
M. PASCAL
SUR LA RELIGION
ET SUR QUELQUES
AUTRES SUJETS,
Qui ont esté trouvées aprés sa mort
parmy ses papiers.
SECONDE EDITION.

A PARIS,
Chez GUILLAUME DESPREZ,
ruë Saint Jacques, à Saint Prosper.
M. DC. LXX.
Avec Privilege & Approbation.

帕斯卡尔的《思想录》

即三角形的三个内角和等于两个直角。之后，身为业余数学家的父亲才开始教他欧几里得几何。而笛卡尔是在荷兰当兵期间，看到军营黑板报上的数学问题征解才对数学产生兴趣的。

在完成主要的数学和科学发现之后，笛卡尔和帕斯卡尔都不愿享受这些发现带来的荣誉，而是不约而同地把对数学和科学的兴趣转向精神世界。笛卡尔写出了《方法论》《论世界》《第一哲学的沉思》和《哲学原理》，帕斯卡尔则留下了《致外省人信札》和《思想录》。不同的是，由于伽利略的受审和被定罪，笛卡尔更多地沉湎于形而上学的抽象，这对哲学有利而对科学不利；而帕斯卡尔由于笃信宗教和爱情的缺失，字里行间蕴含了更多的虔诚和情愫，为法国乃至世界文学史增添了迷人的篇章。

笛卡尔是把哲学思想从传统哲学的束缚中解放出来的第一人，后辈尊其为“近代哲学之父”。作为彻底的二元论者，笛卡尔明确地把心灵和肉体区分开来，其中心灵的作用如同其著名的哲学命题所表达的——“我思故我在”，这是哲学史上最有力的命题之一。因为在此以前，包括毕达哥拉斯在内的古希腊先贤都认为，世界是由单一物质组成的。相比之下，帕斯卡尔对人类的局限性有着充分的理解，他很早就意识到人类的脆弱和过失。对他来说，无穷小或无穷大都让他感觉到惊诧和敬畏，他的数学发现也是在有限的空间里得到的。

这里我想说说帕斯卡尔三角形和数学归纳法。虽说印度人、波斯人和中国人等早就发现了这个整数三角形的许多有趣的性质，但帕斯卡尔却是第一个用数学归纳法给出严格证明的人，例如，n行第k个元素与第$k+1$个元素之和等于$n+1$行第$k+1$个元素。这可能也是数学归纳法做出的首次明确清晰的阐述，它后来常被用来证明与数，特别是正整数的无限集合有关的命题。这是用有限达到无限的有效手段，数学归纳法的雏形可以追溯到欧几里得对素数无穷性的证明，其名称则是由 19 世纪的英国数学家、哲学家德·摩根所赐。

笛卡尔和帕斯卡尔都是横跨科学和人文两大领域的巨人，在他们的感召和影响之下，数学成为法国人心目中传统文化的组成部分，并且是最优秀的部分。事实上，17 世纪以来的法国数学长盛不衰，大师层出不穷。以浪漫和优雅著称的法国人以此为荣，但不把数学当作敲门砖。自从 1936 年菲尔兹奖设立以来，已有 11 位法国人获此殊荣，仅次于美国（13 位）。

正因为受到法国数学和人文氛围的熏陶，滞留巴黎的莱布尼茨成了罗素赞叹的“千古绝伦的大智者”，他不仅发明了微积分，也创立了具有广泛影响的“单子论”。莱布尼茨声称，宇宙是由无数个在不同程度上与灵魂相像的单子组成的，这种单子是终极的、单纯的、不能扩展的精神实体，是万物的基础。这意味着人类与其他动物的区别只是程度上的不同，生物与非生命存在物的区别亦如此。莱布尼茨指出，引发我们行为的因素通常是潜意识，这就意味着我们比自己想象的更接近于动物。但他认为，所有事物都是相互联系的，“任何单一实体都与其他实体相联系”。

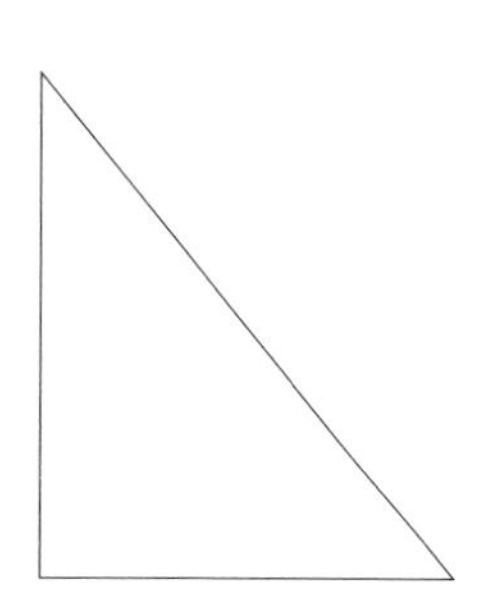

第六章

分析时代与法国大革命

凡是我们头脑能够理解的，彼此都是相互关联的。

——莱昂哈德·欧拉

自然科学的发展，取决于其方法和内容与数学相结合的程度，数学成了打开知识大门的金钥匙，成了“科学的皇后”。

——伊曼努尔·康德

分析时代

业余数学家之王

从文艺复兴时期的艺术家身上我们不难看出，绘画作为空间艺术的代表与几何学有着不可分割的联系，正如古希腊数学家毕达哥拉斯及其弟子们已意识到，代数或算术与时间艺术的代表——音乐有着密切的联系。一个有趣的现象是，直到 17 世纪后期，欧洲才诞生了第一批伟大的音乐家，如意大利的维瓦尔第（A. Vivaldi，1678—1741）、德国的巴赫（J. S. Bach，1685—1750）和英国的亨德尔（G. F. Handel，德裔，1685—1759），他们比那些绘画或雕塑大师们的出现时间晚得多。同样，在微积分诞生之前，唯有几何学在数学中占据了重要地位，它的核心当然是欧几里得几何。

以往，欧洲的数学家们大多自称为几何学家，无论是欧几里得的名言“在几何学中没有王者之路”，还是立在雅典柏拉图学园门口的牌子“不懂几何学者请勿入内”，似乎都昭示了这一点。甚至帕斯卡尔在《思想录》中也有这样的自谦之词，“凡是几何学家只要有良好的洞见力，就会是敏感的；而敏感的人若能把自己的洞见力运用到几何学原则上去，也会成为几何学家。”

随着笛卡尔坐标系的建立，用代数方法研究几何学的桥梁得以构建，作为附庸物的代数学的面貌也有了改观。可是，那时候代数学的工作重心依然围绕着解方程问题，代数学（与几何学一样）的真正革命性的变革要等到 19 世纪才会来临。如果说率先有所突破，这个领域就是数论——一个专注于自然数或整数的性质及其相互关系，时常游走于代数的宅前院后的最古老的数学分支。那主要是因为一个隐名埋姓的业余爱好者的兴趣和努力，他便是法国南方城市图卢兹的一个文职官员——皮埃尔·德·费尔马（Pierre de Fermat，1601—1665）。

皮埃尔·德·费尔马

费尔马大定理的证明者怀尔斯

作为一个远离首都巴黎的外省人，费尔马从事的司法事务占据了他白天的时间，而夜晚和假日几乎全被他用来研究数学了。部分原因是那个时候的法国反对法官们参加社交活动，理由是朋友和熟人可能有一天会被法庭传唤，与当地居民过从甚密会导致偏袒。正是由于远离图卢兹的上流社会交际圈，费尔马才得以专心于他的业余爱好。他几乎把每一个夜晚都奉献给了数学，完成了许多极其重要的发现，对数论问题尤为感兴趣，提出了许多命题或猜想，使得后来的数学家们忙碌了好几个世纪。

费尔马所证明的完整结论并不多，其中著名的有：每一个奇素数都可用且仅可用一种方式表示成两个平方数之差；每一个形如 $4n+1$ 的奇素数，作为整数边长的直角三角形的斜边，仅有一次机会，其平方有两次机会，其立方有三次机会，等等。例如：

$$5^2 = 3^2 + 4^2,\ 25^2 = 15^2 + 20^2 = 7^2 + 24^2$$

$$125^2 = 75^2 + 100^2 = 35^2 + 120^2 = 44^2 + 117^2$$

更多的时候，费尔马只是给出（以通信或以出竞赛题的方式）定理的结论而不给出证明。例如，整数边长的直角三角形的面积不会是某一个整数的平方数；每一个自然数可表示成 4 个（或少于 4 个）平方数之和。值得一提的是，这个结论的推广就是著名的“华林问题”，有关华林问题的研究为我国数学家华罗庚（1910—1985）带来了最初的国际声誉，华罗庚对数学的贡献涉及解析数论、代数学、多复变函数论、数值分析等领域。

费尔马提出的上述两个命题后来均由法国数学家拉格朗日给出证明，瑞士数学家欧拉对费尔马提出的问题花费了相当多的精力（这也是我们把这一节内容安排在此的一个原因，欧拉和拉格朗日主要生活在 18 世纪）。事实上，在欧拉漫长的数学生涯中，他几乎对费尔马思考的每一个数学问题都做了深入细致的研究。例如，费尔马曾猜测，对每一个非负整数 n，

$$F_n = 2^{2^n} + 1$$

均为素数（“费尔马数”）。对于 $0 \leqslant n \leqslant 4$，费尔马做了验证。欧拉却发现，$F_5$ 不是素数，不仅如此，他还找到 F_5 的一个素因子 641。事实上，从那以后，人们再也没有发现新的费尔马数。

又如，1740 年费尔马在给友人的信中提出了这样一个整除的命题：如果 p 是一个素数，a 是任一与 p 互素的整数，则 $a^{p-1} - 1$ 可被 p 整除。将近 100 年以后，欧拉不仅给出了这个命题的证明，而且把它推广到任意正整数的情形，由此他引进了后来被称作欧拉函数的 $\varphi(n)$，即不超过 n 且与 n 互素的正整数个数。例如，$\varphi(1) = \varphi(2) = 1$，$\varphi(3) = \varphi(4) = \varphi(6) = 2$，$\varphi(5) = 4$，…欧拉证明了，若 a 和 n 互素（没有相同的公因子），那么 $a^{\varphi(n)} - 1$ 可被 n 整除。

上述结果及其推广分别被称为“费尔马小定理”和“欧拉定

理”。有意思的是，现代社会所产生的信息安全问题使得公钥加密算法（RSA，1977）成为密码学的强有力工具，欧拉定理在其中发挥了重要作用。不过，对于下列被称为“费尔马大定理”的猜想（1637），欧拉却无能为力。这个定理是这样说的：当$n \geqslant 3$时，方程

$$x^n + y^n = z^n$$

无正整数解。当$n = 2$时，它就是毕达哥拉斯定理的数学表达式，有无穷多组正整数解，且可以用一个清晰的公式来表达。$n = 4$的证明是费尔马自己做出的，欧拉只给出了$n = 3$（比$n = 4$难）的证明，且并不完整。

在此后的300多年间，这个问题吸引了无数聪颖智慧的头脑。可是，直到20世纪末，费尔马大定理才由客居美国的英国数学家怀尔斯给出最后的证明，这条消息连同费尔马的肖像一起登上了《纽约时报》的头版头条。事实上，怀尔斯证明的是以两位日本数学家名字命名的谷山—志村猜想的一部分，该猜想揭示了椭圆曲线与模形式之间的关系，前者是具有深刻算术性质的几何对象，后者是来源于分析领域的高度周期性的函数。在通向证明费尔马定理的路途中，还有许多数学家做出了重要贡献。

特别值得一提的是，德国数学家库默尔（E. E. Kummer，1810—1893）建立了理想数理论，由此奠定了代数数论这门新学科的基础，这或许比费尔马大定理更重要。库默尔的岳父是作曲家门德尔松（F. Mendelssohn，1809—1847）的堂兄、数学家狄利克雷的妻舅。而怀尔斯（在理查德·泰勒帮助下）最后证明的是代数几何领域的谷山（丰）-志村（五郎）猜想（1957），这个猜想建立了椭圆曲线（代数几何的对象）和模形式（某种数论中用到的周期性全纯函数）之间的重要联系。

事实上，他们证明的是半稳定椭圆曲线的特例，便足以导出费尔马大定理。有意思的是，费尔马是在古希腊数学家丢番图的著作《算术》一书的拉丁文版本空白处写下他的评注（猜想）的。在这条评注的后

面，这位喜欢恶作剧的遁世者又草草地写下一个附加的注中之注，“对此命题我有一个非常美妙的证明，可惜此处的空白太小，写不下来”。

在数论以外，费尔马也做出了许多重要贡献。例如，光学中有所谓的费尔马原理，即在两点之间传播的光线所取路径所需的时间最短，无论这路径是直的还是因为折射变弯。由此可以得出一个推论，即光在真空中以直线传播。在数学方面，费尔马独立于笛卡尔发现了解析几何的基本原理，求曲线的极大值和极小值方法使他被誉为微分学的创始人，他与帕斯卡尔的通信又创立了概率论。两位数学家最初讨论的其实是赌博问题，即有两个技巧相当的赌徒A和B，A若取得2点（局）或2点以上即获胜，而B要取得3点或3点以上才获胜，问双方的胜率各为多少？

费尔马是这样考虑的，他用a表示A取胜，用b表示B取胜，因为最多4局就可分出胜负，故所有可能的情形如下：

$$\begin{array}{cccc} aaaa & aaab & abba & bbab \\ baaa & baba & abab & babb \\ abaa & bbaa & aabb & abbb \\ aaba & baab & bbba & bbbb \end{array}$$

不难看出，A获胜的概率是$\frac{11}{16}$，B获胜的概率为$\frac{5}{16}$。

这里需要提及比概率论稍晚出现的统计学，它主要通过收集数据，利用概率论建立数学模型，进行量化分析、总结，进而做出推断和预测，为相关决策部门提供参考和依据。从物理到社会科学、人文科学，再到工商业和政府决策，都需要统计学，其最主要的应用是在保险业、流行病学、人口普查和民意测验方面。如今，统计学已从数学中独立出来，成为继计算机之后数学派生的又一一级学科。

我们在第一章里谈到，统计学的鼻祖是亚里士多德，但那时统计学尚未成为真正的学科。正如概率论源于赌徒问题，统计学起源于对死亡率的分析。1666年的伦敦大火既烧毁了圣保罗大教堂等建筑，也消灭了万恶的鼠疫。服装店老板格朗特（J. Graunt，1620—1674）

失了业，在此前后他热衷于研究130年以来伦敦的死亡记录，他通过两个生存率（6岁和76岁）预测出随后各年活到其他年纪的人数比例及其预期寿命。1693年，英国天文学家哈雷（E. Halley，1656—1742）也对德国布雷斯劳（现为波兰弗罗茨瓦夫）的死亡率进行了统计研究。

最后，我们回到费尔马大定理，它曾被比喻成“一只会下金蛋的鸡”。当怀尔斯宣布攻克此定理时，数学界欢呼之余又有不少人叹息，担心日后再也没有推动数论发展的问题了。可是没过几年，便有“*abc*猜想”显露出重要性，这是与整数的两大运算——加法和乘法相关的一个不等式。设n为自然数，它的根是其所有不同素因子的乘积，记为$rad\ (n)$。例如，$rad\ (12) = 6$。1985年，法国数学家奥斯达利（M. Oesterlé，1954—　）和英国数学家马瑟（D. Masser，1948—　）各自独立地提出了*abc*猜想，其弱形式为：对满足$a + b = c$，$(a, b)=1$的任意正整数a、b、c，恒有

$$c \leqslant \{rad\ (abc)\}^2$$

*abc*猜想或其弱形式问题的解决可推动数论中一批重要问题的解决，同时，一些著名的定理和猜想也可以轻松得到证明，后者囊括了费尔马大定理等4项菲尔兹奖成果。以费尔马大定理为例：反设对某个$n \geqslant 3$，存在正整数x、y、z，使得$x^n + y^n = z^n$，取$a = x^n$，$b = y^n$，$c = z^n$，由*abc*弱形式可知，$z^n < [rad\ (xyz)^n]^2 < (xyz)^2 < z^6$。因此，$n = 3$、4或5，这三种情形可通过初等的方法予以排除。

微积分学的发展

对在科学领域走在前列的西欧诸国来说，从17世纪到18世纪的过渡相对平稳。倒是欧洲的北部出现了一些变化，1700年，彼得大帝采用儒略，以1月1日为岁首，同时开始了以军事为中心的各项改革。夏天，与土耳其缔结30年休战协定后才过了一个星期，俄国便

伙同波兰、丹麦对瑞典发动了著名的“北方大战”。不过，爱好数学、绘画和建筑的瑞典国王查理十二世当年率兵直抵哥本哈根，迫使丹麦退出战争。在德国，柏林科学院成立，莱布尼茨出任首任院长。

由于处于太平盛世，微积分在建立不久后就得到了进一步发展，获得了十分广泛的应用，产生了许多新的数学分支，从而形成了“分析”这样一个在观念和方法上都具有鲜明特点的新领域。在数学史上，18 世纪被称为“分析的时代”，也是向现代数学过渡的重要时期。有意思的是，正如分析综合了几何和代数，在艺术领域，也有空间艺术和时间艺术之外的所谓综合艺术，它的代表是戏剧（还有电影）。戏剧既有绘画或雕塑那样的空间展示，又有音乐或诗歌那样的时间延续。在文艺复兴之后，欧洲的戏剧得到了飞速发展。

魏玛的东正教堂，旁边的公爵墓园地下室里并排安放着歌德和席勒的灵柩。作者摄

对法国来说，17 世纪是戏剧的黄金时代，伟大的戏剧家高乃依（P. Corneille，1606—1684）、莫里哀（Molière，1622—1673）和拉辛（Jean Racine，1639—1699）都生活在这个世纪。正如意大利文艺复兴时期的戏剧影响了英国伊丽莎白时代的戏剧（莎士比亚是其中最杰出的代表，他的许多作品如《威尼斯商人》《罗密欧与朱丽叶》《暴风雨》等中的故事均发生在亚平宁半岛），法国的现代戏剧无疑受到西班牙戏剧的熏陶，其发轫之作、高乃依的《熙德》的主人公熙德就是一位西班牙民族英雄。到了 18 世纪，德国戏剧异军突起，出现了莱辛（G. E. Lessing，1729—1781）、歌德（J. Goethe，1749—1832）和席勒（F. Schiller，1759—1805）等戏剧大师。

回到微积分的发展，在牛顿和莱布尼茨的原始工作中已经蕴含了某些新学科的萌芽，这为18世纪的数学家们留下了许多可做的事情。但在实现这些发展之前，必须完善和扩展微积分本身，首要的便是对初等函数的充分认识。以对数函数为例，它起源于几何级数和算术级数的项与项之间的关系，而现在却成了有理函数$\frac{1}{1+x}$的积分函数；与此同时，对数函数又是性质相对简单的指数函数的反函数。

在牛顿之后，英国的数学家主要是在函数的幂级数展开式研究方面取得了一些成绩，其中泰勒（B. Taylor，1685—1731）得出了今天被称为“泰勒公式”的重要结果：

$$f(x+h)=f(x)+hf'(x)+\frac{h^2}{2!}f^{(2)}(x)+\cdots$$

这个公式使得任意函数展开成幂级数成为可能，因此它是微积分进一步发展的有力武器，后来的法国数学家拉格朗日甚至称其为微分学基本原理。

可是，泰勒对该公式的证明并不严谨，他没有考虑到级数的收敛性或发散性。不过这一点似乎可以原谅，如果考虑到他还是一位很有才能的画家，在《直线透视》（1715）等著作中论述了透视的基本原理，最早解释了“没影点”的数学原理。众所周知，泰勒级数中$x=0$的特殊情形也叫“马克劳林级数”。有意思的是，马克劳林

18世纪最伟大的数学家之一欧拉

欧拉之墓。作者摄于圣彼得堡

（C. Maclaurin，1698—1746）不仅比泰勒年轻 13 岁，他得到这个公式也比泰勒晚，却能以他的名字命名，实在是幸运。

究其原因，这一方面是由于泰勒生前并不出名，另一方面是由于马克劳林的早慧，他是牛顿“流数术”的忠实拥趸，21 岁就成为英国皇家学会会员。可是，在泰勒和马克劳林去世之后，英国数学却陷入了长期的低迷状态。微积分的发明权之争滋长了英国数学家的民族狭隘意识和保守心态，导致他们长期无法摆脱牛顿学说中的弱点的束缚。与此形成对照的是，欧洲大陆的同行们却在莱布尼茨数学思想的滋养下取得了丰硕的成果。

仅以欧洲中部的瑞士为例。在 18 世纪，这个地处内陆的高山小国出现了几位重要的数学家。约翰·伯努利首先将函数概念公式化，同时引进了变量代换、部分分式展开等积分技巧。他在巴塞尔大学的学生欧拉（L. Euler，1707—1783）堪称那个世纪最伟大的数学家，他对微积分的各个部分都做了精细的研究。欧拉把函数定义为由一个变量与一些常量通过某种形式形成的解析表达式，由此概括了多项式、幂级数、指数、对数、三角函数，乃至多元函数。欧拉还把函数的代数运算分成两类，即包含四则运算的有理运算和包含开方根的无理运算。

含有 5 个最常用符号的欧拉公式

对于$x>0$，欧拉把对数函数定义为下列极限

$$\ln x=\lim_{n\to\infty}\frac{x^{\frac{1}{n}}-1}{\frac{1}{n}}$$

同时给出的还有指数函数的极限，设x为任意实数，则

$$e^x=\lim_{n\to\infty}\left(1+\frac{x}{n}\right)^n$$

这里e是欧拉姓氏的第一个字母。此外，欧拉还区分了显函数与隐函数，单值函数与多值函数，定义了连续函数（与今天的解析函数等同）、超越函数和代数函数，考虑了函数的幂级数展开式，断定任何函数都可以展开（显然这不完全正确）。

欧拉家族几代人都是手工艺人，原先居住在瑞士与德国交界的博登湖畔，17 世纪末顺莱茵河而下，迁居巴塞尔。欧拉曾 12 次获得巴黎科学院的竞赛奖金，20 岁那年，因为申请母校教职未果而移居俄国，成为圣彼得堡科学院的成员，并在 1733 年接替丹尼尔·贝努利任数学教授。虽说欧拉再也没有回过故国，却一直保留瑞士国籍，除了有 25 年去柏林任职普鲁士科学院，其余时间都在圣彼得堡。欧拉是一个高产的数学家（生活上也是儿女成群），他在数论、分析学、几何学、拓扑学、图论和力学等领域都有重大的开创性贡献。此外，他还涉足物理学、天文学、建筑学和航海学等诸多领域。欧拉有句名言：凡是我们头脑能够理解的，彼此都是相互关联的。

微积分学的影响

在微积分学自身不断发展、严格、完善和向多元演变，以及函数概念深化的同时，它又被迅速而广泛地应用到其他领域，形成了一些新的数学分支。这其中的一个显著现象是，数学与力学的关系比以往任何时候都要密切，那个时期的西方数学家大多也是力学家（20 世纪的中国有许多高校曾设置数学力学系），正如古代东方有许多数学家也是天文学家。这些新兴的数学分支有常微分方程、偏微分方程、变分法、微分几何和代数方程论等。除此以外，微积分的影响还超出数学范畴进入自然科学领域，甚至渗透到人文和社会科学领域。

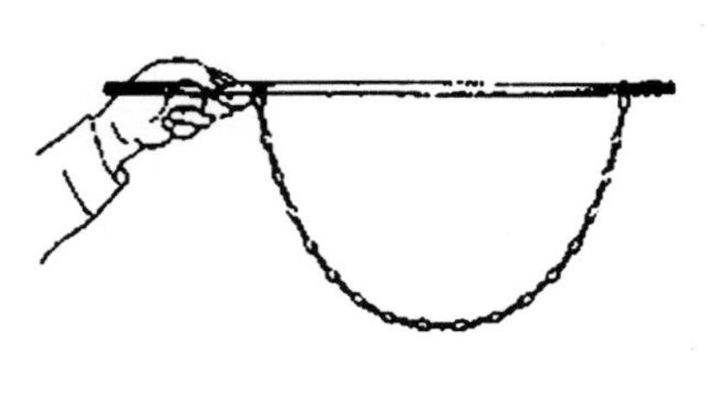

伯努利的悬链线

常微分方程是伴随着微积分

的成长而发展起来的，17 世纪末以来，摆线运动规律、弹性理论以及天体力学等领域的实际问题引申出一系列含有微分函数的方程，并以挑战者的姿态出现在数学家面前。最有名的是悬链线问题，即求一根两端固定自然下垂的柔软但不能延长的绳子的曲线方程。这个问题是由约翰·伯努利的哥哥雅各布·贝努利提出，由莱布尼茨命名的，约翰建立的悬链线方程为

$$y=c\cosh\frac{x}{c}$$

其中c取决于单位绳长的重量，cosh是双曲余弦函数。常微分方程则经历了从一阶方程到高阶常系数方程，再到高阶变系数方程的过程，最后由欧拉和拉格朗日两位大数学家加以完善，欧拉还率先明确区分了方程的“特解”和“通解”。

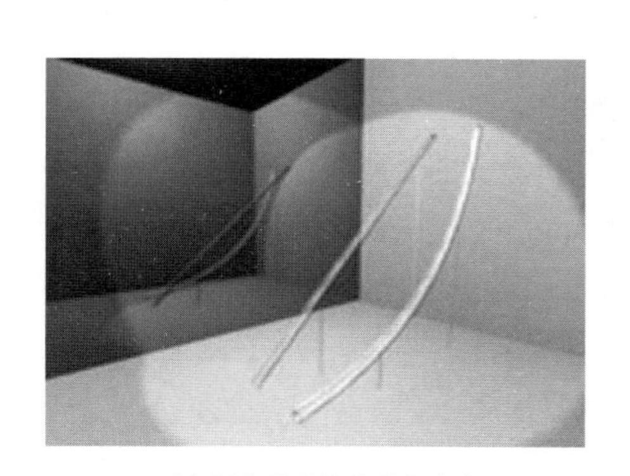

两点间的最速降线并非直线

偏微分方程的先驱达朗贝尔，也是一位启蒙主义思想家

偏微分方程出现得要晚一些，1747 年才由法国数学家、启蒙运动的先驱人物——达朗贝尔（d’Alembert，1717—1783）首先研究。他发表了一篇有关弦振动形成的曲线问题的研究论文，其中包含了偏微分方程的概念。达朗贝尔是一个弃婴，被一位玻璃匠收养，他的名字就是遗弃地教堂的名字，他几乎完全靠自学成才。后来，欧拉在初始值为正弦级数的条件下给出了包含正弦和余弦级数的特解，他（受乐

器引发的音乐美学问题启发）和拉格朗日还研究了由鼓膜振动和声音传播产生的波动方程。另一位对偏微分方程做出重要贡献的是法国数学家拉普拉斯，他建立了所谓的拉普拉斯方程，即

$$\frac{\partial^2 V}{\partial x^2}+\frac{\partial^2 V}{\partial y^2}+\frac{\partial^2 V}{\partial z^2}=0$$

其中V是位势函数，因而拉普拉斯方程又叫位势方程。位势理论解决了热门的力学问题——两个物体之间的引力，如果物体质量相对于距离可以忽略不计，V的偏导数就是两个质点的引力分量，可由牛顿的万有引力公式给出。

相比之下，变分法的诞生更富戏剧性，虽然这个译名听起来不像一个分支学科，它的原意是“变量的微积分”。变分法的应用范围极广，从肥皂泡到相对论，从测地线到极小曲面，再到等周问题（极大面积），但它最初源于一个简单的问题：最速降线。它是指求出既不在同一平面也不在同一垂线上的两点之间的曲线，使一个质点仅在重力作用之下最快速地从一点滑到另一点。这个问题在 1796 年经约翰·伯努利公开征解以后，吸引了全欧洲的大数学家，包括牛顿、莱布尼茨和约翰的哥哥雅各布都参与其中，最后归结为求一类特殊函数的极值问题。值得一提的是，牛顿以匿名形式投稿，但被约翰识破，“从爪子判断，这是一头狮子”。

在众多数学家的共同努力下，通过以上诸数学分支的建立，加上微积分学这个主体，形成了被称为“分析”的数学领域。分析与代数、几何并列成为近代数学的三大学科，其热门程度后来居上。事实上，在今天大学数学系的基础课程中，数学分析比高等代数或解析几何的分量更重。与此同时，微积分也被应用于几何和代数研究，最先取得成功的便是微分几何。不过在 18 世纪，仅限于研究一个点附近区域的几何性质，即局部的微分几何（若讨论曲面的有限部分或全部则属于整体微分几何），我们将在下文详细讨论。

微积分的诞生，以及它与其他自然科学发生的联系，激发了勤

于思考者的热情，他们对数学方法在物理学和一些规范科学中应用的合理性和确定性非常信任，并努力尝试把这种信任扩大到整个知识领域。笛卡尔认为一切问题都可以归结为数学问题，数学问题可以归结为代数问题，代数问题又可以归结为解方程问题。可以说，他把数学推理方法看成唯一可靠的思想和方法，并试图在这个毋庸置疑的基础上重建知识体系。

即使与笛卡尔宏大的目标相比，莱布尼茨的野心一点儿也不显小，他尝试创造一种包罗万象的微积分和普遍的技术性语言，使得人类的一切问题都能迎刃而解。在莱布尼茨的计划中，数学不仅是起点，而且是中心。他甚至提出，要把人的思维分成若干个基本的、有区别的、互不重叠的部分，就像 24 那样的合数可以分成素数因子 2 和 3 的乘积。虽然莱布尼茨的计划难以实现，但在 19 世纪后半期和 20 世纪发展起来的逻辑学便是基于他提出的“通用语言”符号系统，他也因此被称为“数理逻辑之父”。

相比之下，微积分的建立在宗教方面的影响更为直接和明显，后者在人们的精神和世俗生活中扮演了重要的角色。牛顿虽然赋予上帝创造世界之功，但却限制了上帝在日常生活中的作用。莱布尼茨进一步贬低了上帝的影响力，他虽然也承认上帝的创世之功，但却认为上帝是按照既定的数学秩序进行的。与此同时，由于理性的地位提高，

土地测量员出身的乔治·华盛顿

《独立宣言》的起草者托马斯·杰斐逊

人们对上帝的信仰不再那么虔诚，尽管这并非数学家和科学家们的本意。正如柏拉图相信上帝是一位几何学家，牛顿也认为上帝是一位优秀的数学家和物理学家。

到了 18 世纪，随着微积分学的发展，情况又有了变化。法国启蒙运动的先驱和精神领袖伏尔泰（Voltaire，1694—1778）是牛顿数学和物理学的忠实信徒，也是新兴的自然神论的主要倡导者。自然神论主张把理性和自然等同起来，认为上帝创造世界后让其自然运行，在当时受过教育的人中颇为流行。在美国，它的推崇者有托马斯·杰斐逊和本杰明·富兰克林，前者在鼓励传播高等数学方面做了不少工作。事实上，包括乔治·华盛顿在内的前 7 任美国总统没有一个人表示自己信仰基督教。对于自然神论的信徒来说，自然就是上帝，牛顿的《自然哲学的数学原理》就是“圣经”。有了哲学和神学的保驾护航，微积分在经济学、法学、文学、美学等方面也影响深远。

伯努利家族

前文已经提到，在微积分学的发展和应用方面，伯努利家族的成员和他们的瑞士同胞欧拉做出了卓越的贡献。现在，我们就来介绍这个世界上最著名的数学世家，他们似乎注定是为微积分来到这个世界的。这个家族原先居住在比利时的安特卫普，信仰新教之一的胡格诺派，这个教派与加尔文派和清教徒等一样，受过天主教会和王权的迫害。1583 年，伯努利家族不得不逃离故乡，他们先是在德国的法兰克福避难，接着迁居瑞士，在巴塞尔安顿下来，并与当地的一个望族联姻，成为很有实力的药材商人。

一个多世纪以后，这个家族出现了第一位数学家——雅各布·伯努利（Jocob Bernoulli，1654—1705），他通过自学掌握了莱布尼茨的微积分，后来一直担任巴塞尔大学的数学教授。最初，雅各布学习的是神学，后来不顾父亲的反对潜心研究数学，并拒绝了教会的任命。1690 年，他首先使用了“积分”（integral）这个词。次年他研究了悬链线问题，并将其应用于桥梁设计。他的其他重要的研究成果包括：排列组合理论、概率论中的大数定律、从整数幂和导出的伯努利数以及变分法原理。

根据希腊传说，迦太基的建国者狄多女王有一次得到一张水牛皮，她命人把它切成一条一条的，连接起来圈出一块最大面积的半圆形土地，这可能就是变分法的起源。这个故事的另一个版本是：地中海塞浦路斯岛的狄多女王的丈夫被她的弟弟皮格马利翁杀死后，她逃亡到非洲海岸，从当地一位酋长手中购买了一块土地，在那里建起了迦太基城。土地购买协议是这样签订的：一个人在一天内犁出的沟能圈起多大的面积，这个城就可以建多大。姐弟二人各自的爱情故事曲折动人，被罗马诗人维吉尔（Vergilius，公元前70—前19）和奥维德（Ovidius，公元前43—18）先后写进他们的诗歌中。

迦太基古城图。作者摄于突尼斯

伯努利数B_n在数论中有着不可替代的作用，它的定义可由下列递归公式给出：

$$B_0=1,\ B_1=-\frac{1}{2},\ B_n=\sum_{k=0}^{n}\binom{n}{k}B_k\ (n\geqslant 2)$$

其中$\binom{n}{k}$为二项式系数。显而易见，伯努利数永远是有理数，它的性质奇妙无比。不难证明，当$n\geqslant 3$时，奇数项伯努利数$B_n=0$，而当p是奇素数时，B_{p-3}的性质直接决定了费尔马大定理在指数为p时成立与否。由伯努利数还可以给出伯努利多项式，它在数论和函数论中起着重要的作用。雅各布临终前，要求他的墓碑刻一条对数螺线和铭文

“纵使变化，依然故我”，结果最后刻的却是阿基米德螺线。

与雅各布比起来，小他10多岁的弟弟约翰·伯努利（Johann Bernoulli，1667—1748）的数学贡献毫不逊色（前文已提及）。起初，约翰学的是医学，并在巴塞尔以一篇肌肉收缩的论文获得博士学位。后来，他不顾父亲的反对随兄长学习数学，然后到荷兰的格罗宁根大学做了数学教授，直到雅各布去世才返回故乡。约翰最为人熟知的数学发现是，他给出了求一个分子和分母均趋于零的分式极限的方法（通常为学习微积分学的学生所喜爱）：

> 若当$x \to a$时，函数$f(x)$和$F(x)$都趋于零，在点a的某邻域内（点a本身可以除外），$f'(x)$和$F'(x)$都存在，且$F'(x) \neq 0$，$\lim\limits_{x \to a} \frac{f'(x)}{F'(x)}$存在（有限或无穷），则$\lim\limits_{x \to a} \frac{f(x)}{F(x)} = \lim\limits_{x \to a} \frac{f'(x)}{F'(x)}$。

由于约翰的这个方法被他的法国学生洛必达（1661—1704）收编在一本书里，以至于被误称为洛必达法则。除此以外，约翰还用微积分计算出最速降线、等时线等曲线的长度和面积。

约翰虽然在学术上与雅各布互为竞争对手（他们都是莱布尼茨的好友），而且脾气不好、嫉妒心强，但他却是一位出色的教师，不仅有洛必达这样的学生，还把三个儿子都培养成数学家。约翰的大儿子尼古拉（Nikolaus Bernoulli，1695—1726）和二儿子丹尼尔（分别做过法学教授和医生）双双被聘请到彼得堡科学院，正是这兄弟俩把他们的好朋友欧拉引荐到俄国，让后者在那里度过了他一生中最美好的时光。约翰的小儿子小约翰在做了几年修辞学教授后继任了父亲数学教授的职位。这样的传承还没有结束，因为小约翰的两个儿子——小小约翰和小雅各布也在从事了一段其他职业之后投入数学的怀抱。

在伯努利家族的第二和第三代数学家中，并非个个都像第一代那样出色。但是，丹尼尔（Daniel Bernoulli，1700—1782）却是一个例外，他是伟大的欧拉的竞争对手。与欧拉几乎一样，丹尼尔曾10次赢得法兰西科学院的奖金（有时和欧拉一同分享）。从彼得堡返回巴

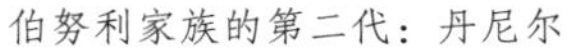

伯努利家族的第二代：丹尼尔

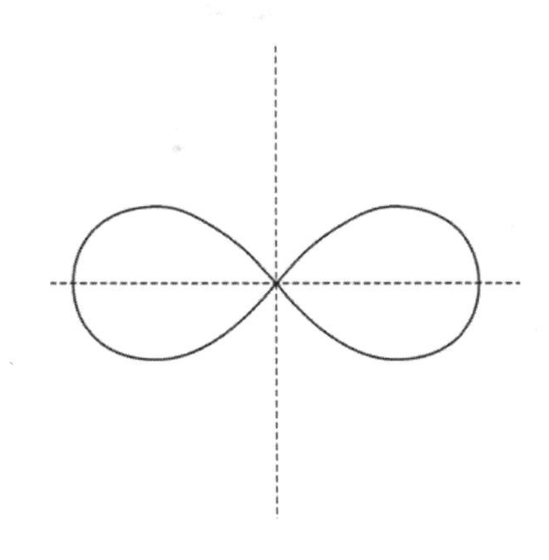

伯努利双纽线

塞尔以后，他先后担任解剖学、植物学和物理学教授，却在包括微积分学、微分方程、概率论在内的诸多数学领域也做出了许多贡献。为纪念伯努利家族对数学所做的贡献，20 世纪 90 年代，荷兰创办了《伯努利》杂志，它是继《斐波那契季刊》之后又一份以数学家（族）的名字命名的期刊。

最后，我们要谈到气体或液体动力学的一个伯努利定理，它直接启发了现代飞机的设计师。这个定理说的是，运动流体（气体或液体）的总机械能（包括与流体压强有关的能量、落差的重力势能以及流体运动动能的总能量）保持恒定。按照伯努利定理，如果流体水平流动，重力势能就无变化，而流体压强随流速增加而降低。伯努利定理是许多工程问题的理论基础，例如飞机的机翼设计，就是利用流经机翼上部弯曲面的气流速度比下部快，使得机翼下部的压强比上部大，从而产生上升力。这个伯努利定理出自丹尼尔。

法国大革命

拿破仑·波拿巴

1769年，31岁的拉格朗日正在柏林科学院担任数学物理学部主任，20岁的拉普拉斯受聘成为巴黎军事学院数学教授，他们未来的学生和朋友拿破仑·波拿巴在地中海的南科西嘉省省会阿雅克肖呱呱坠地。仅仅一年以前，这座岛屿还隶属于亚平宁半岛的热那亚。倘若这项关于岛屿的交易推迟若干年进行，那么成年以后的拿破仑极有可能致力于保卫和扩张意大利的领土，或参加抵抗法兰西的地下组织，就像他的父亲所做的那样。事实上，拿破仑家族曾是托斯卡纳的贵族，托斯卡纳的首府正是文艺复兴的发源地——佛罗伦萨。

科西嘉抵抗组织成立后不久，其领导人便逃亡在外了。为了儿子的教育和前程，律师出身的老波拿巴只得臣服于新主子，出任阿雅克肖地区的陪审员。这样一来，9岁的拿破仑才有机会进入军事学校的预科班，后来经过多次转学，他最终从巴黎军事学院毕业。正是在巴黎军事学院里，颇有数学才华的拿破仑结识了数学家拉普拉斯。1785年，老波拿巴病逝，拉普拉斯被学校指定对16岁的拿破仑进行毕业测试。

拿破仑从军校毕业后做了炮兵少尉，同时阅读了大量军事著作。不久，他又回到科西嘉岛待了两年，看来他对故乡很有感情。事实上，他后来还多次返乡，如果有恰当的支持，仍有可能帮助其取得独立。可是，随着法国大革命逐渐进入高潮，拿破仑被巴黎深深地吸引了。作为伏尔泰和卢梭（J. J. Rousseau，1712—1778）的忠实读者，

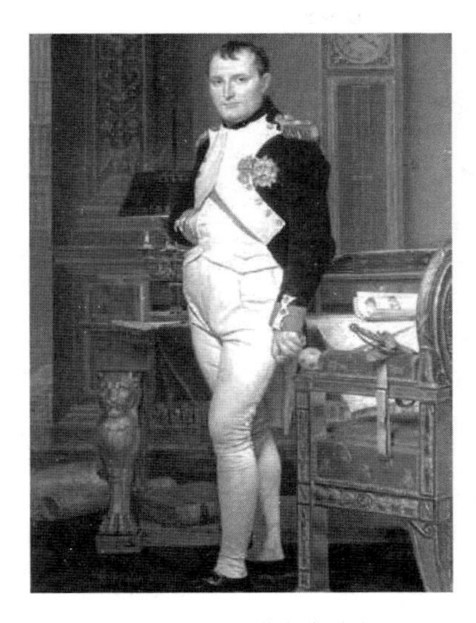

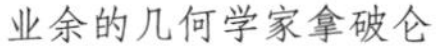

业余的几何学家拿破仑

诞生于法国大革命时期的《马赛曲》

拿破仑相信法国必须进行一场政治变革。不过，1789 年 7 月 14 日（后来成为法国国庆日），当巴黎的群众攻占了象征国王暴政的巴士底狱时，拿破仑却身处外省。

法国大革命不仅推翻了法国的旧政权，也改变了欧洲的政治气候。关于这场革命的起因，历史学家的解释虽不尽相同，但公认的理由有 5 条：当时法国人口在欧洲最多，已经不能充分供养；日益扩大的富有的资产阶级被排除在政治权力之外，这一点在法国比其他国家更突出；农民深刻了解自己的境遇，越来越不能忍受剥削他们的封建制度；出现了若干位主张政治和社会变革的哲学家，其著作较为流行；由于参加美国独立战争，国库亏空。

毫无疑问，拿破仑进军巴黎需要命运女神的眷顾。1793 年 1 月，法国国王路易十六被送上了断头台，罪名是叛国罪。此前，法国革命者已向欧洲多个国家的反革命政权势力宣战，法国国内的情况也十分危急。次年冬天，在法国南部港口城市土伦，拿破仑率领他的炮兵，击败了前来保驾的英国军队。他凭借此战一举成名，并被晋升为准将。又过了一年，正当保王党实行白色恐怖，试图在巴黎夺权时，他们的阴谋被拿破仑粉碎。至此，26 岁的科西嘉人拿破仑已经成为法国大革命的救星和英雄。

也是在1795年，古老的巴黎大学和法兰西科学院被国民公会关闭，取而代之的是新成立的巴黎综合理工学院和法兰西学院（法兰西科学院成为其三个分院之一），还有此前一年成立的巴黎师范学院（1808年重建时更名为巴黎高等师范学院）。虽然这几所学校原先的宗旨分别是培养工程师和教师，却都把数学放在十分重要的位置上，这可能与当初负责建校工作的孔多塞（Condocet，1743—1794）是数学家有关。他把法国最有名的数学家都邀请了过来：拉格朗日、拉普拉斯、勒让德（Legendre，1752—1833)、蒙日，其中蒙日还担任了巴黎综合理工学院的首任校长。

可是，拿破仑还要再等若干年才会当上第一执政官。在此期间，他率兵南征北战，意大利、马耳他和埃及都留下了他的足迹，他指挥的战斗胜多负少。当他班师回国时，可以说是独揽军政大权，就像当年从埃及返回罗马的恺撒将军。在18世纪的最后一个圣诞节，法国颁布了一部新宪法。按照这部宪法，拿破仑作为第一执政官拥有无限权力，可以任命部长、将军、文职人员、地方长官和参议员。自那以后，他的数学家朋友纷纷被封高官。

虽说拿破仑是借助法国大革命才登上权力的宝座，但他野心勃勃，并不相信人民的主权、意志或议会的辩论，反倒倾心于推理和才智之士，比如数学家和法学家。然而，战争仍在继续，领土扩张才刚刚开始，对第一执政官来说，要巩固政权，要完成帝国的伟业，军队需要得到最精心的养护。于是，巴黎综合理工学院被军事化，致力于培养炮兵军官和工程师，教授们则被鼓励研究力学问题，研制炮弹或其他杀伤力强的武器，拿破仑也与他们来往密切。

早年的数学功底，加上与数学家的交往，使得拿破仑有能力和勇气向他们提出这样一个几何问题：只用圆规，不用直尺，如何把一个圆周四等分？这个难题最终由因战争而受困巴黎的意大利数学家马斯凯罗尼（L. Mascheroni，1750—1800）解决了，他还写了一本《圆规几何》的书献给拿破仑，其中包含更广泛的作图理论：只要给定的和

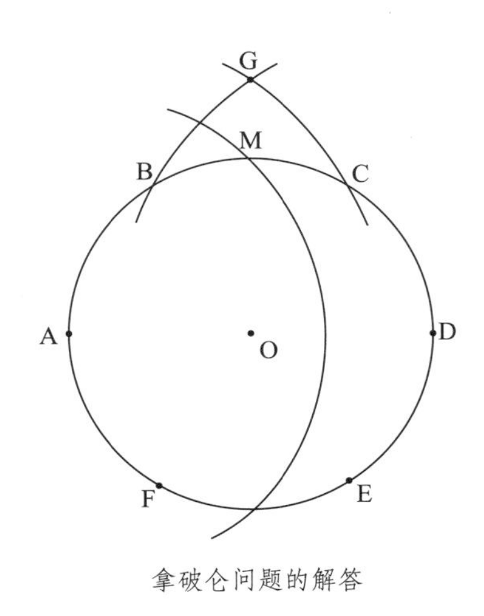

拿破仑问题的解答

数学家中的革命家孔多塞

所求的均为点，就可以仅通过圆规完成作图。这样一来，欧几里得作图法中所需的没有刻度的直尺也变得多余。有意思的是，后人发现，在 1672 年出版的一本丹麦文旧书中，一个署名为摩尔的不可考作者已经知道并证明了马斯凯罗尼作图理论。

圆周四等分的具体作图方法如下：取已知圆O上任一点A，以A为一个分点把此圆六等分，分点依次为A、B、C、D、E、F（如上图）。分别以A、D为圆心，AC或BD的长为半径作两个圆，相交于G点。再以A为圆心、OG的长为半径作圆，交圆O于M、N点，则A、M、D、N可四等分圆O的圆周。这是由于按照毕达哥拉斯定理，$AG^2=AC^2=(2r)^2-r^2=3r^2$，$AM^2=OG^2=AG^2-r^2=2r^2$，$AM=\sqrt{2}r$，因此$AO\perp MO$。

高贵的金字塔

现在我们要谈谈拉格朗日（J. L. Lagrange，1736—1813）了，他和欧拉被公认为 18 世纪两个最伟大的数学家。至于他们俩谁更伟大这个问题曾引起过一番争论，这在一定程度上也反映了支持者的数学趣味。拉格朗日出生在意大利西北部名城都灵，也就是菲亚特汽车和尤文图斯足球队的发源地。由于与法国近在咫尺，都灵在16世纪一度被法国占有，而在拉格朗日生活的时代，它是撒丁王国的首都。这个地位直到19世纪才有所改变，在此之前都灵成为实现意大利统一的政治和思想中心。

拉格朗日身上混杂着法国和意大利的血统，以法国血统居多。他的曾祖父是法国骑兵队队长，为撒丁岛（如今隶属意大利的地中海岛屿）的国王服务以后，在都灵定居下来，并与当地的一个著名家族联姻。拉格朗日的父亲也一度担任撒丁王国的陆军部司库，但却没有管理好自己的家产。作为11个孩子中的老大，拉格朗日所继承的遗产寥寥无几，但他后来把这件事看作发生在自己身上最幸运的事，“要是我继承了一大笔财产的话，我或许就不会与数学共命运了”。

拥有法意血统的拉格朗日

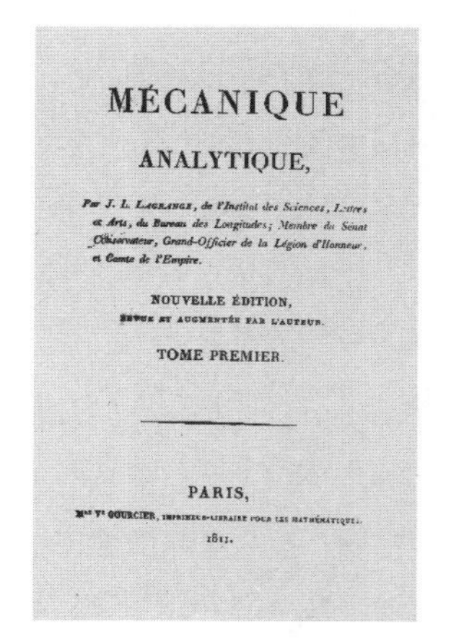

MÉCANIQUE

ANALYTIQUE,

Par J. L. Lagrange, de l'Institut des Sciences, Lettres et Arts, du Bureau des Longitudes; Membre du Sénat Conservateur, Grand-Officier de la Légion d'Honneur, et Comte de l'Empire.

NOUVELLE ÉDITION,

REVUE ET AUGMENTÉE PAR L'AUTEUR.

TOME PREMIER.

PARIS,

Mme Ve COURCIER, IMPRIMEUR-LIBRAIRE POUR LES MATHÉMATIQUES.

1811.

拉格朗日《分析力学》首卷（1811）

拉格朗日上学以后，最初的兴趣是在古典文学方面，欧几里得和阿基米德的几何著作并没有让他产生多少热情。后来有一次，他读到牛顿的朋友、哈雷彗星的发现者哈雷写的一篇赞誉微积分的科普文章，就立刻被这门新学科迷住了。在极短的时间内，他通过自学掌握了那个时代的全部分析知识。据说拉格朗日19岁（还有一种说法是16岁）时就被任命为都灵皇家炮兵学院的数学教授，在数学领域展开了他最辉煌的人生经历。到 25 岁时，拉格朗日已经步入世界最伟大的数学家之列了。

与其他数学家不同，拉格朗日从一开始就是一位分析学家，这也从一个侧面证明了那个时代分析是最热门的数学分支。这种偏爱体现在他 19 岁时就构想好的《分析力学》一书中，但这部著作直到他 52 岁时才在巴黎出版，而那时他对数学基本上失去了兴趣。在这本书的前言中，拉格朗日这样写道："在这本书中你找不到一幅图。"但是，他接着说道，力学可以看作四维空间几何学——笛卡尔坐标系中的三个坐标加上时间坐标，这样就足以确定一个运动点的空间和时间位置。

在今天我们熟知的数学符号中，函数 $f(x)$ 的导数符号 $f'(x)$、$f^{(2)}(x)$、$f^{(3)}(x)$ 就是由拉格朗日引进的。他还建立起了以他的名字命名的拉格朗日中值定理，这个定理是这样叙述的：如果函数 $f(x)$ 在闭区间 $[a, b]$ 内连续，在开区间 $(a,\ b)$ 内可导，则必然存在 $a<\zeta<b$，使得

$$f'(\zeta)=\frac{f(b)-f(a)}{b-a}$$

此外，他用连分数给出了求方程实根近似值的方法，并致力于用幂级数来表示任意函数。

在被 19 世纪的爱尔兰数学家哈密尔顿（W. R. Hamilton，1805—1865）赞誉为"科学的诗"的《分析力学》中，拉格朗日建立起包括被后人称作拉格朗日方程的关于动力系统的一般方程，同时纳入了他在微分方程、偏微分方程和变分法方面的一些著名成果。这部著作对于一般力学的重要性就像牛顿的万有引力定律对于天体力学一样。但这并不等于说拉格朗日不关心天体问题，事实上，他也曾解释月球的天平动效应，即为何月球总是以同一面朝向地球。用分析方法解决力学问题，这标志着与希腊古典传统的分道扬镳，即使牛顿及其追随者的力学研究也依赖于几何和图形。

从一开始，拉格朗日就得到了年长他近 30 岁的竞争对手欧拉的慷慨赞誉和提携，这成为数学史上的一段佳话。像欧拉一样，他也在

把主要精力花在分析及其应用之余，沉湎于解决奥妙无穷的数论难题。例如，前文已提到他曾证明了费尔马的两个重要猜想。在同余理论中也有一个拉格朗日定理，说的是一个n次整系数多项式，如果它的首项系数不能被素数p整除，那么这个多项式关于模p的同余方程至多有n个解。可是，更为著名的拉格朗日定理出现在群论中，即有限群G的子群的阶是G的阶的因子。

德拉克洛瓦的《自由引导人民》

由于拉格朗日所取得的成就，撒丁国王赞助了他去巴黎和伦敦游学的费用，但他却在巴黎生了一场大病，待到身体稍好就急切地返回都灵。不久，他又接到普鲁士国王腓特烈二世的邀请去了柏林，在那里一待就是11年，直到腓特烈二世去世。这一次，法国终于没再错过拉格朗日，路易十六把他邀请到了巴黎，那一年是1787年，但拉格朗日已经把兴趣转向了人文科学、医学和植物学等。比他年轻19岁的玛丽皇后对他爱护有加，尽一切所能缓解他的消沉情绪。

两年以后，法国大革命的高潮席卷了巴黎，似乎也打破了拉格朗日的冷漠，让他的数学头脑再次活跃起来，写了多部著作和教材。他谢绝了重返柏林的邀请，依靠自己的缄默度过了恐怖岁月，而化学家拉瓦锡（Lavoisier，1743—1794）则人头落地。等到巴黎师范学院成立，拉格朗日被任命为教授，之后又成了巴黎综合理工学院的第一位教授，为拿破仑麾下的年轻军事工程师们讲授数学，其中就有未来的数学家柯西（A. L. Cauchy，1789—1857）。在两次战役之间将关注点转到内政事务上的拿破仑也经常来拜访拉格朗日，谈论数学和哲学，并让他当上了参议员和伯爵。“拉格朗日是数学科学领域中高耸的金字塔。”这位征服过埃及的不可一世的皇帝赞叹道。

法兰西的牛顿

晚年的拉格朗日不无嫉妒地谈及牛顿，“无疑，他是特别有天赋的人，但是我们必须看到，他也是最幸运的人，因为找到建立世界体系的机会只有一次。”相比之下，拉普拉斯（P. S. Laplace，1749—1827）比拉格朗日更为不幸，因为他不仅无法取得像牛顿那样的成就，而且由于他的学术生涯恰好均匀地分布在两个世纪，可是，18 世纪有欧拉和拉格朗日，19 世纪有高斯。因此，诸如某某世纪最杰出的数学或科学人物之类的头衔不可能落到他头上。尽管如此，拉普拉斯也度过了辉煌的一生，这与他的才智、个人努力，以及有一个像拿破仑那样的学生不无关系。

“法兰西的牛顿”：拉普拉斯

巴黎拉普拉斯地铁车站。作者摄

拉普拉斯的双亲是农民，他的出生地在法国北部邻近英吉利海峡的卡尔瓦多斯省，属于下诺曼底大区，即“二战”中盟军登陆的地方。在乡村学校读书期间他就显出多方面的才能，其中包括辩论口才，并因此得到了富有邻居的关心，他作为一名走读生进了当地的一所军事学校。可能是因为他的非凡记忆能力而不是数学才华，一位有影响力的人士为他写了一封推荐信，18 岁的拉普拉斯揣着这封信去了巴黎，这是他第一次出门远行。

可是，这封信却差点儿害了拉普拉斯。《百科全书》副主编、数学家达朗贝尔见拉普拉斯时对后者递交的推荐信并不在意。回到住处以后，不甘心的拉普拉斯连夜写下了一封关于力学原理的信，这封信果然起了作用，达朗贝尔阅后回信，请拉普拉斯立刻去见他。达朗贝尔在回信中写道："我几乎没有注意到你的那封推荐信。你不需要别人的推荐，你已经更好地做了自荐。"几天以后，在达朗贝尔的引荐下，拉普拉斯当上了巴黎军事学院的教授，并在那里遇到了他未来的学生——拿破仑。

相比拉格朗日，拉普拉斯在纯粹数学方面花费的精力不多，取得的成就也比较少，并且基本上是为了满足天文学研究的需要。在行列式计算时有按多行（列）展开的拉普拉斯定理，即设任意选定k行（列），则由这k行（列）元素所组成的一切k级子式与它们的代数余子式的乘积之和等于行列式的值。在微分方程中也有所谓的拉普拉斯变换，它通过无穷积分把一类函数$F(t)$变换为另一类函数$f(p)$，即

$$f(p) = \int_0^{\infty} e^{-pt} F(t)\,dt$$

当然，拉普拉斯最著名的作品还是他的5卷本《天体力学》，这为他赢得了"法兰西的牛顿"的美称。他从24岁开始就把牛顿的引力说应用于整个太阳系，探讨了土星轨道为何不断膨胀而木星轨道则不断收缩这类特别困难的问题，证明了行星轨道的偏心率和倾角总保持很小且恒定，能够自动调整，还发现了月球的加速度同地球轨道的偏心率有关，这从理论上解释了太阳系动态观测中的最后一个反常现象。可以说，拉普拉斯的名字与宇宙的星云说密不可分，我们在前面谈论微积分学的影响时提到的关于势能的拉普拉斯方程就是一个例证。

如何评价拉普拉斯和拉格朗日这两位科学巨人，这是后来的数学家同行们经常要谈起的话题。19世纪的法国数学家泊松这样写道："拉格朗日和拉普拉斯在他们的一切工作中，不论是研究数学，还是研究月球的天平动效应，都有着深刻的差别。拉格朗日往往在他探讨的问题中只看到数学，把它作为问题的根源，因此他高度评价数学的

优美与普遍性。拉普拉斯则主要是把数学作为一个工具，每当一个特殊的问题出现时，他就巧妙地修改这个工具，使它适用于该问题……”

至于在为人处事或人格上，两个人也有着鲜明的差别。傅里叶曾这样评价拉格朗日：“他淡泊名利，用他的一生，高尚、质朴的举止，崇高的品质，以及精确而深刻的科学著作，证明他对人类的普遍利益始终怀着深厚的感情。”而拉普拉斯则被视为数学家中势利小人的典型代表，“对头衔的贪婪，政治上的摇摆不定，渴望得到公众的尊重，为成为不断变化的注意力的焦点而出风头”（美国数学家贝尔语）。

不过，拉普拉斯的性格中也有坦诚的一面。例如，他的临终遗言是这样说的，“我们所知的不多，我们未知的无限”。正因为如此，他的学生拿破仑一边批评他“到处找细微的差别，那只是一些似是而非的意见”，把无穷小精神带入行政工作；一边加封他为伯爵，授予他法国荣誉军团的大十字勋章和留尼汪勋章，在任命他做经度局局长之后，又让他当上内政部部长。拉普拉斯在政治上是一个“不倒翁”，波旁王朝复辟以后，他晋升为侯爵并进入了贵族院，还亲手签署了流放拿破仑的法令，同时担任改组巴黎综合理工学院的委员会主席。

在 18 世纪和 19 世纪初的法国数学界有“3L”之说，即拉格朗日、拉普拉斯和勒让德。勒让德的一生都在巴黎度过，23 岁担任巴黎军事学院数学教授，1795 年任巴黎高师教授。勒让德在椭圆积分方面的出色工作为数学物理提供了基本的分析工具，与高斯一样，他也提出了最小二乘法和素数定理，并证明了二次互反律。勒让德符号出现在每一本基础数论教程中，他撰写的《几何基础》教程在欧美大学里取代了《几何原本》。

皇帝的密友

有个流传甚广的故事：称帝以后的拿破仑读完《天体力学》以后问它的作者，“为什么你的著作中没有提到上帝？”拉普拉斯答道：“陛下，我不需要那个前提。”这句话让我们想起欧几里得回答托勒密国王时所说的那句话，“几何学中没有王者之路。”事实上，拉普拉斯舍弃上帝可能是想胜牛顿一筹，因为牛顿不得不依赖上帝的存在和“第一推动力”，而且拉普拉斯考虑的天体比牛顿的太阳系范围更广。

无论是拉普拉斯还是拉格朗日，他们与拿破仑的关系都属于伟大的科学家与开明君主之间的关系，充其量只是君臣关系。蒙日（G. Monge，1746—1818）就不同了，虽然他比拉普拉斯还年长三岁，数学方面的才华也稍显逊色，却由于个人的阅历和开放的性格，与年轻的拿破仑建立起亲密的友谊。在波旁王朝复辟以后，蒙日不仅得不到像拉普拉斯那样的爵位和荣耀，反而被通缉以致四处躲藏，他被当成（也的确）是那个科西嘉人的心腹。事实上，正如拿破仑所说，“蒙日爱我，就像一个人爱他的情人。”

蒙日出生在法国中部科多尔省的小镇博讷，隶属盛产葡萄酒的勃艮第大区。该镇位于第戎西南，今天从蒙特卡罗到巴黎的高速火车经由此地。蒙日的父亲是一个小贩和磨刀匠，很重视儿子的教育，使得蒙日在学校的课业成绩门门领先，包括体育和手工。14 岁那年，蒙日在没有图纸的情况下就设计出一架消防用的灭火机，他依赖于两件工具：坚持不懈的意志和灵巧的手指，这架灭火机以几何的精确性体现出他的思想。两年以后，他又独立绘制了一幅家乡的大比例地图，并因此被人推荐到里昂的一所教会学校教授物理学。

有一次，在从里昂回家乡的路上，蒙日遇见了一位看过他绘制的

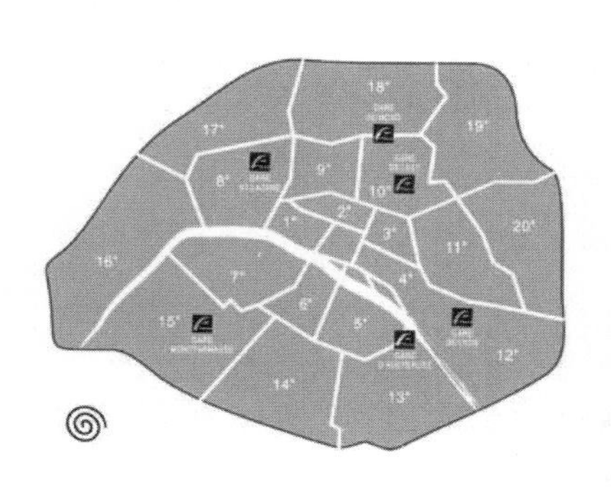

以阿基米德螺线排列的巴黎分区图

敢于顶撞拿破仑的蒙日

地图的军官，这位军官介绍蒙日到北部香槟—阿登大区的首府沙勒维尔—梅济耶尔的皇家军事工程学院做教官。那座城市距离比利时边境只有 14 公里，也是诗人兰波的出生地，不过后者诞生于一个多世纪之后。蒙日做的是下等职员，测量和制图是他的日常工作，结果他乘机创立了一门新的几何学——画法几何，也就是在一个平面上描画三维空间中的立体图形的方法。他因此得到授课的权利和机会，他的一个学生卡诺（S. Carnot，1796—1832）后来成为卓越的几何学家，并积极投身于法国大革命。

巴黎先贤祠墓道，拉格朗日、蒙日、卡诺和孔多塞均安葬于此。作者摄

1768 年，22 岁的蒙日开始在皇家军事工程学院教授数学，七年以后晋升为“皇家数学和物理学教授”。1783 年蒙日离开皇家军事工程学院，到巴黎担任法国海军学员主考官。幸好在去巴黎就职之前，他完成了学术生涯中的大部分发现，并娶了一位年轻、美丽、忠诚的寡妇。因为蒙日在到达巴黎以后，就陷入了权力斗争，被势利小人纠缠。接着法国大革命爆发，他不得不卷入其中，甚至在革命党人的逼迫下出任了新政府的海军部长。

1795 年，巴黎综合理工学院创办，蒙日担任数学教授。这所学校以及同年诞生的巴黎高等师范学院的创办，标志着法国数学与科学史上最光辉时期的到来。第二年，蒙日收到已经坐上最高权力宝座的拿破仑的来信。信的开头拿破仑回忆了若干年前他这个年轻不得志的炮兵军官受到当时担任法国海军部长的蒙日的热情接见，接着对蒙日不久前完成的一次意大利公务旅行表示感谢。原来，那次拿破仑派蒙日到意大利，负责挑选意大利人作为战败赔偿而献给拿破仑的绘画、雕塑和其他艺术作品。幸亏蒙日手下留情，没有把“下金蛋的鸡”宰杀，为拿破仑的故国意大利保存了相当多的珍稀艺术品。之后，他们俩维持了长久亲密的友谊。即使在拿破仑称帝之后，蒙日也是唯一敢在拿破仑面前讲真话甚至顶撞他的人。

1798 年，拿破仑亲自率领大军远征埃及，蒙日作为文化军团的骨干，与三角级数的发明者傅里叶随同前往。据说在地中海的航程中，拿破仑在旗舰上每天早上都要召集蒙日等人讨论一个重大的话题，比如地球的年龄、世界毁于大火或洪水的可能性、行星上是否可以住人，等等。在抵达开罗之后，蒙日以法兰西学院为蓝本，创建了埃及研究院并担任院长。

最后，我们要谈一谈蒙日在数学上所做的贡献。除了创立画法几何以外，他还首先把微积分应用于曲线和曲面研究，并出版了微分几何方面最早的一本著作。蒙日极大地推进了空间曲面和曲线理论的发展，其特点是与微分方程紧密结合，用微分方程表示曲面和曲线的各种性质，这正是“微分几何”一词的由来。例如，蒙日给出了可展曲面的一般表示形式，并证明除垂直于 XOY 平面的柱面以外，这类曲面总满足下列偏微分方程：

$$\frac{\partial^2 Z}{\partial x^2}\frac{\partial^2 Z}{\partial y^2}-\left(\frac{\partial^2 Z}{\partial x \partial y}\right)^2=0$$

蒙日在巴黎综合理工学院做校长期间，有时也给学生讲课。有一次，他在讲课的过程中发现了一个巧妙的几何定理，它是关于四面体的一个性质。众所周知，四面体有 4 个面和 6 条边，每条边只与另外 5 条边中的一条不相交，叫作互为对边。蒙日定理是指，通过四面体的每条边的中点并垂直于其对边的 6 个平面必交于一点，这个点和那 6 个平面分别被称为“蒙日点”和“蒙日平面”。这里补充一句，有机会去巴黎的读者可以在那里找到蒙日大街、蒙日广场和蒙日咖啡馆。

结语

数学本身的发展遵循这样一个规律，即它不时地需要其他养料，这其中尤以物理学给予的养分最多（当然反过来物理学也从数学中受益最多）。可以说，物理问题极大地推动了数学的发展，特别是分析（19 世纪后期以来可能要数几何），从微积分学诞生的那一刻起，分析便与力学紧密地联系在一起。正因为如此，才有拉格朗日的巨著《分析力学》。不过，伟大的拉格朗日最满意的数学分支可能是数论，他不无得意地证明每一个正整数均可以表示成不超过 4 个平方数之和。与此同时，法国大革命所产生的军事、工程技术的需求也为数学的发展和应用打开了方便之门，直到今天这扇门也没有关闭。

必须指出，在牛顿和莱布尼茨之后，以及拉格朗日出现之前，欧洲的大数学家主要集中在经济、文化、科学都不发达的一个高山小国——瑞士。那里有大名鼎鼎的伯努利家族和欧拉，而且他们来自同一座城市——巴塞尔，这是一个非常有意思的现象。第一代伯努利兄弟雅各布和约翰都是欧拉的老师，他们执教于巴塞尔大学。虽然欧拉从这所大学毕业以后一直生活在两个遥远的异国城市——彼得堡和柏林，他的肖像却出现在瑞士法郎纸币上，与英镑纸币上的牛顿、挪威克朗纸币上的阿贝尔一起，成为至今仍在流通的欧洲货币上仅存的三位数学家。值得一提的是，欧拉在欧洲崭露头角是在法兰西科学院主办的有奖征文竞赛上，他一生中共 12 次赢得该奖项的一等奖。

作为新型大学的开端，巴黎综合理工学院的建立为数学家，尤其是应用数学家提供了许多可靠的职位，拉格朗日和蒙日等成为首批担任大学教授的数学家。青年学生为被学校录取而展开激烈的竞争（甚至设置了面试主考官），他们入学后的培养目标是成为工程师或军官，柯西是其中最出色的一个。他有着十分深厚的学术修为，晚年却由于心胸不够宽广且自负，因此忽视了包括阿贝尔在内的年轻人。这种优良传统后来也传播到世界各地，例如，在新大陆创立了麻省理工学院和加州理工学院，在中国和印度则出现了清华大学和印度理工学院（7 个校区分布在印度不同的城市）。

数学家兼埃及学者傅里叶

傅里叶之墓，巴黎拉雪兹

在柯西之前，还有两位法国数学家傅里叶（J. Fourier，1768—1830）和泊松（S. D. Poisson，1781—1840）出自巴黎综合理工学院。傅里叶最伟大的著作是《热的解析理论》(1822)，麦克斯韦称赞其为“一首伟大的诗”。在这本书中，他证明了任何函数均可表示成多重的正弦或余弦级数。这些三角级数（又称傅里叶级数）不仅对受边界约束的偏微分方程十分重要，也拓展了函数概念。村长的儿子泊松是“第一个沿着复平面上的路径进行积分的人”，他的名字在大学数学里频频出现，例如，泊松积分和泊松方程（势论），泊松系数（弹性力学），泊松分布定理或泊松大数定律（概率论），泊松括号（微分方程），等等。

傅里叶有句名言：“对自然的深入研究是数学发现最重要的源泉。”他和泊松都有不少有趣的传闻。据说傅里叶出任下埃及总督期间，为了研究热力学，在沙漠里穿上厚厚的衣服，以致加重了心脏病。当他 63 岁在巴黎去世时，浑身热得像煮熟了似的。泊松小时候由保姆照顾，有一天父亲来看他，发现保姆不在，而他的儿子坐在一个挂在墙上的布袋里。保姆后来对泊松的父亲解释说，这样做可以避免泊松被地板弄脏并染病。泊松晚年的大部分时间都花在摆线问题的研究上，这或许跟他小时候被"挂"在墙上摆来摆去有关。

值得一提的是，蒙日在巴黎综合理工学校担任校长时，有一名学生叫庞塞列（J. V. Ponce-let，1788—1867），后来成为现代射影几何的奠基人，也曾出任母校校长。庞塞列出生在法国东部名字梅斯，是个私生子，24 岁作为工兵中尉随拿破仑远征莫斯科，被捕后在伏尔加河畔的俘虏营里开始思考数学问题，利用取暖的木炭在墙上绘图，独创了圆锥曲线的中心投影法，此即今天 3D（三维）投影的出发点，这是庞塞列成为一名数学家迈出的关键一步。他去世第二年，法兰西科学院开始颁发庞塞列奖，奖励力学家和应用数学家。

可以说，18 世纪涌现出的数学家人数超过以往任何一个世纪，包括天才辈出的 17 世纪。可是，18 世纪却没有出现一位文艺复兴式的"巨人"，一味务实也导致数学家与哲学家渐行渐远，所以有人称 18 世纪为"发明的世纪"。事实上，这个世纪几乎没有产生一位数学家兼哲学家或文学家。晚年的欧拉同意拉格朗日的说法，数学的思想快要穷尽了。但是他们并没有想到，这个尽头又是一个崭新的起点。

哲学家康德，（与费尔马一样）毕生居住在远离文化中心的故乡哥尼斯堡

与此同时，数学所取得的超乎人们想象的成就，以及由此确立的崇高地位，也动摇了长期以来盛行的哲学和宗教思想体系。至少对有识之士来说，对上帝虔诚的信仰已经动摇了，神学家们开始关心一个问题，哲学家们也

乘机发出了疑问：真理是如何发现的？关于这个问题，德国哲学家、近代欧洲最具影响力的思想家康德（I. Kant，1724—1804）做了认真研究，他以“直线是两点间的最短距离”为例说明，真理不能仅从经验中得来，而必须是一种综合判断。

又如，“二律背反”是指，两个各自依据普遍认可的原则建立起来的、公认为正确的命题之间的矛盾冲突，这是康德哲学中的一个重要概念。他在《纯粹理性批判》里将其描述为4组正题和反题并予以证明，康德称之为“先验理念”的4个冲突。在这4组正反命题中，有两组接近于数学悖论。它们是：

第三组

正题：世界上有出于自由的原因；

反题：没有自由，一切都是依自然法则。

第四组

正题：在世界的原因系列里有某种必然的存在体；

反题：没有必然的东西，在这个系列里，一切都是偶然的。

由此可见，数学真理包括欧氏几何学和悖论，这是康德哲学体系的主要支柱。

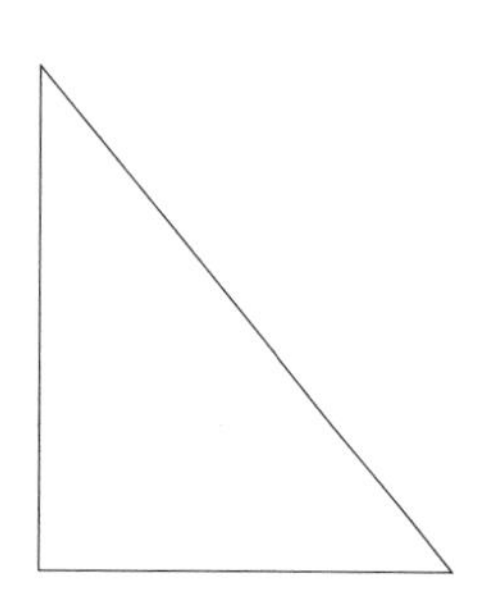

第七章

现代数学与现代艺术

从虚无中，我开创了一个新的世界。

——J. 鲍耶

你给我泥土，我能把它变成黄金。

——夏尔·波德莱尔

代数学的新生

分析的严格化

无论是在数学还是艺术领域，19 世纪上半叶都是从古典（或近代）进入现代的关键时期，走在最前列的依然是生性敏感的数学家和诗人。爱伦·坡和波德莱尔的相继出现，非欧几何学和非交换代数的接连问世，标志着以亚里士多德的《诗学》和欧几里得的《几何原本》为准则的延续了 2 000 多年的古典时代的终结。可是，由于强大的惯性，分析时代的影响力犹在，并经历了严格化和精细化的过程，但分析似乎没有像代数和几何那样，出现里程碑式的转折点。

在分析人才辈出的法国，19 世纪最主要的数学家是柯西。1789 年夏，也就是巴黎人民攻占巴士底狱后一个多月，柯西出生在巴黎。柯西的父亲是一位文职官员，在拿破仑执政以后，成为新成立的上议院中管理印章和书写会议纪要的秘书，与拉普拉斯和拉格朗日交往颇多，因而柯西小时候就有机会接触这两位数学家。据说有一天，拉格朗日在老柯西的办公室里看到柯西写在草稿纸上的演算题，脱口说道，“瞧这孩子，将来我们这些可怜的数学家都会被他取而代之”。但拉格朗日也建议老柯西，鉴于柯西体质虚弱，在完成基本的教育之前不要让他攻读数学著作。

柯西从小喜欢文学，上大学后一度专攻古典文学，后来又立志成为军事工程师。16 岁柯西考入巴黎综合理工学院，两年后进入土木工程专业。柯西毕业后被派往英吉利海峡边的瑟堡，为拿破仑军队入侵英国

弃文从工后又投理的柯西

设计港口和防御工事，并利用业余时间研究数学。返回巴黎后，拉普拉斯和拉格朗日都适时地劝说他投身数学领域，拿破仑政权的垮台也宣告他的工程师梦想破灭。27 岁那年，他受聘成为巴黎综合理工学院的数学和力学教授，并替补因追随拿破仑而被放逐的蒙日成为法兰西科学院院士。此后，除因拒绝宣誓效忠新国王而在国外旅居数年以外，他的生活十分安定。

柯西把自己在分析方面的许多成果都写进了巴黎综合理工学院的讲义，这些以严格化为目的的教材内容包括变量、函数、极限、连续性、导数和微分等微积分学的基本概念。例如，他率先把导数定义为下列差商

$$\frac{\Delta y}{\Delta x}=\frac{f(x+\Delta x)-f(x)}{\Delta x}$$

在Δx无限趋近零时的极限，并把函数的微分定义为$dy=f'(x)\,dx$。柯西还对数列和无穷级数的极限进行了严格化处理，建立了“柯西收敛准则”。这个准则对数列的情形表述如下：

数列x_n收敛的充分必要条件是：对于任意给定的$\varepsilon>0$，存在正整数N，当$m>N$，$n>N$时，就有$\left|x_m-x_n\right|<\varepsilon$。

此外，微分学中的“柯西中值定理”是上一章谈及的拉格朗日中值定理的推广。“微积分基本定理”也是由柯西严格表述并证明的：设$f(x)$是$[a, b]$上的连续函数，对于$[a, b]$上的任意一点x，由

$$F(x)=\int_a^x f(x)\,dx$$

定义的函数$F(x)$就是$f(x)$的原函数，即$F'(x)=f(x)$。

柯西给出的许多定义和论述基本上已是微积分的现代形式，这是向分析严格化迈出的关键一步。据说他在法兰西科学院展示有关级数收敛性的论文时，台下年事已高的拉普拉斯惊呆了。会后拉普拉斯急急忙忙地赶回家里，从书架上取下《天体力学》，用柯西提供的准则检查里面的级数，直到证明它们全都收敛才放下心来。尽管如此，柯西的理论还是存在漏洞，只能算作比较严格。例如，柯西经常用到"无限趋近"、"想要多小就有多小"等直觉性表述，而在证明作为和式极限的连续函数的积分存在性等问题时需要实数的完备性。

中学老师出身的数学大师魏尔斯特拉斯

俄国数学家柯瓦列夫斯卡娅

此时，法国在分析研究方面后继乏人，而德国有个中学数学老师接过了接力棒，他就是魏尔斯特拉斯（K. Weierstrass，1815—1897）。就在拿破仑遭遇滑铁卢那年，魏尔斯特拉斯出生在德国西部的威斯特法伦。他年轻时选错了职业，在法律和财经研究上浪费了不少时间，26 岁以后又在故乡及邻近的几所中学里默默无闻地过了 15 年，教数学也教物理学、植物学和体育。直到 1857 年即柯西去世那年，42 岁的他才刚当上柏林大学的助理教授。虽说魏尔斯特拉斯与小他 35 岁的俄国女数学家柯瓦列夫斯卡娅（偏微分方程解的存在唯一性问题被称为柯西—柯瓦列夫斯卡娅定理）有着非比寻常的友谊，但他却和他的三个弟弟妹妹一样终生未婚。

说到柯瓦列夫斯卡娅（S. Kovalevskaya，1850—1891），她是一位传奇的美丽女子。她出生于莫斯科，父亲是一位将军，母亲是德国人的后裔。那时，俄国不准女子出国留学，就像印度的婆罗门青年甘地（M. K. Gandhi，1869—1948）曾遭遇的那样，柯瓦列夫斯卡娅不得已通过与一位学生物学的大学生柯瓦列夫斯基假结婚从而迁居德国。起初，柯瓦列夫斯基在海德堡大学师从德国物理学家赫姆霍兹（H. L. Helmholtz，1821—1894，能量守恒定律的发现者），后又到柏林请魏尔斯特拉斯担任她的私人教师。1874 年，她以一篇关于偏微分方程的论文在无须答辩的情况下获得哥廷根大学的博士学位，成为数学史上的第一个女博士，导师是魏尔斯特拉斯。1888 年，她匿名投寄一篇关于刚性物体绕固定点旋转的论文给法兰西科学院并获得大奖，同年被数学家切比雪夫（1821—1894）等人推荐当选俄国科学院通讯院士，成为历史上的第一个女院士。她死后出版的小说《童年的回忆》（1893）描写了其早年在俄国的生活，曾广为流传。

在那个年代，由于人们对实数系缺乏认识，因而存在一个普遍的错误，就是认为所有连续函数都是可微的。但是，魏尔斯特拉斯举出一个处处连续却处处不可微的函数，震惊了数学界。这个例子是：

$$f(x)=\sum_{n=0}^{\infty} b^n \cos(a^n \pi x)$$

其中 a 是奇数，$b\in(0,1)$，$ab>1+\frac{3\pi}{2}$。

从那以后，魏尔斯特拉斯创立了我们今天熟知的“ε–δ 语言”，来代替柯西的“无限趋近”，并给出了实数的第一个严格定义，他也因此被誉为“现代分析之父”。魏尔斯特拉斯先从自然数出发定义有理数，再通过无穷多个有理数的集合来定义实数，然后通过实数建立起极限和连续性等概念。后来，他的同胞戴德金（R. Dedekind，1831—1916）和 G. 康托尔（Georg Cantor，1845—1918）分别从有理数的分割和极限重新定义实数，并借此证明了实数的完备性。G. 康托尔本是在俄国圣彼得堡出生的丹麦人，后来移民成为德国人，他以创立集合论闻名。G. 康托尔是魏尔斯特拉斯的学生，他和戴德金（高斯的学生）虽然是竞争者，但却相互影响和鼓励，并一直保持着通信联系。

阿贝尔和伽罗华

就在拿破仑在圣赫勒拿岛去世的那年，即 1821 年，在欧洲大陆的最北端，19 岁的挪威青年阿贝尔进入了奥斯陆大学。三年以后，他自费发表了一篇论文《论一般五次代数方程之不可解性》，其中证明了以下结果：如果一个多项式的次数不少于五次，那么任何由它的系数组成的根式都不可能是该方程的根。这个结果的意义非常重大，自从中世纪的阿拉伯数学家将二次方程理论系统化，文艺复兴时期的意大利数学家通过公开辩论解决了三次和四次方程的求解问题，200 多年来数学家们渴望破解的就是五次和五次以上方程的根。

阿贝尔出生在挪威的西南城市斯塔万格附近的芬岛，是穷牧师的儿子，有 7 个兄弟姐妹。挪威如今已是欧洲最富裕的国家之一，但那时候经济状况十分糟糕，没有出过一个有名的科学家。所幸，阿贝尔在教会学校遇到一位优秀的数学老师，让他在少年时代便有机会阅读欧拉、拉格朗日和高斯的著作。他自认为找到了五次方程的解法，但当时挪威无人可以判断其对错，于是他把文章寄到了丹麦。然而，丹麦人也没看出对错，只是让阿贝尔给出更多的例子。之后他自己发现了问题，便把注意力转向否定方面，最终取得了成功，那时他已是奥斯陆大学的学生了。

阿贝尔有了知名度之后，决定向政府申请一笔旅费，准备去德国和法国游学，但被要求先在挪威学好德语和法语。23 岁那年，刚刚大学毕业的阿贝尔踏上了游学之旅，他先是来到柏林，在那里结交了一位出版家朋友，后者在他的《纯粹数学与应用数学杂志》（也叫《克雷尔杂志》）创刊号上发表了阿贝尔的 7 篇论文，其中包括五次方程之不可解性证明，这也是目前仍在发行的最古老的数学杂志。与此同时，阿贝尔了解到，包括高斯在内的那些收到他论文的数学家均没有

英年早逝的数学天才阿贝尔

认真阅读，于是痛苦地绕过哥廷根，去了巴黎。同样，柯西和其他法国数学家也漠视了阿贝尔的工作。

等到两年后回到挪威时，阿贝尔已经染上肺结核，贫困交迫，仅依靠做家庭教师和朋友的资助维持生计。直到这时，才有一些欧洲同行认识到他的工作价值：五次方程之不可解性证明只是其中的一小部分，阿贝尔定理奠定了代数函数的积分理论和阿贝尔函数方程的基础，阿贝尔方程群大大推进了椭圆函数的研究。椭圆函数作为双周期的亚纯函数，最初是从求椭圆弧长衍生出来的。椭圆函数论可以说是复变函数论在 19 世纪最光辉的成就之一，不过德国数学家雅可比（C. Jacobi，1804—1851）也独立做到了。1829 年春，经过那位出版家朋友的努力，柏林大学终于为阿贝尔提供了教授职位，但就在聘书寄达奥斯陆的两天前，阿贝尔不幸去世了。

阿贝尔死后不久，数学界逐渐意识到他工作的重要性，如今他被公认为近代数学发展的先驱和 19 世纪最伟大的数学家之一，就连挪威克朗纸币上也印有他的肖像。阿贝尔可能是第一个扬名世界的挪威人，他取得的举世瞩目的成就激发了其同胞们的才智。阿贝尔去世的头一年，挪威诞生了伟大的戏剧家易卜生（H. Ibsen，1828—1906），接下来还有作曲家格里格（E. Grieg，1843—1907）、艺术家蒙克（E. Munch，1863—1944）和探险家阿蒙森（R. Amundsen，1872—1928），每一位都蜚声世界。其中阿蒙森是世界上第一个到达南极的人，他所使用的交通工具是狗拉雪橇。

在数学领域，挪威也是人才辈出。例如，索菲斯·李（S. Lie），21 世纪两个十分重要的数学分支——李群和李代数均得名于他。1872 年，德国数学家克莱因发表了《埃尔兰根纲领》，试图用群论和射影几何的观点统一几何学乃至整个数学，他所依赖的正是李的工作。2007 年过世的美国数学家赛尔伯格（A. Selberg）也是挪威人，早在 1950 年，他便因给出素数定理的初等证明荣获菲尔茨奖。

阿贝尔在否定五次或五次以上方程存在一般解的同时，也考虑了一些特殊的能用根式求解的方程，其中一类是“阿贝尔函数方程”。在这项工作中，他实际上引进了抽象代数里“域”的概念。早在 18 世纪的最后一年，高斯在他的博士论文中率先证明了 n 次代数方程恰好有 n 个根（代数基本定理），给了数学家们以信心。在阿贝尔的工作之后，他们面临着这样一个问题：什么样的方程可以用根式来求解？这个问题将由另一位英年早逝的天才伽罗华来回答，他在阿贝尔去世后的两年时间里，迅速建立起判别方程根是可解的充分必要条件。

数学界的“兰波”——伽罗华

伽罗华的思想是将一个 n 次方程的 n 个根作为一个整体来考察，并研究它们之间的重新排列（置换）。举例来说，设四次方程的 4 个根为 x_1，x_2，x_3，x_4，则将 x_1 和 x_2 交换就可得到一个置换

$$P = \begin{pmatrix} x_1 & x_2 & x_3 & x_4 \\ x_2 & x_1 & x_3 & x_4 \end{pmatrix}$$

把连续实行两次置换后得到的一个新置换定义为这两个置换的乘积，所有可能的置换构成一个集合（这个例子里共有 4! = 24 个元素）。这种乘法是封闭的（相乘后仍在其中），满足结合律：$(P_1P_2)P_3=P_1(P_2P_3)$，且存在单位元素（恒等置换）和逆元素（相乘以后为恒等元素）。

满足上述条件的集合叫群（如果乘法还满足交换律则称为交换群或阿贝尔群），上述实例叫置换群。伽罗华定义了一个群中某些性质较好的子群为正规子群，最大的正规子群被称为最大正规子群。依照拉格朗日定理，有限群的阶必为其子群的阶的倍数，此处阶是元素个数。伽罗华理论的精妙之处在于：n次方程根式可解，当且仅当它的置换群S_n的最大正规子群系列（最后一个是单位群）之间的指数（商）均为素数（被称为可解群）。当n=3 时，S_3有 6 个元素，其最大正规子群系列有 3 个元素：S_3、H和单位元，其中H是由单位元和两个轮换这 3 个元素组成，3!/3=2，3/1=3，即其指数系列{2、3}均为素数；当n=4 时，S_4有 24 个元素，其最大正规子群G_4有 12 个元素，G_4的最大正规子群G_3有 4 个元素，G_3的最大正规子群G_2有 2 个元素，24/12 =2，12/4 =3. 4/2 =2，2/1 =2，即其指数系列{2、3、2、2}均为素数；而当n ⩾ 5 时，S_n的最大正规子群系列均只有 3 个元素，中间的正规子群G_n有n!/2 个元素，故其指数系列为 2 和n!/2，后一个数是合数。

1811 年秋，伽罗华出生在巴黎南郊一个叫拉赖因堡的小镇，家境原本优裕。他的父亲积极参加法国大革命，当拿破仑从流放地厄尔巴岛返回巴黎再次执掌政权（史称回光返照的“百日政变”）时，甚至被选为镇长。伽罗华从小接受了良好的教育，但他 18 岁时，父亲因遭人诬陷愤而自杀，他本人报考巴黎综合理工学院未果（可能是因为未通过面试），后来进了巴黎高等师范学院，次年却因为参加反对波旁王朝的运动而被校方开除，不久又被当局抓捕并判刑。获释后伽罗华又谈了一场愚蠢的恋爱，并因为情人决斗而死，那是在 1832 年春，当时他年仅 20 岁。伽罗华死后被葬在故乡的公墓里，具体位置无人知晓。

和阿贝尔一样，伽罗华在读中学时遇到了一位好的数学老师，把他带入奇妙的数学世界。很快，他就抛开教科书，直接阅读拉格朗日、欧拉、高斯和柯西等数学家的原作，并构造出群的概念。伽罗华人在巴黎，又在名校读书，本可以避免像阿贝尔那样英年早逝的悲剧命运。不料，他递交给法兰西科学院的三篇论文也被柯西等数学家忽视或遗失，幸好他在参加决斗的前夜预感到自己的结局，以给一个朋友写信的形式留下了遗嘱，再加上其他手稿，给后世的数学家留下了珍贵的遗产。但是，伽罗华生前只发表了一篇短文，死后人们能收集到的他的文稿也仅有 60 页。

伽罗华的工作开启了近世代数的研究，不仅解决了方程可解性这个 300 多年的数学难题，更重要的是，包括运算对象在内的群的概念（与元素的对象无关，置换群只是其特例）的引进，推动了代数学在对象、内容和方法上的深刻变革。随着数学和自然科学的发展，群的应用越来越广泛，从晶体结构到基本粒子、量子力学，等等。1900 年，普林斯顿大学的一位物理学家在与一位数学家讨论课程设置时说，群论无疑可被删除，因为它对物理学没有任何用处。可是没过 20 年，就有三本有关群论与量子力学的专著出版了。与此同时，我们也看到阿贝尔和伽罗华等人的工作促使代数学家把注意力从解方程中解放出来，转而投到数学内部的发展和革新上。

值得一提的是，比伽罗华早两年出生的法国人刘维尔（J. Liouville，1809—1882）也是一位数学天才。刘维尔 16 岁进入巴黎综合理工学院，后留校做助教，是代数数的有理逼近和超越数论的奠基者。“代数数”和“超越数”是这样定义的：如果一个复数是某个整系数多项式方程的根，它就是代数数，否则就是超越数。超越数的概念最早出现在欧拉的著作《无穷分析引论》（1748）中。1844 年，刘维尔首先证明了超越数的存在性，他通过无穷级数构造了无数个超越数。特别地，下列无穷小数是超越数

$$\sum_{i=1}^{\infty} \frac{1}{10^{i!}} = 0.110\ 001\ 000\ 0\cdots$$

这个数被称为“刘维尔数”，这是人类对数的一次认识上的飞跃。1873 年，法国数学家埃尔米特（C. Hermitian，1822—1901）证明了自然对数的底 e=2.718 281 8…是超越数。1882 年，德国数学家林德曼（F. Lindermann，1852—1939）证明了圆周率 π 是超越数。值得一提的是，林德曼的博士生导师是 F. 克莱因，林德曼执教哥尼斯堡大学期间，指导希尔伯特和闵可夫斯基在同一年获得了博士学位，正是这三位与林德曼存在师生关系的人创立了数学领域的哥廷根学派。

可是，我们至今不知道e + π是不是超越数，甚至不知道它是不是无理数。同样，欧拉常数

$$\gamma = \lim_{n\to\infty}\left(1+\frac{1}{2}+\cdots+\frac{1}{n}-\log n\right) = 0.577\ 215\ 664\ 9\cdots$$

是不是有理数也未见分晓。

哈密尔顿的四元数

在伽罗华提出群的概念之后，代数学领域接下来的一个重大发现是四元数。这是历史上第一次出现不满足乘法交换律的数系，虽然四元数本身的作用与伽罗华的群理论或阿贝尔的椭圆函数无法相提并论，但对于代数学的发展来说却是革命性的。自牛顿去世以后，法国和德国的数学家们始终占据着欧洲的数学舞台，现在终于轮到说英语的人扬眉吐气了，那便是神奇的哈密尔顿。虽说哈密尔顿是爱尔兰人，住在离伦敦400多公里的都柏林，可是在整个19世纪，大不列

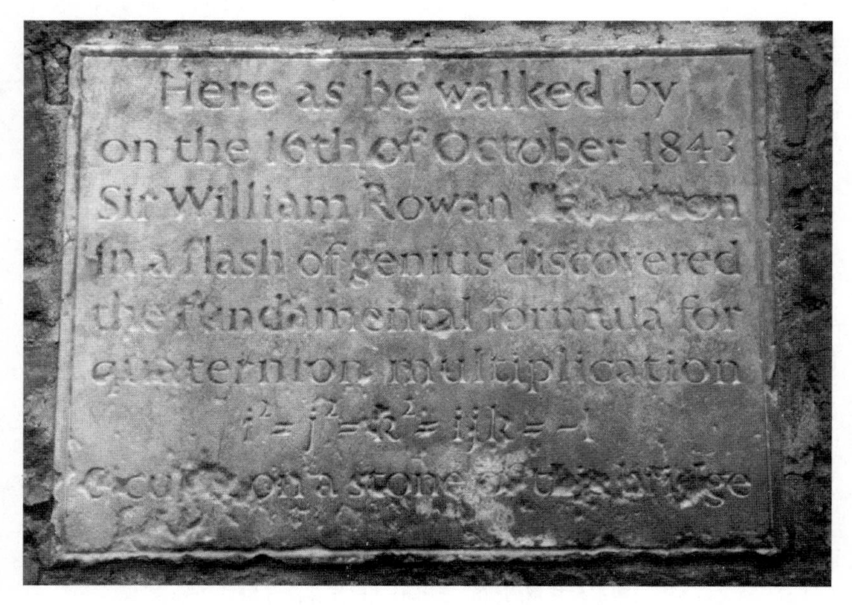

都柏林布鲁姆桥上的碑石，上面写着哈密尔顿散步到此发现了四元数

颠和爱尔兰在名义上是一个国家。

1805 年，哈密尔顿出生在都柏林的一个律师家庭，他的母亲很有智慧。可是，他的父母或许预见到了未来的不测，就把小哈密尔顿送到乡下，寄养在他的当牧师的叔叔家里。这位叔叔是一个语言怪才，哈密尔顿又是一个神童，在他 13 岁那年，已经能够流利地讲 13 种语言了，包括拉丁语、希伯来语、阿拉伯语、波斯语、梵语、孟加拉语、马来语、兴都斯坦语、古叙利亚语。正当哈密尔顿准备学汉语时，他的父母却双双离世。15 岁那年，都柏林来了一个擅长速算的美国神童，比哈密尔顿还年轻一岁，他把哈密尔顿引入另一个世界。

通过自学，哈密尔顿迅速掌握了解析几何和微积分，他阅读牛顿的《自然哲学的数学原理》和拉普拉斯的《天体力学》，并指出后者中的一个数学错误，引起了人们的注意。第二年，从没有上过学的哈密尔顿以第一名的成绩考进了都柏林三一学院。等到他从大学毕业时，已经建立起几何光学这个新学科，并毫无异议地被母校聘任为天文学教授，还获得了“爱尔兰皇家天文学家”的称号，那时他尚不满 22 岁。他的前途与阿贝尔和伽罗华完全不同，30 岁那年哈密尔顿被封爵士，两年后又被任命为爱尔兰皇家科学院院长。

虽说哈密尔顿生前以物理学家和天文学家的身份闻名，但他本人最倾心且投入精力最多的却是数学，然而出于各种原因，他在这方面的成绩来得晚了一些。19 世纪初，高斯等人分别给出了复数 $a+bi$ 的几何表示。不久，数学家们意识到，复数能用来表示和研究平面上的向量。尤其是在物理学领域，因为力、速度和加速度这些既有大小又有方向的量都是向量，这些向量符合平行四边形法则，两个复数相加的结果正好也符合这一法则。

用复数来表示向量及其运算有一个很大的便利之处，就是无须通过几何作图就可以用代数方法研究它们。但是，人们很快又遇到了新的问题，复数的用途是有限制的。由于几个力对物体的作用不一定在同一个平面上，这样一来就需要复数的三维形式，人们可能会自然而然地想到用笛卡尔坐标系 (x, y, z) 来表示从原点到该点的向量。遗憾的是，不存在三元数组的运算来对应向量的运算。摆在哈密尔顿面前的光荣而艰巨的任务是，让复数可进行上述运算。

1837年，哈密尔顿发表了一篇文章，第一次指出复数$a+bi$中加号的使用只是历史的偶然，复数可用有序偶(a,b)表示。他给这种有序偶定义了加法和乘法运算法则，即

$$(a,b)+(c,d)=(a+c,b+d),$$
$$(a,b)\times(c,d)=(ac-bd,ad+bc)$$

同时，他还证明了这两种运算是封闭的，并满足交换律和结合律。这是哈密尔顿迈出的第一步，接下来，他想把这种有序偶推广到任意元数组中，使之具备实数和复数的基本性质。经过长期的努力，他发现所要找的新数至少有4个分量，此外，还必须放弃自古以来数的乘法都满足的交换律。他把这种新数命名为四元数。

四元数的一般形式为$a+bi+cj+dk$，其中a、b、c、d为实数，i、j、k满足$i^2=j^2=k^2=-1$，$ij=-ji=k$，$jk=-kj=i$，$ki=-ki=j$。这样一来，任何两个四元数都可以按上述规则相乘，例如设$p=1+2i+3j+4k$，$q=4+3i+2j+k$，则

$$pq=-12+6i+24j+12k，qp=-12+16i+4j+22k$$

虽然$pq\neq qp$，但结合律却成立，哈密尔顿亲自验证并第一次使用了四元数这个词。哈密尔顿做出这个发现是在1843年，他开启了代数学的一扇大门，从此以后，数学家们可以更加自由地建立新的数系。

必须指出的是，哈密尔顿的四元数虽然具有重大的数学意义，但却不适用于物理学。德国、英国和美国的多位数学家经过共同努力，把四元数定义中的第一项和后三项分开，让后三项组成一个向量，同时重新定义i、j、k之间的两种运算——点积和叉积，即今天我们在空间解析几何里学到的向量运算或向量分析，它在物理学领域有着广泛的应用。此外，还出现了更一般的有序n元数组，那是德国数学家格拉斯曼（H. Grassmann，1809—1877）于1844年给出的。矩阵也成为独立的研究对象，它不仅用途极广，而且与四元数一样不满足乘法交换律。

英国历史上最多产的数学家凯莱

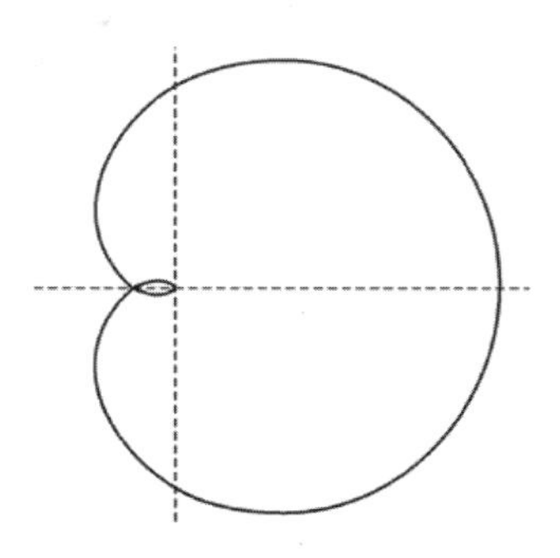

凯莱的蚌线

遗憾的是，四元数理论后来也与某些数学发现一样，成为“数学史上一件有趣的古董”，而哈密尔顿晚年却错误地以为它是解开宇宙秘密的关键，以及它对于19世纪的重要性就像牛顿的流数术之于17世纪。事实上，四元数理论诞生以后就完成了它的历史使命，哈密尔顿却把他人生的最后20年全部投入这个理论的推演，这对像他那样的伟大数学家无疑是一个悲剧。当时在大西洋彼岸数学欠发达的美国，四元数理论的确风靡一时，新成立的美国科学院的院士们还把哈密尔顿推选为他们的第一位外籍院士。

在哈密尔顿去世的8年前（1857），英国数学家凯莱（A. Cayley，1821—1895）从线性变换中提取出矩阵的概念及运算法则。他发现矩阵的加法满足交换律和结合律，乘法仅满足结合律和对加法的分配律，但与四元数一样不满足交换律。例如

$$\begin{pmatrix}1&0\\0&0\end{pmatrix}\begin{pmatrix}0&1\\0&1\end{pmatrix}=\begin{pmatrix}0&1\\0&0\end{pmatrix}\neq\begin{pmatrix}0&0\\0&0\end{pmatrix}=\begin{pmatrix}0&1\\0&1\end{pmatrix}\begin{pmatrix}1&0\\0&0\end{pmatrix}$$

矩阵理论的重要性当然无须多说，正是依赖这个新概念，哈密尔顿的名字才走出数学史，在今天的高等代数课程里留下了永久的印记，即所谓的哈密尔顿—凯莱定理：

设A是数域P上的一个n阶方阵，$f(\lambda)=\left|\lambda E-A\right|$（行列式）是$A$的特征多项式，则$f(A)=0$（零矩阵）。

1925 年，物理学家玻恩（M. Born，1882—1970）和海森堡发现，最能表达他们新思想的恰好是矩阵代数，即某些物理量可以用不能交换的代数对象表示，从而产生了著名的“测不准原理”。值得一提的是，矩阵（matrix）这个词是由凯莱的合作者、英国数学家西尔维斯特（J. J. Sylvester，1814—1897）命名的。凯莱还率先引入了n维空间的概念，详细讨论了四维空间的性质，他和西尔维斯特共同建立了代数不变量理论，在量子力学和相对论的创立过程中发挥了作用。同样值得一提的是，凯莱也是促使剑桥大学招收女大学生的主要推动者，西尔维斯特有一段时间在美国执教，成为新大陆开拓数学事业的先驱。

凯莱的父亲是一位在圣彼得堡经商的英国人，母亲有俄国血统。在他的父母回乡探亲期间，凯莱出生在英国，但他的童年在俄国度过。可以想象，凯莱的父亲反对儿子以数学为职业，但最终被中学校长说服，后来凯莱成为英国历史上最多产的数学家，和哈密尔顿、西尔维斯特一起开创了继牛顿之后英国数学的又一个辉煌时期。有意思的是，在成为举世公认的数学家之前，凯莱和西尔维斯特都做过一段时间的开业律师。凯莱作为财产转让方面的律师长达 14 年，过着富裕的生活，但始终没有中断数学研究。这不由得让人联想到美国现代诗人斯蒂文斯（W. Stevens，1879—1955），他长期担任一家保险公司的副总裁。

几何学的变革

几何学的家丑

就在代数学获得新生的同时，在数学的另一大领域——几何学的内部也正悄悄地发生着革命性的变化。可是，由于几何学的历史沉淀要厚实一些，牵涉到人类的思想，这样的变革就显得更为不易。我们必须追溯到古希腊，欧几里得几何在数学的严格性和推理性方面树立了典范，2 000 多年来，它始终保持着神圣不可动摇的地位。数学家们相信欧几里得几何是绝对真理，例如巴罗曾逐条给出理由对其加以肯定和颂扬，他的学生牛顿也给自己创立的微积分披上了欧几里得几何的外衣。

笛卡尔的解析几何虽然改变了几何研究的方法，但在本质上并没有改变欧几里得几何的内容，他在每一次几何作图后都会小心翼翼地给出另外的证明。与笛卡尔同时代或稍晚的哲学家霍布斯（T. Hobbes，1588—1679）、洛克（J. Locke，1632—1704）、莱布尼茨、康德和黑格尔（G. W. F. Hegel，1770—1831）也都从各自的角度判定欧几里得几何是明白的和必然的。康德在《纯粹理性批判》中甚至声称，感性直观促使我们只按一种方式去观察外部世界，他还断言，物质世界必然是欧几里得式的，并认为欧几里得几何是唯一的和必然的。

可是，早在 1739 年，即康德上大学的前一年，苏格兰哲学家休谟（D. Hume，1711—1776）却在一本著作中否定了宇宙中的事物遵循一定的法则。他的不可知论表明，科学是纯粹经验性的，欧几里得

不可知论者休谟

苏格兰数学家普莱费尔

几何定理未必是真理。事实上，欧几里得几何并非无懈可击，从它诞生之日起，就有一个问题困扰着数学家们，那就是第五公设，也称平行公设。它的叙述不像其他 4 条公设那样简单明了，当时就有人怀疑它不像一个公设而更像一个定理。这条被达朗贝尔戏称为“几何学的家丑”的著名公设是这样叙述的：

> 如果同一平面上的一条直线同另外两条直线相交，同一侧的两个内角之和小于两个直角，则如果两条直线无限延长，它们必在这一侧相交。

为了遮掩这一“家丑”，数学家们做了两方面的努力：一是试图用其他公设和定理证明它，如第四章提到的欧玛尔·海亚姆和纳西尔丁的尝试；二是努力寻找一条容易被接受、更加自然的等价公设代替它。在历史上，用来代替它的公设不下 10 条，其中最有名的也是出现在当下的教科书里的，是由 18 世纪的苏格兰数学家、物理学家普莱费尔（J. Playfair，1748—1819）提出的（也称普莱费尔公理），即

> 过已知直线外一点，能且仅能作一条直线与已知直线平行。

需要指出的是，早在海亚姆和纳西尔丁之前，2 世纪的古希腊天文学家托勒密（可能是历史上第一个）便尝试并认为自己证明了平行公设，但 5 世纪的哲学家普罗克洛斯（H. D. Proclus，410—485）发

现，托勒密的证明中用到了上述普莱费尔公理。也就是说，普莱费尔公理并非这位苏格兰人首创。

接下来的历史是一段空白，因为就连欧几里得的《几何原本》也在欧洲消失了，只有能熟读阿拉伯文的波斯人可以看到并做了研究。直到中世纪以后，这本书从阿拉伯文版本被译成拉丁语，第五公设才重新出现在欧洲数学家的面前。沃利斯对这个问题进行了几番探究，但他的每一种证明中要么隐含了另一个等价的公设，要么存在其他形式的推理错误。后来到了 18 世纪中叶，才有三位不太知名的数学家取得了一些有意义的进展。

事实上，这三位数学家所用的方法与欧玛尔·海亚姆和纳西尔丁的尝试并无本质性区别。他们同样考虑了等腰双直角四边形 $ABCD$，其中 $\angle A = \angle B$ 为直角，再用归谬法排除 $\angle C = \angle D$ 为锐角和钝角的情形，但却栽在钝角假设上。经过一番努力，在一位意大利同行的工作基础上，一位德国人对第五公设能否由其他公设或公理加以证明首先表示了怀疑，一位瑞士人则认为如果一组假设引起矛盾，就有可能产生一种新的几何。后两位数学家虽然都离成功很近，却由于某种原因退缩了，不过他们仍是非欧几何学的先驱。

非欧几何学的诞生

前文中我们提到过由两位数学家同时开创一门新学科的例子，例如笛卡尔和帕斯卡尔发明了解析几何，牛顿和莱布尼茨创立了微积分。接下来我们要谈到的非欧几何学的诞生更加稀奇，因为有三位不同国度的数学家参与其中，并在相互不知情的情况下用相似的方法创立了非欧几何学。这三位数学家分别是德国的高斯、匈牙利的J. 鲍耶和俄国的罗巴切夫斯基，第一位早已大名鼎鼎，后两位则都是初出茅庐，并主要凭借这项工作留名史册。

在前人工作的基础上，这三位数学家都是从普莱费尔公理出发，判定过已知直线外一点能作多于一条、只有一条或没有一条直线平行

苏联邮票上的罗巴切夫斯基

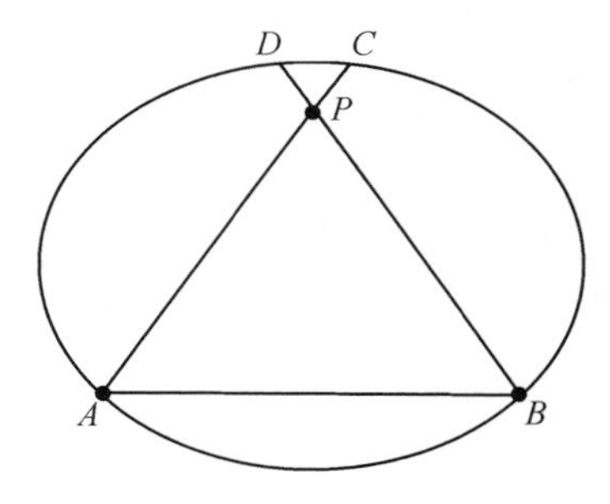

罗巴切夫斯基空间图例

于已知直线这三种可能性，分别对应前文所说的锐角假设、直角假设和钝角假设。这三位数学家中的每一位都相信在第一种情况下能实现几何相容性，虽然他们并没有证明这种相容性（即锐角假设与直角假不矛盾），但都进行了锐角假设下的几何学和三角学证明。至此，新的几何学便建立起来了。

下面我们举一个简单的例子。考虑任意一条二次曲线（例如椭圆）围成的区域，它可以被视为一个罗巴切夫斯基空间。如上图所示，椭圆上任何两点A、B（无穷远点）的连线被定义为直线，从椭圆内（包括边界）、直线AB外任意一点P均可引两条直线与AB交于A、B，其延长线分别与椭圆交于C、D。根据德扎尔格定理（参见第五章），相交于无穷远点的两条直线即相互平行，因此直线APC和BPD均与AB平行。

值得注意的是，上述例子虽然简单明了，却不能完全满足欧几里得几何的前4个公设。不过，我们可以对此加以修改。依然是任意一个椭圆，只不过要用曲线来代替直线，这些曲线满足欧几里得几何的前4个公设，且在两个端点处与椭圆相互垂直。在这种情况下，我们甚至可以作无穷多条曲（直）线与已知曲（直）线平行。

高斯将这一新的几何学命名为“非欧几何学”，这使得所有几何学都用那位幸运的古希腊数学家的名字命名，这种现象在其他科学分支中都不存在。但除了在给朋友的信中略有透露以外，高斯生前没有公开发表过任何这方面的论著，或许是因为他认为自己的这一发现与当时流行的康德的空间哲学相违背，担心因此受到世俗的攻击，“黄蜂就会围着耳朵转”，毕竟那时的他已经闻名全欧洲。也恰恰因为这样，给两位年轻的后辈留下了出名的机会，这一至高的荣誉无疑也属于他们各自的祖国。

J. 鲍耶（János Bolyai，1802—1860）是阿贝尔的同龄人，他出生的小镇属于一个叫特兰西瓦尼亚的大区，即今天罗马尼亚的克卢日县。在第一次世界大战结束以前，这个地理区域有 8 个多世纪隶属于匈牙利。J. 鲍耶的父亲F. 鲍耶早年就读于哥廷根大学，是高斯的同学和终身好友，后来回到特兰西瓦尼亚，在特尔古穆列什的一所教会学校执教长达半个世纪。在父亲的教导下，J. 鲍耶在少年时代就学习了微积分和分析力学，16 岁考入维也纳帝国皇家理工学院，毕业后被分配到军事部门工作，但却一直迷恋数学尤其是非欧几何学的研究。

可是，当F. 鲍耶（Farkas Bolyai，1775—1856）得知儿子的志趣后，他坚决反对并写信责令J. 鲍耶停止研究，“它将剥夺你所有的闲暇、健康、思维的平衡以及一生的快乐，这个无底的黑洞将会吞噬 1 000 个如灯塔般的牛顿”。尽管如此，J. 鲍耶仍“执迷不悟”，23 岁那年他利用放寒假回家探亲的机会，把写好的论文带回家请父亲过目，但仍不被F. 鲍耶接受。直到 6 年以后，F. 鲍耶要出版一本数学教程，才勉强答应把儿子的研究结果放在附录里，但被压缩至 24 页。此外，F. 鲍耶还把这份附录的清样寄给高斯，没想到的是，在很久后收到的回信里，高斯称他 30 年前就已经得到了这一结果。

不出所料，这部著作及其附录的发表没有引起任何反响。第二年，J. 鲍耶不幸遭遇车祸致残，退役后回到故乡，并和他的父亲一样经历了一场糟糕的婚姻。不同的是，儿子比父亲还多经受了一个磨难——贫穷。再加上俄国方面又传来罗巴切夫斯基创立新几何学的消息，J. 鲍耶只得在文学写作里寻求安慰，却也没有取得成功。直到 J. 鲍耶郁郁寡欢而死的 30 多年以后，匈牙利方面才修整了他的墓地，

匈牙利邮票上的J. 鲍耶

F. 鲍耶的故居。作者摄于哥廷根

并建造了一座他的雕像供人瞻仰。后来，匈牙利科学院又设立了以J. 鲍耶名字命名的国际数学奖，数学家庞加莱、希尔伯特和物理学家爱因斯坦先后获得此奖项。

现在，我们来谈谈最先发表非欧几何学概念的罗巴切夫斯基（N. Lobachevsky，1792—1856），他比J. 鲍耶早10年出生在莫斯科以东约400公里处的下诺夫哥罗德。他的做神职工作的父亲早逝，幸亏他的母亲勤劳、顽强、开明，把三个儿子都送到300多公里以外（与莫斯科相反方向）的喀山中学就读，其中罗巴切夫斯基将在那里度过余生。4年以后，年仅14岁的罗巴切夫斯基进入喀山大学。喀山是俄罗斯联邦鞑靼斯坦自治共和国首府，喀山大学后来成为俄国除莫斯科大学和圣彼德堡大学以外最令人尊敬的学府，可是在罗巴切夫斯基时代它还默默无闻。

与前文提到的有些数学家一样，罗巴切夫斯基在中学和大学里都遇到了优秀的数学老师。在他们的教导下，他在掌握了多门外语以后就认真阅读了一些数学家的原著，并展现了自己的才华。他那富于幻想、倔强和有些自命不凡的个性导致他经常违反学校纪律，却得到了教授们的欣赏和庇护。他硕士毕业以后留校工作，依靠卓越的行政能力和除非欧几何学以外的学术成就，一路升迁，直至成为教授、系主任乃至一校之长，列夫·托尔斯泰（Leo Tolstoy，1828—1910）进入东方语言系（后来列宁进入法律系）时，他正好担任校长。

虽说罗巴切夫斯基在事业上春风得意，但他在非欧几何学方面的工作却未能得到承认。因为俄国是一个落后的国家，之前还没有出现一位闻名欧洲的数学家，不敢贸然承认这项伟大的发明。1823年，罗巴切夫斯基撰写了一篇论文《几何学原理》，部分包含了他的非欧几何学的新思想，但在俄罗斯科学院审读时被否定了。三年后，他在喀山大学物理数学系学术会议上阐述了他的论文，却被他的同事们视为荒诞不经的想法，没有引起任何注意，甚至手稿也遗失了。又过了三年，已是一校之长的罗巴切夫斯基在《喀山大学学报》上正式发表他的研究结果——《论几何基础》，他的新思想才缓慢地传递到西欧。

无论如何，一门新的几何学终于宣告诞生了，它被后人称作罗巴切夫斯基几何。可是，高斯和J. 鲍耶的名字并没有被用来为新几何学冠名，鲍耶在他父亲的著作的附录里称它为“绝对几何学”，罗巴切夫斯基则在他的论文里称它为“虚几何学”。那时候，新几何学的影响力十分有限，人们对它半信半疑。直到高斯去世，他的那本有关非欧几何学的笔记本被公之于众，再加上高斯的地位和名望，人们的目光才被吸引过来，“只能有一种可能的几何学”的信念产生了动摇。

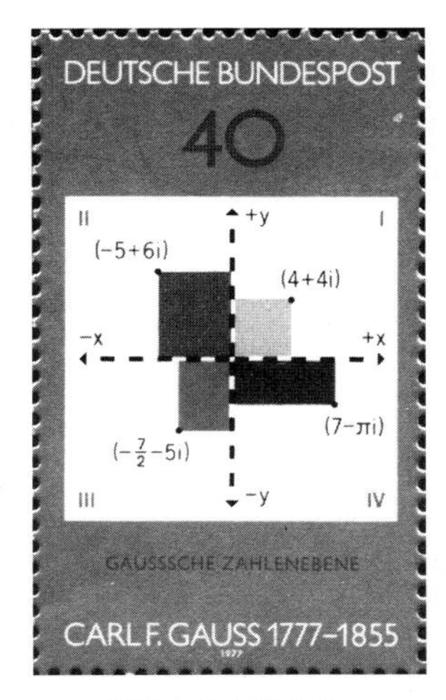

邮票上的高斯整数

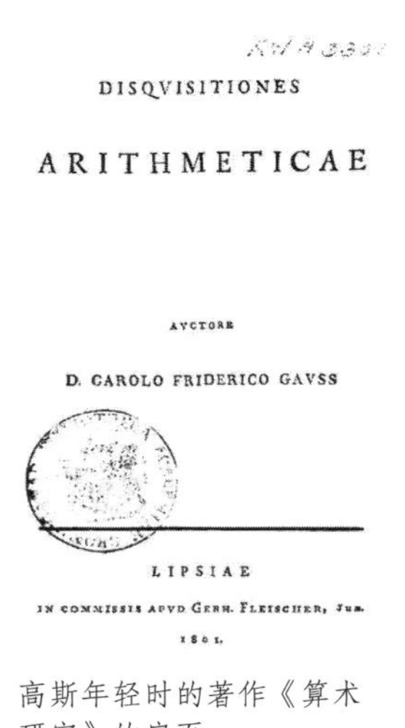
DISQVISITIONES

ARITHMETICAE

AVCTORE

D. CAROLO FRIDERICO GAVSS

LIPSIAE

IN COMMISSIS APVD GERH. FLEISCHER, Jun.

1801.

高斯年轻时的著作《算术研究》的扉页

最后，我们扼要地介绍一下“数学王子”高斯。1777 年，高斯出生在德国中北部小城布伦瑞克的一个农民家庭，是他母亲生育的唯一的孩子。据说高斯 5 岁时就发现了父亲账簿上的一处错误。高斯 9 岁那年正在小学读书，一次他的老师为了让学生们有事可做，让他们把从 1 到 100 的所有数字加起来，高斯几乎立刻就得出了正确答案：5 050。从那以后，高斯获得了布伦瑞克公爵的资助，直到公爵去世，那时高斯即将成为哥廷根大学教授兼天文台台长。

起初，高斯在做语言学家抑或数学家之间犹豫不决。他决心全身心投入数学领域是在快满 19 岁时，他通过数论方法对正多边形的欧几里得作图理论（只用圆规和没有刻度的直尺）做出了惊人的贡献。尤其是，他发现了正 17 边形的作图方法，这是一个 2 000 多年来一直悬而未决的难题。高斯初出茅庐，技艺却已经炉火纯青了，而且之后的 50 年里他一直保持着这样的水准。1801 年，年仅 24 岁的高斯出版了《算术研究》，开创了现代数论的新纪元。书中出现了有关正多边形的作图方法、方便的同余记号，以及优美的二次互反律的首次证明等。

上面我们提到的只是高斯年轻时在数论领域的贡献，在他人生的各个阶段，几乎在每个数学领域都做出了开创性的工作。此外，他也是那个时代最伟大的物理学家和天文学家之一。但数论无疑是高斯的最爱，他称其为“数学的皇后”。高斯曾说：“任何一个下过一点儿功夫研习数论的人，都必然会感受到一种特别的激情与狂热。”现代数学“最后一个百事通”——希尔伯特的传记作者在谈到大师放下代数不变量理论转向数论研究时也指出：“数学中没有一个领域能够像数论那样，以它的美——一种不可抗拒的力量——吸引着数学家中的精英。”或许，这是高斯迟迟没有发表非欧几何学研究成果的另一个原因。

黎曼几何学

非欧几何学诞生以后，尚需要建立自身的相容性或无矛盾性，以及现实意义。虽然罗巴切夫斯基毕生致力于这个目标，但却始终未能实现。值得安慰的是，在罗巴切夫斯基去世前两年，即1854年，德国伟大的数学家黎曼（B. Riemann，1826—1866）发展了他和其他人的思想，建立起一种更为广泛的几何学，即现在所称的“黎曼几何”，罗巴切夫斯基几何和欧几里得几何都是黎曼几何的特例。在黎曼之前，数学家们都认为钝角假设与直线可以无限延长的假设相互矛盾，因此取消了这个假设，现在他又把它找了回来。

黎曼首先区分了“无限”和“无界”这两个概念，他认为直线可以无限延长并不意味着就其长短而言是无限的，而是指它是没有端点或无界的（例如开区间）。在做了这个区分之后，就可以证明钝角假设也与锐角假设一样，可以无矛盾地引申出一种新的几何，即黎曼几何，后人也称之为“椭圆几何”，而罗巴切夫斯基几何和欧几里得几何分别被称为“双曲几何”和“抛物几何”。在黎曼的眼里，普通球面上的每个大圆都可以看作一条直线，不难发现，任意两条这样的“直线”都是相交的。

高斯最得意的弟子黎曼

黎曼的研究是以高斯关于曲面的内蕴微分几何为基础的，后者也是19世纪几何学的重大突破之一。在蒙日开创的微分几何中，曲面是在欧几里得空间内考察的。但是，高斯的论文《关于曲面的一般研究》（1828）则提出了一种全新的观念，即一张曲面本身就可构成一个空间，它的许多性质（如距离、角度、总曲率）并不依赖于背景空间，这种以研究曲面内在性质为主的微分几何被称为“内蕴微分几何”。值得一提的是，中国数学家陈省身（1911—2004）率先给出了高维黎曼流形上的高斯—博内公式的内蕴证明，成为现代微分几何学的出发点，并将“示性类”引入其中。陈省身的学生丘成桐（1949—　）所证明的“卡拉比猜想”则是在给定里奇曲率的条件下求出黎曼度量，这个猜想在超弦理论中扮演着十分重要的角色，这项成果帮助丘成桐获得了1983年的菲尔兹奖。

1854年，在担任哥廷根大学无薪讲师（仅从修课学生的学费中提取佣金）职位的就职典礼上，黎曼发表了题为“关于几何基础中的假设”的演说（高斯从黎曼提供的三个题目中选择了这一个），他把高斯的内蕴几何从欧几里得空间推广到任意n维空间。黎曼把n维空间称作一个流形，把流形中的一个点用n元有序数组（参数）来表示，这些参数也叫作流形的坐标。同时，黎曼定义了距离、长度、交角等概念之后，还引进了子流形曲率的概念。让他尤为关注的是所谓的“常曲率空间”，即每一点上曲率都相等的流形。

对于三维空间，这种常曲率共有三种可能性：

曲率为正常数，曲率为负常数，曲率为零。

黎曼指出，第二种和第三种情形分别对应罗巴切夫斯基几何和欧几里得几何，而第一种情形对应的则是他创造的黎曼几何。在黎曼几何里，过已知直线外一点不能作任何直线平行于该已知直线。可以说，黎曼是第一个理解非欧几何学的全部意义的数学家。

现在还剩下一个问题，在锐角假设的相容性被证明之前，平行公设对于欧几里得几何其他公设的独立性尚难保证。幸运的是，这一点很快就被来自意大利、英国、德国和法国的数学家各自独立地证实了。他们所用方法的共同点是，提出欧几里得几何的一个模型，使得锐角假设的抽象思维在其上得到具体解释。这样一来，非欧几何学中的任何不相容性将意味着欧几里得几何存在对应的不相容性。也就是说，只要欧几里得几何没有矛盾，罗巴切夫斯基几何也不会有。这样一来，非欧几何学的合法地位就得到了充分保障，它也具备了现实意义。

与罗巴切夫斯基几何一样，黎曼几何的一些定理与欧几里得几何是相同的。例如，直角边定理（斜边和一条对应直角边相等的两个三角形全等），等角对等边定理。但是，黎曼几何中的一些定理却完全不符合人们的惯性思维。例如，一条直线的所有垂线相交于一点，两条直线可以围成一个封闭的区域。又如，在一个球面上，连接两点的最短路径所形成的曲线是通过这两点并以球心为圆心的大圆的弧。如果将欧几里得几何公理中的直线解释为大圆，那么这样的直线是无界的但长度有限，而且在这个球面上没有两条平行直线，因为任何两个大圆均相交。

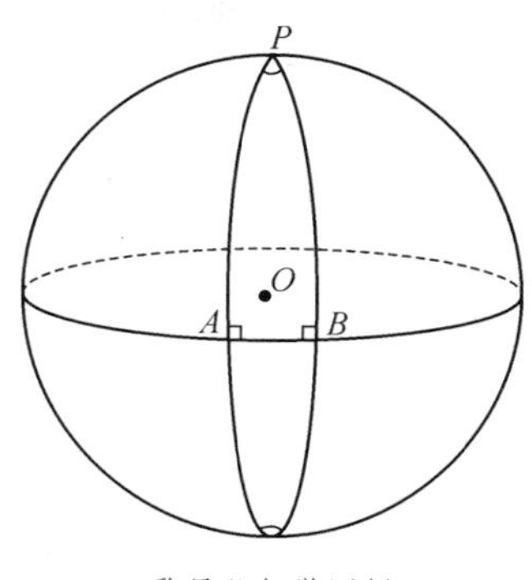

黎曼几何学图例

这样一来，球面上的一个三角形就是三个大圆的弧所围成的图形。很容易发现，这样一个三角形的内角和大于 180 度。事实上，我们可以让三角形的两条边同时垂直于另一条边，这样便形成了两个直角。有意思的是，一方面，在罗巴切夫斯基几何中，任何一个三角形的内角和总是小于 180 度。不仅如此，面积较大的三角形具有较小的内角和（黎曼几何则刚好相反）。另一方面，对罗巴切夫斯基几何来说，相似的三角形必然全等，而两条平行线之间的距离，沿一个方向趋近零，沿另一个方向则趋于无穷大。

1826 年，黎曼出生在汉诺威附近的一个小村庄，那里邻近莱布尼茨晚年的居住地和高斯的故乡。黎曼的父亲是路德教牧师，他的母亲是法庭评议员的女儿。由于经济困难造成营养不良，导致黎曼的母亲过早死亡。黎曼在父亲的教育下开始学习，对波兰的苦难史尤感兴趣，充满同情心。他迷恋上算术，并能够自己发明难题来捉弄兄弟姐妹。14 岁时，黎曼到汉诺威跟他的祖母一起生活，就读当地的文科中学，他听从父亲的意见，打算长大后成为一名传教士。没想到校长很赏识

黎曼故居。作者摄于哥廷根

黎曼的才华，允许他缺课并借阅校长的藏书，结果他很快就读完了勒让德的巨著《数论》和欧拉的微积分学著作。

19岁那年，黎曼进入哥廷根大学学习神学和哲学。但他总忍不住去听高斯等教授的数学课，终于决心改换专业，他的父亲也欣然同意了。后来，黎曼觉得不够，遂在第二年转学到柏林大学。事实上，高斯是一个厌恶教学的人，而德国的大学允许学生相互选课。当时的柏林大学有数学家雅可比和狄利克雷（P. G. L. Dirichlet，1805—1859），黎曼从他们那里分别学习力学和代数，数论和分析。两年后，黎曼回到哥廷根大学，直到完成学业。那时黎曼已经23岁了，该轮到高斯指导他了。他也成为高斯最出色的学生，其博士论文《单复变函数的一般理论基础》得到了高斯难得一见的高度评价。

黎曼继狄利克雷之后接替了高斯的职位，他晋升教授后即娶妻生女，不久却患上胸膜炎和肺病，最后病逝于意大利北部马焦雷湖畔的疗养地塞拉斯加，还不到40岁。在他短暂的一生中，黎曼在许多数学领域都做出了开拓性贡献，影响着后来的几何学和分析学。他的关于空间几何的极具胆识的思想对近代理论物理的发展有着重要的指导意义，在很大程度上为20世纪的相对论提供了数学基础。在以黎曼命名的诸多数学概念或命题中，最著名且最具挑战性的无疑是“黎曼猜想”。

黎曼猜想是关于下列黎曼ζ函数

$$\zeta(s)=\sum_{n-1}^{\infty}\frac{1}{n^{s}}$$

（在解析延拓到整个复平面之后）的零点分布的猜想，它是黎曼在1859年提出来的。已知$s=-2，-4，-6,\cdots$为其零点（平凡零点）。黎曼猜想，所有的非平凡零点均落在$x=\frac{1}{2}$这条垂线上。这个函数和猜想贯穿了数论［通过欧拉建立的一个恒等式$\zeta(s)$与素数发生了联系］和函数论两大领域，被公认为数学史上最伟大的猜想，至今尚无人可以望其项背。据说德国数学家希尔伯特弥留之际表示，如果500年以后他能复活，他最想知道的是“黎曼猜想是否已被证明？”。

艺术的新纪元

爱伦·坡

1809年1月，正当3岁的神童哈密尔顿能够阅读英文，会做算术，准备学习拉丁文、希腊文和希伯莱文，刚满6岁的J. 鲍耶和阿贝尔初显数学才华时，一个叫埃德加·爱伦·坡的美国男孩出生在大西洋对岸的波士顿。那时，美国这个新移民国家尚未出现一位数学家，却已诞生了好几位诗人，比如爱默生（R. W. Emerson，1803—1882）和朗费罗（H. W. Longfellow，1807—1882）。爱伦·坡的双亲都是演员，父亲嗜酒好赌，在爱伦·坡出生后便离家出走，并一去不返，母亲不久也辞别人世。不到3岁，爱伦·坡就成了一个孤儿，被弗吉尼亚的一位无子嗣的商人爱伦收养（因而他才拥有双姓）。这一点与哈密尔顿倒是有些相似，因为后者也是从小就被寄养在叔叔家里。

现代主义文学之父爱伦·坡

6岁那年，爱伦·坡随爱伦夫妇返回英国老家，在那里读了4年小学。回到弗吉尼亚以后，爱伦·坡并不感到幸福，因为他的养父母经常吵架。在学校里，爱伦·坡的功课不差，但却爱上了他的一位同学的母亲。按照爱伦·坡的说法，是她激发了他的灵感，让他写出了《致海伦》。

> 海伦，你的美貌对于我，
> 像古代奈西亚的那些帆船，
> 在芬芳的海上悠然浮起，
> 把劳困而倦游的浪子载还，
> 回到他故国的港湾。

这首诗并非爱伦·坡的顶尖作品，但却表现了他后来诗歌的主题：寻求由美丽女性体现的那种理想。不仅如此，在《写作的哲学》一文中他写道：

> 我问自己，“根据我们对于人类的普遍认识，在忧伤的题材中，哪一种最忧伤呢？”答案自然是死亡。“那么，”我说，“在什么情况下，这种最忧伤的题材最富有诗意呢？”答案是，“当死亡和美结成最亲密的联盟时。”也就是说，一个漂亮女人的死，毫无疑问，是世上最富有诗意的题材。

这个想法虽然是20世纪许多电影导演和制片人遵循的原则，可是在19世纪20年代，它似乎显得太超前了。

拿仅仅早爱伦·坡几年出生的美国诗人爱默生和朗费罗来比较，前者的超验主义思想虽然有些消极，但却是一种积极的消极，他自始至终实践着自己的一条基本准则，“忠实于自己”；后者作为叙事长诗的代表诗人，虽说当年轰动一时，他的名字被用来命名流经波士顿的查尔斯河上的一座桥，却被认为表达了某种对神话与“美”的传统世界的向往，每每被后来的批评家们贬低成一位唱流行歌曲，讲浪漫故事的伤感的道德家。

在爱伦·坡看来，一方面，爱默生和超验主义者永远也写不出好诗，因为他们局限于积极意义上的逆来顺受思想。另一方面，长诗是不存在的（他主张一首好诗不应该超过50行），诗歌也不是用来培养道德情操或有节奏地讲述故事的工具。他固执的想法是，真正的艺术作品应该独立存在。36岁那年，他的代表作《乌鸦》问世，让他一举成名。这首诗集中体现了他的象征主义诗歌美学，即通过创造神圣美去追求快乐和愉悦。诗中大量运用乌鸦、雕像、门房等各种意象表达哀思之情，从而揭示“美妇之死”这一神圣美的主题。可是不幸的是，爱伦·坡对朗费罗的攻击，使他成为大众的笑料，也损害了他日益增长的名誉、地位，以及他的健康。

印象主义画家马奈为《乌鸦》所作的插画

在爱伦·坡17岁那年，他爱上了一个叫萨拉的姑娘，这一次他的爱情有了回报。但在他进入弗吉尼亚大学后，萨拉的父母出面干涉，结果她嫁给了别人。20世纪90年代，作者访问弗吉尼亚大学期间了解到，爱伦·坡在该校读了11个月的书便退学了（后来在西点军校也未完成学业），不知是因为失恋，还是因为行为不检。不过，校方保留了他当年的宿舍（13号）作为永久的纪念。爱伦·坡39岁时，萨拉的丈夫去世，但她再次拒绝了他的求婚。第二年，爱伦·坡在巴尔的摩街头突然晕倒，被送到医院后不治身亡。

爱伦·坡去世后，他的诗歌、短篇小说（他被视为侦探小说的鼻祖）和文学评论在法国产生了巨大影响，波德莱尔和马拉美等诗人都对他推崇备至，这不由地让我们想起与他同时代的数学家阿贝尔、J.鲍耶和伽罗华的命运和遭遇。不同的是，数学是发现，而诗歌是创造。对诗人们来说，一代人要推倒另一代人所构筑的东西，一个人所树立的东西另一个人要摧毁它。而对数学家们来说，每一代人都会在旧建筑上再建一层楼。这大概就是为何诗人中间有许多人也是批评家，而数学家最不愿看到的就是“撞车”和优先权之争。

波德莱尔

1821年春，即爱伦·坡和他的养父母从英伦返回北美的第二年，夏尔·波德莱尔出生在巴黎，那时爱伦·坡或许正趴在课桌上给同学的漂亮母亲写情诗，而阿贝尔正在奥斯陆上大学。当时老波德莱尔已经62岁了，他虽然出生在农村，却家境富裕，受过良好的教育，担任过中学教师和公爵府的家庭教师。他还爱好文学和艺术，擅长画画，在法国大革命和拿破仑执政时期在上议院工作过，或许与柯西的父亲是同事，并与拉格朗日和拉普拉斯相识。

波德莱尔的母亲出身官宦之家，在波旁王朝时期不得不逃往英国。她出生在伦敦，21岁那年才回到巴黎，寄住在亲戚家里。5年以后，没有嫁妆的她嫁给了老波德莱尔。不料，波德莱尔刚刚6岁，他的父亲就去世了，老波德莱尔生前曾悉心教儿子欣赏线条和形式美。不过，据法国哲学家、作家萨特（J. P. Sartre，1905—1980）分析，让波德莱尔深深迷恋的母亲才是他一生创作的动力，他内心的裂痕始于母亲的改嫁。他的继父是一位上校营长，波德莱尔随母亲嫁过去，但并没有改变或增加姓氏。随着继父的不断升迁（直至将军、大使、议员），他的生活和教育都有了保障，但却逐渐养成了忧郁、孤独和叛逆的性格。

15岁那年，波德莱尔开始读雨果（V. Hugo，1802—1885）、圣伯夫（Sainte-Beuve，1804—1869）、戈蒂耶（T. Gautier，1811—1872）等法国诗人和批评家的作品，后者率先提出“为艺术而艺术”（l’art pour l’art）。波德莱尔向他们学习写诗，可是并没有像爱伦·坡那样对前辈百般挑剔。第二年，他便在中学的优等生会考中获拉丁文诗作二等奖。19岁时，波德莱尔结识了妓女萨拉（与爱伦·坡的恋人同名），为她写了许多诗，并过上了放荡的生活。继父因此决定，让波德莱尔的一位船长朋友带波德莱尔去印度旅行。那是在1841年的夏天，中国正在经历鸦片战争，波德莱尔搭乘“南海号”由波尔多前往加尔各答。

青年波德莱尔像。库尔贝作

过了非洲南端的好望角之后，“南海号”并没有直接穿越莫桑比克海峡，而是从东边绕过了非洲最大的岛屿——马达加斯加，径直前往印度洋上的岛国毛里求斯。波德莱尔并没有享受到旅行者的快乐，而是把它看作一次流放，这从他写于海上的那首著名的诗歌《信天翁》中可以看出诗人不为世人理解的那种孤独感。诗的结尾是这样写的：

云霄里的王者，诗人也跟你相同，
你出没于暴风雨中，嘲笑弓手；
一被放逐到地上，陷于嘲骂声中，
巨人似的翅膀反倒妨碍行走。

这首深得诗人和艺术家喜爱的诗歌竟然出自一位20岁的年青人之手，不由地让人惊叹。“南海号”在毛里求斯的首都路易港整修三周以后，又前往附近的法属海外省留尼旺岛，波德莱尔在那里徘徊了26天，最后毅然决然地改乘其他船只回国。虽然这个决定可能让21世纪的那些年轻的背包族感到惋惜，但波德莱尔却下定决心要成为一名诗人，因而迫不及待地返回了自己的祖国。

回到巴黎两个月后，年满21岁的波德莱尔继承了父亲死后留下的大笔遗产。接下来的6年时间里，他仍像从前一样过着放荡不羁的生活，继父只得委托公证人管理波德莱尔的财产，每月只允许他支取200法郎。27岁那年，波德莱尔读到爱伦·坡的作品（其时距爱伦·坡的生命结束尚有一年），以后的17年间，他一直是爱伦·坡的诗歌和小说的忠实翻译者。爱伦·坡对波德莱尔的影响可从后者写的《再论埃德加·爱伦·坡》一文中看出：

> 在他看来，想象力乃是拥有种种才能的女王……但想象力不是幻想力……想象力也不同于感受力。想象力在哲学的方法范围之外，它首先觉察到事物深处秘密的关系、感应的关系和类似的关系，是一种近乎神的能力。

1857 年，即黎曼把拓扑学引入复变函数论的那一年，波德莱尔的诗集《恶之花》出版了。上市不到 20 天，同龄的小说家福楼拜（G. Flaubert，1821—1880，一年前出版《包法利夫人》同样引起了非议和诉讼）就给波德莱尔写了一封充满赞美之词的信。但这本诗集却被法院判决为“有伤风化，有碍公众道德”，作者和出版社因此被处以罚款，其中的 6 首诗直到 1949 年才被解禁。尽管这个判决让当时的波德莱尔声名狼藉，但也使他一举成名。随着时间的推移，波德莱尔被公认为法国象征主义诗歌的鼻祖和现代主义诗歌的先驱。

在为《恶之花》修订版所写的序言中，波德莱尔写道：“什么叫诗？什么叫诗的目的？那就是要把善与美区别开来，发掘恶中之美。”他还说过：“我觉得，从恶中提取美，对我来说是一件愉快的事。而且难度越大，越是快乐。”波德莱尔所说的美，当然并非指形式的美，而是指内在的美。他的诗歌表达了现代人的忧郁和苦恼，他的现代性表现在他的诗歌内容，而不是形式上。波德莱尔开创了一个诗歌的新时代，他用最适合表现内心隐秘和真实情感的艺术手法，独特而充分地展现了自己的思想和精神境界。

从下面 4 行诗句（被 20 世纪的大诗人艾略特称赞并引用过）中我们可以看出，波德莱尔是如何从当代生活中提取新鲜的意象材料的。

> 在市郊的一处废弃地，污迹斑斑的迷宫里，
> 人们像发酵的酵母，不停地蠕动着，
> 只见一个年老的拾荒者走来，摇摇头，
> 绊了一下，向墙上撞去，像一个诗人。

这里面有某种普遍性的东西，这种写法无疑给诗歌增加了新的可能

性。事实上，我们可以从艾略特（T. S. Eliot，1888—1965）的诗歌里发现这一点，例如，他有一首 10 行的短诗《窗前的早晨》，“从街道的尽头，棕色的雾的浮波 / 把形形色色扭曲的脸抛给了我”。

波德莱尔有一句名言：“你给我泥土，我能把它变成黄金。”这让我想起数学家J. 鲍耶在创立非欧几何学之后说的那句话：“从虚无中，我开创了一个新的世界。”波德莱尔把《恶之花》献给批评家圣伯夫，后者在为波德莱尔所写的辩护书中这样说道：“诗的领域全被占领了。拉马丁取走了‘天国’，雨果取走了‘人间’，不，比‘人间’还多。维尼取走了‘森林’，缪塞取走了‘热情和令人眼花缭乱的盛宴’，其他人取走了‘家庭’‘田园生活’……还留下什么可供波德莱尔选择呢？”

英国诗人艾略特

波德莱尔之墓。作者摄于巴黎

一方面，诗歌的现代性或现代主义的开启与现代数学，尤其是非欧几何学是多么相似。由于欧几里得几何在诞生以后的 2 000 多年里一统天下，难怪高斯、J. 鲍耶、罗巴切夫斯基、黎曼等数学家要开创新的世界。另一方面，正如数学上的这一革新推动了后来的理论物理学和空间观念的更新，波德莱尔的诗歌也影响了后来的象征主义诗人，如马拉美（S. Mallarmé，1842—1898）、魏尔伦（P. Verlaine，1844—1896）和兰波（A. Rimbaud，1854—1891），同时通过莫罗（G. Morean，1826—1898，马蒂斯和鲁奥的老师）和罗普斯（F. Rops，1833—1898，比利时象征主义画家）的绘画，通过罗丹（A. Rodin，1840—1917）的雕塑，影响其他艺术门类。艾略特不仅获得了1948年的诺贝尔文学奖，更在21世纪BBC（英国广播公司）的一次公众调查中，被英国读者评选为所有年代中最受欢迎的英国诗人。

从模仿到机智

模仿就是仿照某种现成的样子去做。亚里士多德认为模仿是艺术的起源之一，也是人和其他动物的区别之一。他指出，人对于模仿的作品总是有快感，经验证明了这一点。 有些事物看上去尽管会激发痛感，但惟妙惟肖的图像也能激发我们的快感，例如尸体，其原因在于求知对我们而言是快乐的事。我们一边看，一边求知，断定一个事物是另一个事物。在现代艺术诞生以前，一切创作实践都离不开模仿。换言之，模仿是对人的普遍经验的仿制，所不同的是这些仿制的技法和对象在不断更新。

举例来说，绘画的问题是如何把空间中的物体表现在平面上，古埃及最早的壁画之一《水边的狩猎》就是利用截面在平面上的投影，看主要人物的头和肩的位置描绘出来的，这是最初的方法。15世纪初，没影点的出现成为绘画史上的转折点。之后，直线透视法和空气透视法统治欧洲长达4个世纪。直到19世纪末，画家们依然喜欢诸如以黑暗表现阴影，以弯曲的树木和飘动的头发表现风吹，以及以不稳定的姿态表现身体的运动等手法。即使是印象派画家，也至多打乱现象的轮廓，将其巧妙地融合在色彩的变幻之中，但它仍然是一种对现实的再现。

从题材上看，古典主义明显地倾向于古代，而浪漫主义则倾向于中世纪或富有异国情调的东方。比如文学，无论是现实主义还是浪漫主义，都摆脱不开对人类生活经验的仿制。就像苏格兰作家沃尔特·司各特（W. Scott，1771—1832）在评价英格兰女作家简·奥斯汀（J. Austen，1775—1817）的小说《爱玛》时指出的，那种同自然本身一样模仿自然的艺术，它向读者显示的不是想象中的世界的壮丽景观，而是他们日常生活的准确惊人的再现。

可是，模仿有其天然的局限性。帕斯卡尔在《思想录》里谈到，两张相像的面孔，其中的每一张都不会使人发笑，但放在一起却会由于它们的相像而使人发笑。由此可见，模仿是比较低级的艺术创作形式。而美的感受要求有层出不穷的新形式，对于现代艺术家来说，通过对共同经验的描绘直接与大众对话已经是一件十分不好意思的事情了。这就迫使我们把模仿引向它的高级形式——机智。如同法国诗人阿波利奈尔（G. Apollinaire，1880—1918）所说的，“当人想要模仿行走的时候，他创造了和腿并不相像的轮子。”

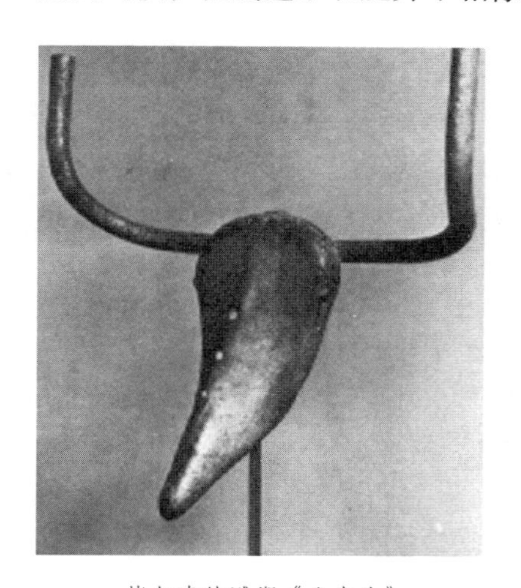

毕加索的雕塑《公牛头》

诗人阿波利奈尔纪念邮票

机智在于事物间相似之处的迅速联想。意想不到的正确构成机智，机智是人类智力发展到高级阶段的产物。西班牙哲学家桑塔耶纳（G. Santayana，1863—1952）认为，机智的特征在于深入到事物的隐蔽的深处，从那里拣出显著的情况或关系，只要注意到这种情况或关系，整个对象就会在一种新的更清楚的状态下出现。机智的魅力就在于此，它是经过一番思索才获得的事物体验。机智是一种高级的心智过程，它通过想象的快感，容易产生诸如“迷人的”“才情焕发的”“富有灵感的”等效果。美国美学家苏珊·朗格（S. Langer，1895—1982）

指出，每当情感由一种间接的方式传达出来的时候，就标志着艺术表现上升到了一个新的高度。

夏加尔作品《生日》

马格里特作品《欧几里得漫步处》

1943 年，西班牙画家毕加索（P. Picasso，1881—1973）把自行车的坐垫竖起来，倒装上车把，俨然变成了一只“公牛头”。我年轻时看过法国画家夏加尔（M. Chagall，1887—1985）的一幅关于“提琴和少女”的画作，画面中的提琴倒置在地上，琴箱和少女的臀部融为一体。还有比利时超现实主义画家马格里特（R. Magritte，1898—1967）的一些作品，如《欧几里得漫步处》(1955)，描绘的是一幅透过窗户看到的城市风景，画中有一条强烈透视变形的笔直大街，看上去重复了相邻塔楼的圆锥体形状。

结语

正如从古典艺术到现代艺术的演变以诗歌为先导，科学革命的最早动力来源于数学，尤以几何学的变革为标志。它们的共同特点是，从模仿到机智，从形象到抽象。它们之所以能在同一个时段到达这一境界，我们相信这与现实世界的发展和人类思维方式的改变和进化有关。无论如何，其困难程度可想而知。以非欧几何学为例，它的出现与哥白尼的日心说、牛顿的万有引力定律、达尔文（C. Darwin，1809—1882）的进化论一样，遇到了重重阻力，并因此在科学、哲学、宗教等领域产生了革命性的影响。

自从亚里士多德以来，在文学艺术以模仿说为准则的同时，科学尤其是数学也一直被视作绝对真理的典范。古典数学在西方思想中拥有与宗教一样神圣不可侵犯的地位，欧几里得是庙堂中职位最高的“神父”。1804 年去世的德国哲学家康德正是在欧几里得几何毋庸置疑的真理观之上，建立起深奥难懂的哲学体系。可是，到了 1830 年前后，一向被视为关于数量关系和空间形式的真理的数学，却突然出现了几种相互矛盾的几何学，而且这些不同的几何学似乎都是正确的。

事实上，几千年来，非欧几何一直在人们的眼皮子底下（现代主义诗人笔下的素材也早已存在）。但是，即使最伟大的数学家也没有想到通过检验球的几何特性去推翻平行公设。他们中的个别人曾经尝试通过四边形来证实平行公设，而人类却一直生活在一个堪称非欧几何模型的地球表面之上。这一点表明，人们是多么容易受惯性思维和传统习俗的束缚。难怪功成名就的高斯迟迟不肯把他发现的非欧几何

“数学王子”高斯

学公之于众，他怕惹来不必要的麻烦，以至于让两位俄罗斯和匈牙利的年轻人抢得先机。

然而，欧几里得几何最终交出了它的绝对统治权，这意味着绝对真理统治时代的终结，正如爱伦·坡和波德莱尔的出现结束了浪漫派诗人的绝对统治一样。但是，数学在丧失绝对真理和权威的同时，也获得了自由发展的机遇。正如G. 康托尔所说：“数学的本质就在于它的充分自由。1830年以前，数学家的处境可以比作一位非常热爱纯艺术，却又不得不接受为杂志绘制封面的艺术家。”无疑，非欧几何学正是推动这种变革的首要因素，而它本身就是人类所能创造出来的最高智慧结晶。非欧几何学的诞生和代数学的革命，与微积分学产生的原因并不一致，不是出于科学和社会经济发展的需要，而是出于数学内部发展的需要。

一般来说，在我们的日常生活中，欧几里得几何更适用；在宇宙空间或原子核世界，罗巴切夫斯基几何更符合客观实际；在地球表面研究航海、航空等实际问题，黎曼几何更准确一些。不过，空间和物理之间总存在难以厘清的关系，要确定某些物理空间适用欧几里得几何还是非欧几何并不容易。因为只要在假定的空间和物理性质方面做适当的补充和改变，一个观察结果就可以用多种方法解释。尽管如此，随着非欧几何学的诞生和代数学的解放，数学已从科学中分离出来，正如科学已从哲学中分离出来，哲学已从神学中分离出来。数学家可以探索任何可能的问题和体系，而当新的数学创造逐渐完善之后，它必将做出反馈，指点人类描绘宇宙的蓝图。下一章我们将会看到，爱因斯坦的广义相对论便是在应用了非欧几何学以后产生的。

最后我想谈一则趣闻，早在1830年，即罗巴切夫斯基在遥远的喀山用俄文发表他的新几何学的第二年，剑桥大学的英国数学家皮科克

（G. Peacock，1791—1858）发表了《代数通论》（*Treatise Algebra*），试图对代数做堪与欧几里得《几何原本》相媲美的逻辑处理。他发现了代数运算的 5 项基本法则，即加法、乘法的交换律，加法、乘法的结合律，乘法对加法的分配律，这 5 条性质构成了以正整数为代表的特殊类型的代数结构的公设。可是，正当皮科克的后继者准备把公设的概念推广成为代数学的现代概念时，哈密尔顿和格拉斯曼发表了意义深远的四元数理论，宣告皮科克和他的追随者的努力失败。皮科克也于 1939 年离开剑桥大学，出任伊利教区的主教。

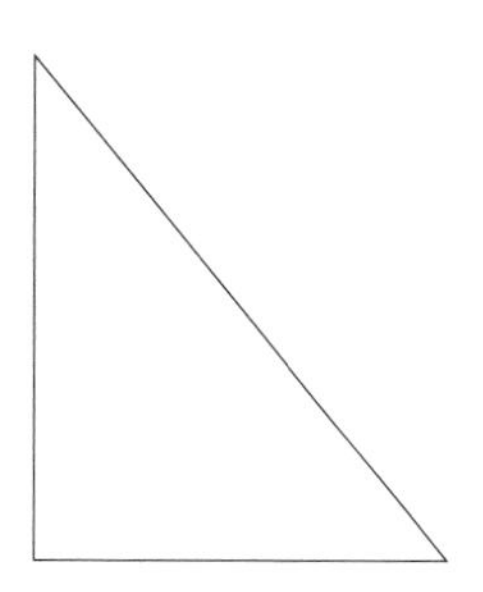

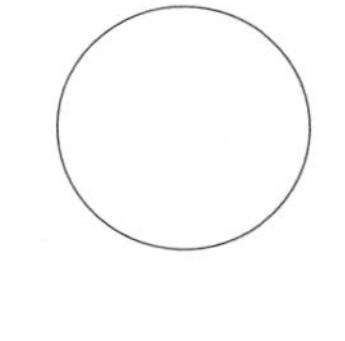

第八章

抽象化：20 世纪以来

> 数是各类艺术最终的抽象表现。
>
> ——瓦西里·康定斯基
>
> 哲学一定有某种用处，我们务必要认真对待。
>
> ——弗兰克·拉姆齐①

① 弗兰克·拉姆齐（F. Ramsey，1903—1930），英国数学家、哲学家和经济学家。

走向抽象化

集合论和公理化

19 世纪几何学和代数学的变革，给 20 世纪的数学带来飞速的发展和空前的繁荣。现代数学不再只是几何、代数和分析这几门传统学科，而成为分支众多、结构庞杂的知识体系，并仍在不断地发展和变化。数学的特点不只是严密的逻辑性，更添加了另外两条，即高度的抽象性和广泛的应用性，并因此形成了现代数学研究的两个大的范围，即纯粹数学和应用数学。其中后者的一部分发展出计算机科学，撇开它的重要性，仅从为人类所提供的就业岗位来说，它就超过了所有其他数学分支的总和。

纯粹数学最初主要受两个因素推动，即集合论的渗透和公理化方法的应用。集合论本来是由 G. 康托尔于 19 世纪后期创立的，曾遭到包括克罗内克等在内的许多数学家的反对，后来因其在数学中的作用越来越明显才获得承认。集合最初是建立在数集或点集之上，不久它的定义范围得以扩大，可以是任何元素的集合，如函数的集合、几何图形的集合等。这就使得集合论作为一种普遍的语言进入数学的不同领域，引起了数学中积分、函数、空间等基本概念的深刻变化，同时刺激了本章将要谈到的数理逻辑中直觉主义与形式主义的进一步发展。

G. 康托尔本是圣彼得堡出生的丹麦人，其犹太父母年轻时在俄国经商，生意做到了德国汉堡、英国伦敦乃至美国纽约。他与凯莱一样，可

集合论的创始人康托尔

谓在外从商者子女成才的楷模，只不过G. 康托尔家在他祖父母那一代就来到了圣彼得堡。11岁那年，G. 康托尔随父母迁居德国，在那里度过了一生的绝大部分时光。他在荷兰阿姆斯特丹上了中学，后来又到瑞士苏黎世和德国的几所大学求学，逐渐喜欢上数学并决定以此为职业，尽管他在绘画方面表现出的才能曾使全家为之骄傲。

在G. 康托尔的眼里，集合是一些对象的总体，不管它们是有限的还是无限的。当运用“一一对应”的方法去研究集合时，他得出了惊人的结果：有理数是可数的，即能与自然数一一对应。他的证明非常有趣，

$$
\begin{array}{cccccccc}
\frac{1}{1} & \rightarrow & \frac{2}{1} & & \frac{3}{1} & \rightarrow & \frac{4}{1} & \cdots \\
 & \swarrow & & \nearrow & & \swarrow & & \\
\frac{1}{2} & & \frac{2}{2} & & \frac{3}{2} & & \frac{4}{2} & \cdots \\
\downarrow & \nearrow & & \swarrow & & & & \\
\frac{1}{3} & & \frac{2}{3} & & \frac{3}{3} & & \frac{4}{3} & \cdots \\
 & \swarrow & & & & & & \\
\frac{1}{4} & & \frac{2}{4} & & \frac{3}{4} & & \frac{4}{4} & \cdots \\
\vdots & & & & & & &
\end{array}
$$

每行以大小次序排列，所有的正有理数均在其中，其中分母为i的在第i行，G. 康托尔列出的排列顺序如上图所示。与此同时，他证明了全体实数是不可数的。

不仅如此，G. 康托尔还给出了超越数存在性的非构造性证明。事实上，G. 康托尔证明了代数数和有理数一样也是可数的，又证明了实

数是不可数的。这样一来，由于代数数和超越数的全体构成了实数，超越数不仅存在而且数量比代数数要多得多。对超越数的研究后来成为 20 世纪数论研究的一道风景。可是，由于G. 康托尔认定无限是真实存在的，他受到同行长期的反对和攻击，尤其是柏林大学的犹太教授克罗内克（L. Kronecker，1823—1891），后者不仅是一位杰出的数学家和成功的商人，在科学论战方面也是最有力的斗士。而G. 康托尔却软弱无能，虽然真理在他那边，以至于他毕生都在一所三流大学做教授。

G. 康托尔为集合论引进了基数的理论，称全体整数的基数为阿列夫零，称后面较大的基数为阿列夫 1、阿列夫 2，等等（阿列夫是希伯来字母，G. 康托尔是犹太人）。也就是说，他对无穷做了分类。他还证明，全体实数集合的基数大于阿列夫零。这就引出了所谓的“康托尔连续统假设”：在阿列夫零与全体实数的基数之间不存在任何别的基数。20 世纪初，德国数学家希尔伯特在巴黎国际数学家大会上发表著名的题为“数学问题”演讲时，把这个假设或猜想排在留给 20 世纪的 23 个数学问题的第一位（超越数问题排在第 7 位）。

当G. 康托尔发现“数学的肌体”得了重病，古希腊的芝诺传染给它的疾病还没有得到诊治时，他便不由自主地想医治它。可是，他对无穷问题所做的普罗米修斯式的进攻却导致他自己精神崩溃，那时他才 40 岁。很久以后，他死于德国中部的一家精神病院。在希尔伯特发表演讲的第二年，罗素也谈了他的看法：

> 芝诺关心过三个问题：无穷小、无穷和连续。每一代最优秀的智者都尝试过解决这些问题，但是确切地说，他们什么也没得到……魏尔斯特拉斯、戴德金和G. 康托尔彻底解决了它们，他们的解答清楚得不再留下丝毫怀疑，这可能是这个时代所能夸耀的最伟大的成就……无穷小的问题是由魏尔斯特拉斯解决的，其他两个问题的解决是从戴德金开始，最后由G. 康托尔完成的。

公理化的方法早在古希腊时代就被欧几里得发现了，并在其名著

《几何原本》中加以应用。众所周知，《几何原本》共建立了5个公设和5个公理。可是，欧几里得构筑的公理体系并不完善。德国数学家希尔伯特重新定义了现代的公理化方法，他指出，“不论这些对象是点、线、面，还是桌子、椅子、啤酒杯，它们都可以成为这样的几何对象，对于它们而言，公理所表述的关系都成立。”

刚果邮票上的希尔伯特

以点、线、面为例，欧几里得给这些对象都赋予描述性的定义，而在希尔伯特眼里它们却都是纯粹抽象的对象，没有特定的具体内容。此外，希尔伯特还考察了各公理之间的相互关系，明确提出了对公理系统的基本逻辑要求，即相容性、独立性和完备性。当然，公理化只是一种方法，不像集合论有丰富的内容。尽管如此，希尔伯特的公理化方法不仅使几何学具备了严密的逻辑基础，而且逐步渗透到数学的其他领域，成为综合、提炼数学知识并推动具体数学研究的强有力的工具。

1862年，希尔伯特出生在东普鲁士的哥尼斯堡郊外，如今属于俄罗斯的版图，周围是波兰、立陶宛和波罗的海，并早已更名为加里宁格勒。虽然在那座城市出生的最伟大的公民是哲学家康德（他的一生都在这座偏远的城市度过），却与数学结下了不解之缘。原来流经市区的普莱格尔河分成两支，河上共有7座桥，其中5座把河岸和河中的一座小岛连接起来，于是产生了一个数学问题：假设一个人只能通过每座桥一次，能否把7座桥都走遍？

这个看似简单的问题后来成为拓扑学的出发点，并被瑞士数学家欧拉解决了。巧合的是，欧拉长期的通信对象、数学家哥德巴赫（C. Goldbach，1690—1764）也出生在哥尼斯堡，后者以提出一个著名的猜想（任何一个大于或等于6的偶数必可表示成两个奇素数之和）闻名于世，与这个猜想最接近的结果来自中国数学家陈景润（1966）。

2013 年，另一位在中国出生、长大的数学家张益唐则在孪生素数猜想（存在无穷多对相差 2 的素数对）研究方面取得突破性的进展。稍后，英国数学家梅纳德（James Maynard）创立一种新的方法予以较大改进。2022 年，梅纳德荣获菲尔兹奖。

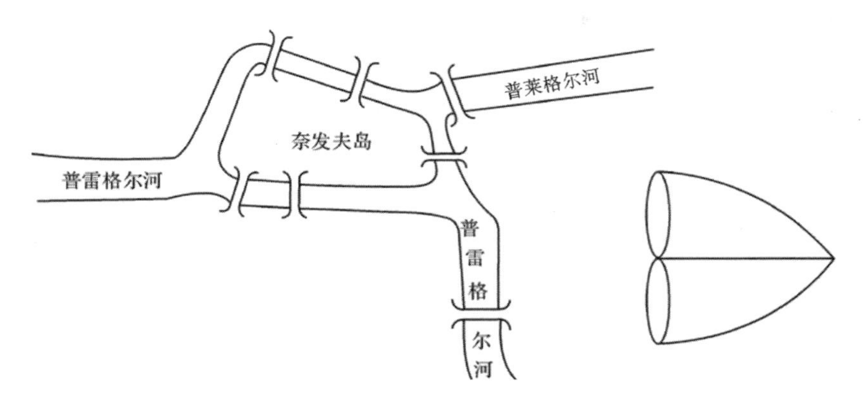

哥尼斯堡七桥游戏的抽象图

不过，直接促使希尔伯特坚定地走上数学之路的却是同城的比他小两岁的赫尔曼·闵可夫斯基（Hermann Minkowski，1864—1909）。赫尔曼出生在俄国的亚力克索塔斯（今立陶宛的考纳斯），8 岁随家人移居哥尼斯堡，与希尔伯特家仅一河之隔。这位天才的犹太少年刚满 18 岁就赢得了法兰西科学院的数学大奖，比赫尔曼年长 6 岁的哥哥奥斯卡·闵可夫斯基（Oscar Minkowski，1858—1931）被称为“胰岛素之父”，奥斯卡发现了胰岛素和糖尿病之间的关联。

与赫尔曼·闵可夫斯基这样一位旷世才俊为伍，希尔伯特的才华不仅没有被埋没，反而得到了磨炼和积淀，并促使他默默奋斗，打下了更为坚实的基础。两人（后成为师兄弟）的友谊持续了四分之一个世纪，从哥尼斯堡一直延伸到哥廷根。赫尔曼·闵可夫斯基后来因患急性阑尾炎英年早逝，希尔伯特则活到了 80 多岁，成就了一代大师的伟业。1900 年，希尔伯特在巴黎国际数学家大会上提出了 23 个数学问题，为 20 世纪的数学发展指明了方向。

值得一提的是，希尔伯特第 9 问题“任意数域上的互反律”是由日本数学家高木贞治（Takagi Teiji，1875—1960）和德国数学家阿廷（Emil Artin，1898—1962）解决的，类域论因此而诞生。高木贞治是在希尔伯特指导下在哥廷根取得博士学位，他回国以后培养了一批出色的日本数学家，"二战"结束以后，日本出现了小平邦彦（Kunihiko Kodaira，1915—1997）等三位菲尔兹奖得主。

数学的抽象化

集合论的观点与公理化的方法在20世纪逐渐成为数学抽象化的范式，它们相互结合之后力量更强，把数学的发展引向更抽象的道路，推动了20世纪上半叶实变函数论、泛函分析、拓扑学和抽象代数这四大抽象数学分支的崛起，堪称4朵抽象数学之花。有意思的是，上一节提到的5位数学家（包括克罗内克）都是德国人，德意志可能是最擅长抽象思维的民族之一。数学当然是最抽象的科学分支了，无论在最抽象的艺术——音乐，还是最抽象的人文社会科学——哲学方面，德国也是人才辈出。

集合论的观点首先引起了积分学的变革，从而推动了实变函数论的建立。19世纪末，分析的严格化迫使许多数学家认真考虑所谓的"病态函数"，例如魏尔斯特拉斯定义的处处连续但处处不可微函数。又如，

$$f(x)=\begin{cases}1，当x为有理数时\\0，当x为无理数时\end{cases}$$

这是由高斯的学生狄利克雷定义的，这个函数处处不连续。在此基础上，数学家们研究了如何把积分的概念推广到更广泛的函数类别中去。

现代分析之父勒贝格

在这方面首先获得成功的是法国数学家勒贝格（H. L. Lebesgue，1875—

1941），他用集合论的方法定义了测度（勒贝格测度），作为原先“长度”概念的推广，建立起所谓的“勒贝格积分”，从而把定积分的概念做了推广。在此基础上，他利用微分运算与积分运算的互逆性，重建了牛顿和莱布尼茨的微积分基本定理，从而形成了一个新的数学分支——实变函数论。同样，这一新生事物也受到某些数学权威的斥责，勒贝格公布自己的研究结果以后差不多有 10 年时间找不到工作。今天，人们把勒贝格以前的分析学称为“经典分析”，而把他以后的分析称为“现代分析”。

除了实变函数论以外，现代分析的另一个重要组成部分是泛函分析。“泛函”可以看成是“函数的函数”，这个词由法国数学家阿达马（J. Hadamard，1865—1963，以率先证明数论中的素数定理闻名）引进，我们在前面讲变分法时已经举过例子了。不少数学家在泛函分析理论方面都有重要建树，其中希尔伯特引进了无穷实数组 $\{a_1, a_2, \cdots, a_n, \cdots\}$ 组成的集合，这里 $\sum_{i=1}^{\infty} a_i^2$ 必须是有限数。在定义“内积”等概念和运算法则之后，他建立了第一个无限维空间，即所谓的“希尔伯特空间”。

10 年以后，波兰数学家巴拿赫（S. Banach，1892—1945）又建立了更大的“赋范线性空间”（巴拿赫空间）概念，用“范数”替代内积来定义距离和收敛性等，极大地拓展了泛函分析的研究领域，同时真正做到空间理论的抽象化。与此同时，函数概念也进一步扩充和抽象化，最有代表性的便是广义函数论的诞生，这方面我们仅举一个例子，英国物理学家狄拉克[①]（P. A. M. Dirac，1902—1984）定义了如下函数

$$\delta(x) = 0\ (x \neq 0),\ \int_{-\infty}^{+\infty} \delta(x)dx = 1$$

这类函数虽然有悖传统，但在物理学中却十分常见。也正因为如此，泛函分析的观点和方法后来被广泛地应用到其他科学甚至是工程技术

① 1928 年，狄拉克把相对论引进了量子力学，建立了相对论形式的薛定谔方程，也就是狄拉克方程。当年，他和薛定谔一同获得了诺贝尔物理学奖。

领域中。

在集合论的观点帮助建立实变函数论和泛函分析的同时，公理化方法也在向数学领域渗透，其中最有代表性的结果就是抽象代数的形成。自从伽罗华提出群的概念以后，群的类别就从有限群、离散群发展到了无限群、连续群。代数对象也在扩大，进一步产生了其他代数系统，如环（ring）、域（field）、格（lattice）、理想（ideal）等。此后，代数学研究的中心就转移到了代数结构上，这种结构由集合元素之间的若干二元关系合成运算组成，具有以下特点：一是集合的元素必须是抽象的，二是运算法则是通过公理来规定的。

抽象代数的奠基人诺特

一般认为，德国女数学家诺特（E. Noether，1882—1935）在1921年发表的《环中的理想论》是抽象代数的开端，她是这个领域最有建树的数学家之一，她的弟子也遍布世界。诺特被视为迄今为止最伟大的女数学家，也就是说，超过了在她之前的4位著

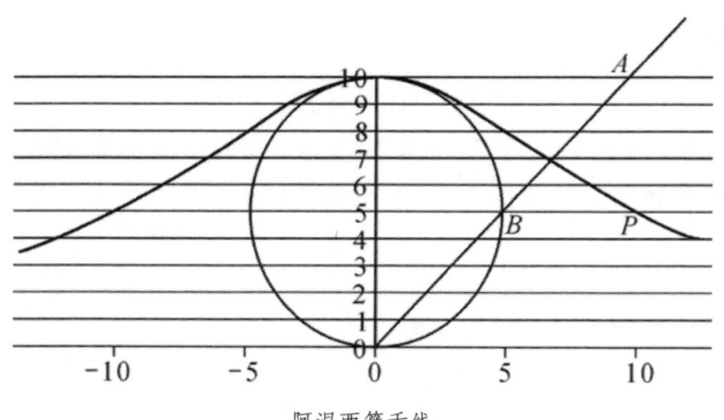

阿涅西箕舌线

名的女数学家，即古希腊的希帕蒂娅、近代意大利的阿涅西（M. G. Agnesi，1718—1799）、法国的热尔曼（S. Germain，1776—1831）和俄国的柯瓦列夫斯卡娅。尽管如此，由于性别歧视，诺特在

哥廷根大学很长时间都当不上讲师，到纳粹政府上台时，年过半百的她还不是教授，到美国以后也只是在女子学院任教授。

除了抽象代数，概率论也得益于公理化，这方面的主要工作由苏联数学家柯尔莫哥洛夫（A. N. Golmogorov，1903—1987）完成。1925 年，他从莫斯科大学毕业后留校，4 年以后发表《测度的一般理论和概率论》，提出了六条公理，从中概率论大厦得以建立。随后柯尔莫哥洛夫通过随机过程理论，建立了马尔科夫过程，标志着概率论发展的新阶段。此外，他在泛函分析、拓扑学和湍流理论，以及信息论、动力系统、经典力学等领域也有重要贡献。

1980 年，柯尔莫哥洛夫与法国数学家E.嘉当分享了沃尔夫奖，而此前两年，他的学生盖尔范德（I.M.Gelfand，1913—2009）因为泛函分析和群表示论方面的成就，与德国数学家西格尔分享了首届沃尔夫奖。盖尔范德出生于乌克兰敖德萨省一个贫穷的犹太人家，未能完成中学教育，17 岁随父赴莫斯科投奔远亲，靠打杂工养活，同时自学或旁听数学课。两年后，他考取了柯尔莫哥洛夫的研究生，在博士论文中建立了赋范环论。此外，他还引进极大理想子环空间，建立了一般谱论c*代数理论。盖尔范德说过，“数学是文化的一部分，就像音乐、诗歌和哲学一样。”

最后，我们要谈的是拓扑学，德裔美国数学家外尔（H. Weyl，1885—1955）说过，拓扑天使和代数魔鬼为占有每一个数学地盘而展开了壮观的斗争。由此可见这两门学科的重要性，相比而言，拓扑学有比抽象代数更早的渊源和更有趣的例子，比如哥尼斯堡七桥问题（1736），地图四色问题（1852），以及莫比乌斯带（1858）。拓扑学研究几何图形的连续性质，即在连续变形（拉伸、扭曲但不能割断和黏合）的情况下保持不变的性质。拓扑学这个词是由高斯的一个学生引进的（1847），其希腊文原意是“位置的学问”。它虽然最初属于几何学，但其两大分支却分别是代数拓扑学和点集拓扑学。

点集拓扑学又名一般拓扑学，它把几何图形看作点的集合，同时把整个集合看作一个空间。数学家们从“邻域”这个概念出发，引进

征服者而非殖民者：庞加莱

俄罗斯数学家佩雷尔曼，因证明庞加莱猜想而获得2006年的菲尔兹奖

连续、连通、维数等一系列概念，再加上紧致性、可分性和连通性等性质，建立了这门学科。它也有一些有趣的实例，比如，在地球的北极每一个方向都是朝南的，这本是经纬度的一种缺陷；地球上任何时刻总是至少有一个地方（台风中心）没有风。这两个完全不同的事实对应于拓扑学中的“不动点定理”：n维单形到它自身的连续变换，至少有一个不动点。

代数拓扑学的奠基人是法国数学家庞加莱（H. Poincaré，1854—1912），正如墙壁用砖砌成，他将几何图形分割成有限个相互连接的小图形。他定义了所谓的高维流形、同胚和同调，后来的数学家又发展了同调论和同伦论，并把拓扑问题转化为抽象代数问题。这个领域最早的一个著名定理是由笛卡尔（1635）提出后又被欧拉（1752）发现的，即任何没有洞的多面体的顶点数加上面数再减去棱数等于2。还有一个“庞加莱猜想”（1904），即任意一个三维的单连通闭流形必与一个三维球面同胚。曾有人悬赏100万美元以求证明这个猜想。

1854年，即黎曼拓展非欧几何学的那一年，庞加莱出生在法国东北部城市南锡的一个显赫家族。庞加莱有着超常的智力，却不幸在5岁时患上白喉症，从此变得体弱多病，不能流畅地用话语表达自己的思想。但他依然喜欢各种游戏，尤其是跳舞，他读书的速度也十分惊人，能准确持久地记住读过的内容，还擅长文学、历史、地理、自然史等。他对数学的兴趣产生得比较晚，大约是在 15 岁，不过很快就显露出非凡的才华。19 岁那年，庞加莱进入巴黎综合理工学院。

庞加莱从未在一个研究领域做过久的逗留，一位同行戏称他是“征服者，而不是殖民者”。从某种意义上讲，整个数学领域都是庞加莱的“殖民地”（数学领域以外的贡献也难以计数），但他对拓扑学的贡献无疑最为重要。庞加莱猜想的证明及其推广，即四维和四维以上空间的情形使得三位数学家前后各相隔 20 年分别获得菲尔兹奖（1966、1986、2006），这在数学史上被传为佳话。殊为难得的是，庞加莱还是天才的数学普及者，其平装本的通俗读物被译成多种文字，在不同的国度和阶层得到广泛传播，就如同后来的理论物理学家、《时间简史》的作者史蒂芬·霍金（Stephen Hawking，1942—2018）那样。

不同的是，庞加莱还是一位哲学家，他的著作《科学与假设》《科学的价值》《科学与方法》均产生了巨大影响。他是唯心主义哲学的约定论的代表人物，认为公理可以在一切可能的约定中进行选择，但需以实验事实为依据，并避开任何矛盾。同时，他反对无穷集合的概念，反对把自然数归结为集合论，认为数学最基本的直观概念是自然数，这又使他成为直觉主义的先驱者之一。庞加莱相信艺术家和科学家之间在创造力方面的共性，相信“只有通过科学与艺术，文明才能体现出价值”。

毕加索的《阿维尼翁的少女》

四维空间是非欧几何学的一种特殊形式，当人们仍在辩论非欧几何学以及违反欧几里得第五公设的哲学后果时，庞加莱是这样引导我们想象四维世界的，“外在物体的形象被描绘在视网膜上，视网膜上的是一幅二维图，而物体的形象是一幅透视图……”按照他的解释，既然二维面上的形象是从三维面来的投影，那么三维面上的形象可以看作从四维面来的投影。庞加莱建议，可以将第四维描述成画布上接连出现的不同透视图。依照西班牙画家毕加索的视觉天赋，他认为不同的透视图应该在时间的同时性里展示出来，于是就有了《阿维尼翁的少女》（1907）——立体主义的开山之作。

值得一提的是，在《科学与假设》（1902）的众多读者里，有一位叫普兰斯的巴黎保险精算师，在立体主义诞生前夕，他是西班牙画家毕加索的“洗衣舫”艺术家圈子的成员。据说在一段时间里，他的情人和毕加索的情人是同一个。正是在普兰斯的推介下，新几何学成了“充满热情地探索着的”新艺术语言。毕加索的好友、立体主义的阐释者阿波利奈尔总结道，“第四维不是一个数学概念，而是一个隐喻，它包含着新美术的种子。”在他看来，“立体主义用一个无限的宇宙取代了一个以人为中心的有限宇宙。”他还指出，“几何图形是绘画必不可少的，几何学对于造型艺术就如同语法对于写作那样重要。”或许我们可以这样认为，立体主义是文艺复兴以来，绘画和几何又一次美妙的邂逅。

绘画中的抽象

“抽象”（abstract）这个词作为名词在西文里的意思是摘要，它常常被置于一篇数学论文的开头，在标题、作者姓名和单位下面。在艺术领域，它可以被理解成从自然里提取出来的什么东西。正如集合论这类抽象数学的出现曾经引起一番争议，长期以来抽象这个词用在艺术上多少有些贬义，也让人争论不休。自从亚里士多德以来，绘画和雕塑一直被当成模仿的艺术，对此我们在第七章已有过较为详细的论述。

直到19世纪中叶，艺术家才开始倾向于一种新的艺术观念，即绘画是独立存在的一个实体，而并非对别的什么东西的模仿。后来渐渐产生了这样一种艺术：主题变成了附属的或弯曲变形了的东西，以

塞尚自画像

塞尚的《玩纸牌者》

便强调造型或表现手段，那是一种不以表现自然为目的的艺术。塞尚可谓是这种艺术的先驱，他发现眼睛是连续而同时地观看一个景色，他对于自然、人以及绘画的观念，全都展现在对他的故乡普鲁旺斯地区的山川、静物和肖像的绘制中。对塞尚来说，抽象主要是一种方法，目的在于重建独立绘画的自然景致。

塞尚（P. Cézanne，1839—1906）被誉为“现代艺术之父”，在他的引领下，19 世纪末和 20 世纪初的艺术家们掀起了一波波现代主义的浪潮，典型的有以法国画家马蒂斯（H. Matisse，1869—1954）为代表的野兽派和以西班牙画家毕加索为代表的立体主义。可是，这些画家的作品里仍有一点儿可以辨认的主题，因此它们只能被称为“抽象的”或“半抽象的”艺术。至此，抽象只是一个泛泛的形容词，还不是一个专有名词。

凡·高的《星空》

康定斯基的《穆尔诺的风景》

康定斯基的作品

真正与“抽象代数”这个数学专业词汇相对应的应该是“抽象艺术”，它专指那些没有任何可以辨认主题的绘画。俄国画家康定斯基（W. Kandinsky，1866—1944）被视为第一个“抽象画家”。18世纪以来，彼得大帝和叶卡捷琳娜女皇统治的俄国，在长期聘请像伯努利兄弟和欧拉这样的大科学家的同时，也开启了一种赞助艺术的传统，并与西方不断进行着密切的接触，俄国人经常到法国、意大利和德国等地旅行。进入19世纪后，俄国的文学和音乐达到了很高的水平，戏剧和芭蕾也取得了长足的进步。

1866年，正好是黎曼去世的那一年，康定斯基出生在莫斯科，几个月以后，波德莱尔也在巴黎去世了。康定斯基家族是来自西伯利亚的茶叶商人，有蒙古贵族的血统，据说康定斯基的祖母是一位中国的蒙古族公主，他的母亲则是地地道道的莫斯科人。康定斯基幼时随父母和姨母去意大利旅行，不久迁居黑海之滨的敖德萨（今属乌克兰）。父母离异后他随姨母生活，在敖德萨上完中学，后来成为钢琴与大提琴的演奏者和业余画家。

KANDINSKY

ÜBER DAS GEISTIGE IN DER KUNST

DRITTE AUFLAGE

《论艺术的精神》德文版

20岁那年，康定斯基进入莫斯科大学攻读法律和经济学，直至取得博士学位。其间他仍对绘画保持着极大的兴趣，并在一次去北部的沃洛格达州进行与法律有关的种族史调查时，对当地民间绘画中色彩艳丽的非写实风格产生了强烈的兴趣。1896年，30岁的康定斯基立志成为画家，他毅然放弃了莫斯科大学的助理教授职位，前往德国南方进入慕尼黑的一所美术学院学习，4 年后毕业。同学中有比他年轻 13 岁的瑞士人克利（P. Klee，1879—1940），后来他俩携手成为 20 世纪的绘画大师。

正是在慕尼黑期间，康定斯基关于非客观物体的或没有实际主题的绘画风格开始形成。经过一番探索，他找到并确立了自己的艺术目标：通过线条和色彩、空间和运动，无须参照可见的自然物体，来表现一种精神上的反应或决断。早年的法学熏陶也帮助康定斯基成为画家中理论水平最高的人，在《论艺术的精神》一书里，他谈到从法国印象派画家马奈（Manet，1832—1883）的作品里第一次察觉到物体的非物质化问题，并不断地吸引着他。自然科学中的革命性进展，也粉碎了他对可触摸感知的物理世界秉持的信念。

从康定斯基身上我们可以感觉到一种神秘主义的内在力量，这是一种精神产品而不是外部景象或手工技巧的产品。他这样写道："色彩

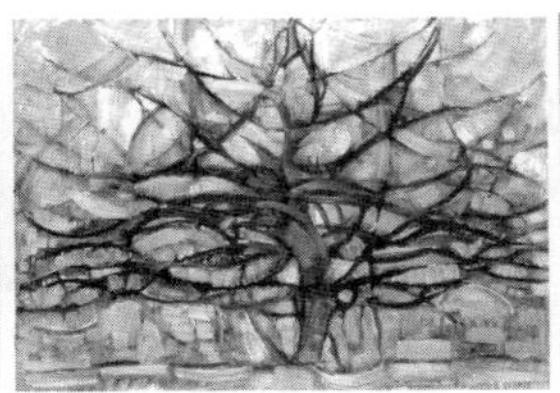

从具象到抽象：蒙德里安的《开花的树》系列

和形式的和谐，从严格意义上讲必须以触及人类灵魂的原则为唯一基础。"在他中年出版的《康定斯基回忆录》里，有这样的一段描述：

> 最初给我留下深刻印象的色彩是明亮的翠绿、白、洋红、黑，以及褐黄。这些回忆可以追溯到我三岁的时光。我曾在各种不同的物体上观察它们，如今在我眼中那些物体的形状已经远不如色彩那么清晰了。

随着年龄的增长，康定斯基的作品开始向抽象几何的风格演变，以圆和三角形为主要形式，这从其作品的名字也可以看出来，如《几

马列维奇的作品

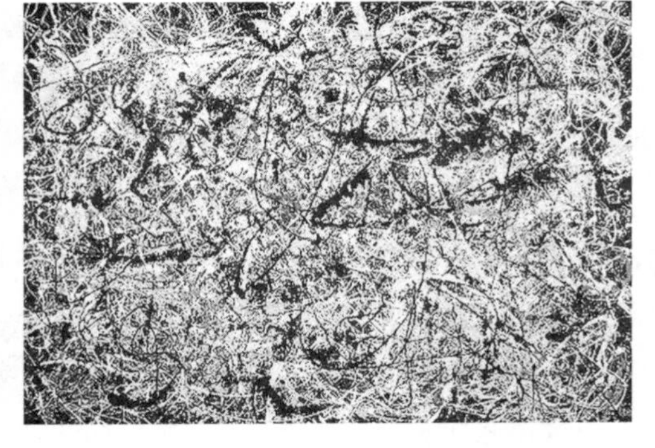

波洛克的行动绘画

个圆圈》《一个中心》《黄红蓝》《不同的声音》。在他晚年出版的理论著作《康定斯基论点线面》中，他甚至分析了图画的抽象因素的想象效果，认为横线表冷、竖线表热。康定斯基可能没有一幅特别让人印象深刻的代表作，但是任何一幅作品都具有鲜明的形象和艳丽的色彩，会让你立刻辨认出，并带给你愉悦感或引人深思。这一点似乎可以说明，抽象艺术（就像非欧几何学）有着更广阔的表现空间。

除了康定斯基以外，抽象艺术的画家代表至少还有法国的马列维奇（K. Malevich，1878—1935）、荷兰的蒙德里安（P. Mondrian，1872—1944）和美国的波洛克（J. Pollock，1912—1956）。马列维奇把抽象带到一种最后的几何简化图形中，例如，在一张白方块中画上一个斜的黑边方块。马列维奇与康定斯基代表了抽象艺术的两个方向，他和同时代的蒙德里安都直接从立体主义那里得到启示；而波洛克则采用了超现实主义的无意识行动技术，创造了在画布甚至汽车发动机盖上滴落与倾倒颜料的技术，他和从荷兰偷渡到美国的库宁（W. Kooning，1904—1997）是最早扬名世界的新大陆艺术家。

数学的应用

理论物理学

本章开头我们提到现代数学研究的两大范围，即纯粹数学和应用数学。我们在第一节扼要介绍了四大抽象数学分支，其实，这些分支相互作用，又产生了许多新的分支，如代数几何、微分拓扑等，考虑到篇幅所限以及本书的主题，我们就不多做介绍了。现在，我们来谈谈数学向人类文明的其他结晶（科学）的渗透。先来看物理学，18 世纪是数学与经典力学相结合的黄金时代，19 世纪数学主要应用于电磁学，产生了剑桥大学数学物理学派，其中最具代表性的成就是麦克斯韦（J. C. Maxwell，1831—1879）建立的电磁学方程组，由 4 个简洁的偏微分方程组成。据说麦克斯韦最初得到的方程组比较复杂，因为

就读剑桥大学时的麦克斯韦

爱因斯坦的数学老师闵可夫斯基

他相信表达物理世界的数学应该是美的，因而推倒重来。

麦克斯韦是苏格兰人，这个流行男子穿格子短裙的民族所产生的伟大发明家按人口比例堪称世界之最。在麦克斯韦之前有（实用）蒸汽机发明人瓦特（J. Watt，1736—1819），之后有电话发明人亚历山大·贝尔（A. G. Bell，1847—1922）、胰岛素发明人麦克劳德（J. Macleod，1876—1935，与人合作）、青霉素发明人弗莱明（A. Fleming，1881—1955）、电视发明人贝尔德（J. L. Baird，1888—1946）。此外，还有第一个将经济理论完整化和系统化的亚当·斯密（Adam Smith，1723—1790）。斯密的代表作《国富论》的中心思想是：看似混乱的自由市场实际上有一种自动调控机制，它倾向于以最合适的数量生产那些社会上最受欢迎和最需要的产品。

进入 20 世纪以后，数学相继在相对论、量子力学以及基本粒子等理论物理学领域得到应用。1908 年，德国数学家闵可夫斯基提出了空间和时间的四维时空结构 $R^{(3,1)}$，即通过（c 为真空中的光速）

$$ds^2 = c^2dt^2 - dx^2 - dy^2 - dz^2$$

为爱因斯坦（A. Einstein，1879—1955）的狭义相对论（1905）提供了最适用的数学模型，这种结构后来被称为“闵可夫斯基空间”。有趣的是，闵可夫斯基对他早年的学生爱因斯坦的数学才能却毫无印象。

有了这个模型以后，爱因斯坦又进一步研究了引力场理论。等到 1912 年夏天，他已经概括出这一理论的基本原理，可是由于他只会使用一些最简单的数学工具，甚至微积分的方法也不会用（他自称那样会使读者被惊呆），自然难以提炼出方程来。这个时候爱因斯坦在苏黎世遇到一位数学家，后者帮助他学会了以黎曼几何为基础的微分学，后来他把它叫作“张量分析”。经过三年多的努力，在 1915 年 11 月 25 日发表的一篇论文中，爱因斯坦给出了引力场方程

$$R_{\mu\nu} = kT_{\mu\nu} + \frac{1}{2} Rg_{\mu\nu}$$

其中 $R_{\mu\nu}$ 是里奇张量，$T_{\mu\nu}$ 是能量—动量张量，R 是曲率标量，$g_{\mu\nu}$ 是度

规张量，k是常数，与万有引力常数和光速有关。爱因斯坦指出，“有了这个方程，广义相对论作为一种逻辑结构终于成立了！”

爱因斯坦故居，他在这里发明了相对论。作者摄于伯尔尼

值得一提的是，虽然爱因斯坦在 1915 年创立了广义相对论，但他的工作成果发表于 1916 年。巧合的是，几乎是同时，另一个德国人、数学家希尔伯特沿着另一条道路也得到了上述引力场方程。希尔伯特采用的是公理化方法，同时运用了诺特关于连续群的不变量理论。他向哥廷根科学院提交这篇论文的时间是 1915 年 11 月 20 日，发表论文的时间也比爱因斯坦早了 5 天。

通过广义相对论，爱因斯坦预言了引力波和黑洞的存在，它们分别在 2017 年和 2019 年获得证实。依照广义相对论，时空整体上是不均匀的，只在微小的区域内例外。在数学上，这个非均匀的时空可以借助下列的黎曼度量来描述：

$$ds^2=\sum_{\mu,\nu=1}^{2} g_{\mu\nu}\,dx_\mu\,dx_\nu$$

广义相对论的这个数学描述第一次揭示了非欧几何学的现实意义，也成为历史上最伟大的数学应用例子之一。可是，与建立万有引力定律的牛顿相比，爱因斯坦稍显逊色，因为牛顿力学的数学基础——微积分是由牛顿自己创立的。

与相对论不同，量子力学与一群物理学家的名字相联系。普朗克（M. Planck，1855—1947）、爱因斯坦、玻尔（N. Bohr，1855—1962）是开拓者，薛定谔（E. Schrödinger，1887—1961）、海森堡（W. Heisenberg，1901—1976）、狄拉克等分别以波动力学、矩阵力学和变换理论的形式建立起量子力学。为了将这些理论融合成统一的体系，需要新的数学理论。希尔伯特使用积分方程等分析工具，冯·诺依曼进一步借助希尔伯特空间理论，去解决量子力学的特征值问题，并最终将希尔伯特的谱理论推广到量子力学中经常出现的无界算子情形，从而奠定了这门学科的严格的数学基础。

在20世纪下半叶，还有多项物理学的工作需要应用抽象的纯粹数学，例如著名的规范场理论和超弦理论。1954年，杨[①]—米尔斯[②]理论的提出揭示了规范不变性可能是自然界中所有4种力（电磁力、引力、强力和弱力）相互作用的共性，这使得已经存在的规范场理论重新引起人们的注意，并试图用这个理论来统一自然力的相互作用。结果，数学家们很快发现，统一场论所需要的数学工具——纤维丛微分几何早就有了，杨—米尔斯方程实际上是一组偏微分方程，对它们的进一步研究也推动了数学的发展。1963年被证明的阿蒂亚[③]—辛格[④]指标定理也在杨—米尔斯理论中获得重要应用，成为连接纯粹数学和理论物理的又一座桥梁，其研究方法涉及分析学、拓扑学、代数几何、偏微分方程和多复变函数等诸多核心数学分支，因而常被用来论证现代数学的统一性。

超弦理论或弦理论兴起于20世纪80年代，它把基本粒子看作一些伸展的一维弦线般的无质量的实体（其长度约为10^{-33}厘米，被称为普朗克长度），以代替其他理论中所用的在时空中无尺寸的点。这个理论以引力理论、量子力学和粒子相互作用的统一数学描述为目标，成为数学家与物理学家携手合作的一个最活跃的领域，其中所用到的数学涉及微分拓扑、代数几何、微分几何、群论、无穷维代数、复分析和黎曼曲面上的模理论等。可以想象，与它相联系的物理学家和数学家不计其数。

---

① 杨指杨振宁（1922—　），中国物理学家，诺贝尔奖得主。

② 米尔斯（R. Mills，1927—1999），美国物理学家。

③ 阿蒂亚（M. Atiyah, 1929—2019），黎巴嫩裔英国数学家，菲尔兹奖和阿贝尔奖得主。2018年，他曾宣布证明黎曼猜想。

④ 辛格（I. Singer，1924—　）波兰裔美国数学家，阿贝尔奖得主。

生物学和经济学

除了物理学以外，数学还在其他自然科学和社会科学领域发挥了重要作用。限于篇幅，我们仅以生物数学和数理经济学为例。与物理学相比，生物学是一门年轻的学科，在 17 世纪显微镜发明以后才真正步入正轨，但它和物理学是自然科学的两个最重要的分支。生物学研究中数学方法的引进也相对迟缓，大约始于 20 世纪初。多才多艺的英国数学家皮尔逊（K. Pearson，1857—1936）率先将统计学应用于遗传和进化问题的研究，并于 1899 年创办了《生物统计》杂志，这是最早的生物数学杂志。

1926 年，意大利数学家沃尔泰拉（V. Volterra，1860—1940）提出了下列微分方程，成功地解释了地中海中不同鱼种周期消长的现象，其中x表示被食小鱼数，y表示食肉大鱼数。这个方程组也被称为“沃尔泰拉方程”，它开了用微分方程建立生物模型的先河。

$$\begin{cases} \dfrac{dx}{dt} = ax - bxy \\ \dfrac{dy}{dt} = cxy - dy \end{cases}$$

20 世纪 50 年代，在英国和美国出现了两项轰动性的成果，即描述神经脉冲传导的数学模型霍奇金[①]—赫胥黎方程（此赫胥黎为安德鲁·赫胥黎，他是达尔文进化论支持者托马斯·赫胥黎之孙、小说家阿道司·赫胥黎之弟）和视觉系统侧抑制作用的哈特兰—拉特利夫方程，它们都是复杂的非线性方程，引起了数学家和生物学家的兴趣。有意思的是，前三位分别因此获得 1963 年和 1967 年的诺贝尔生理学或医学奖，而拉特利夫（F. Ratliff，1919—1999）只因为这个方程和作为哈特兰（H. F. Hartline，1903—1983）的前同事被人们记住。

① 霍奇金（A. L. Hodgkin，1914—1998），英国生理学家和细胞生物学家。

生理学家赫胥黎，生物学家赫胥黎之孙，作家赫胥黎之弟

沃森、克里克和DNA模型

1953年，即霍奇金—赫胥黎方程诞生的第二年，美国生物化学家沃森（J. Watson，1928— ）和英国物理学家克里克（F. Crick，1916—2004），发现了脱氧核糖核酸（DNA）的双螺旋结构，这不仅标志着分子生物学的诞生，也把抽象的拓扑学引入了生物学。因为在电子显微镜下可以看到，双螺旋链有缠绕和纽结，这样一来，代数拓扑学在纽结理论便有了用武之地，并应验了一个多世纪前高斯的预言。1984年，新西兰出生的美国数学家琼斯（J. Jones，1952—2020）建立了关于纽结的不变量——琼斯多项式，帮助生物学家对在DNA结构中观察到的纽结进行分类，琼斯也因此获得了1990年的菲尔兹奖。

沃森和克里克获得了1962年的诺贝尔生理学或医学奖，但他们的发现的意义还没有得到充分认识。这里我想多说几句。先用物理学来做参照，它主要探讨宏观世界（原子内部结构的重要性也在于核聚变和核裂变产生的巨大能量），而生物学则侧重研究微观的事物（细胞和基因）。达尔文的进化论和伽利略的自由落体运动定律一样，主要表现了生命和物体运动的外在规律，而牛顿的万有引力定律则发现了物体乃至宇宙运动的内在规律和原因，与此相对应的生物学成就则是揭示了生命奥秘的DNA双螺旋结构。值得一提的是，沃森和克里克是在他们平日和同事们常去的剑桥老鹰酒吧宣布这一里程碑式的发现的。

1979 年的诺贝尔生理学或医学奖由两位非本行的专家一起获得，即南非出生的美国物理学家科马克（A. M. Cormack，1924—1998）和英国电器工程师豪斯菲尔德（G. N. Housfield，1919—2004）。在开普顿一家医院的放射科做兼职时，身为物理学讲师的科马克就对人体软组织和不同密度组织层的X射线成像问题产生了兴趣，到美国任教后，他建立起计算机扫描的数学基础，即人体不同组织对X射线吸收量的计算公式。这个公式建立在积分几何的基础之上，解决了计算机断层扫描的理论问题。这项工作促使豪斯菲尔德发明了第一台计算机X射线断层扫描仪，即CT扫描仪，并在临床试验中取得成功。

下面我们要谈的是数理经济学，这门学科是由匈牙利数学家冯·诺依曼开启的。他在与人合著的《博弈论与经济行为》（1944）中提出竞争的数学模型并应用于经济问题，这成为数理经济学的开端。整整半个世纪以后，美国数学家纳什（J. Nash，1928—2015）和德国经济学家泽尔藤（R. Selten，1930—2016）因为博弈论研究获得诺贝尔经济学奖。纳什患有精神疾病，是被改编成电影的小说《美丽心灵》的主人公原型，他建立了纳什均衡理论，解释博弈双方的策略和行动。纳什因为在非线性偏微分方程方面所做的贡献而获得数学界的至高荣誉——阿贝尔奖，则是在他生命的最后一年。

电影《美丽心灵》主人公的原型纳什

如果说前苏联数学家康托罗维奇（L. V. Kantorovich，1912—1986）的线形规划论和荷兰出生的美国经济学家库普曼斯（T. C. Koopmans，1910—1985）的生产函数所用的数学理论还比较简单（他们因为在资源最佳配置理论方面的贡献获得 1975 年的诺贝尔经济学奖），那么法国出生的美国经济学家德布鲁（G. Debreu，1927—2004）和另一位美国经济学家阿罗（K. Arrow，1921—2017）所用的凸集和不动点理论就较为深刻了，他们建立的均衡价格理论的后续研究使用了微分拓扑、代数拓扑、动力系统和大范围分析等抽象的数学工具。有意思的是，阿罗和德布鲁获得诺贝尔经济学奖却相隔多年（分别是在 1972 年和 1983 年）。

20 世纪 70 年代以来，随着随机分析进入经济学领域，尤其美国经济学家费希尔·布莱克（F. Black，1938—1995）和加拿大出生的美国经济学家斯科尔斯（M. Scholes，1941—　）将期权的定价问题归结为一个随机微分方程的解，并导出与实际较为吻合的期权定价公式，即布莱克—斯科尔斯公式。在此以前，投资者无法精确地确定期权的价格，而这个公式把风险溢价因素计入期权价格，从而降低了期权投资的风险。后来美国经济学家默顿（R. C. Merton，1944—　）消除了许多限制，使得该公式亦适用于金融交易的其他领域，如住房抵押。1997 年，默顿和斯科尔斯分享了诺贝尔经济学奖。

可是，进入 21 世纪以来，美国发生了次贷金融危机，严重影响了世界经济的发展。在正常情况下，客户一般向银行申请贷款。可是，一部分客户出于信用条件差或其他原因，银行不愿意与他们签订贷款协议。于是，就有贷款机构发放信用要求宽松但利率较高的贷款。次级贷款蕴含较大的违约风险，主要原因在于其衍生产品。有关部门不愿意独自承担风险，往往会将这些产品打包出售给投资银行、保险公司或对冲机构。这些衍生品看不见摸不着，其价格以及打包方式无法通过人为的简单判断来确定，这就催生了一个新兴的数学分支——金融数学。

在衍生品的定价过程中，有两个非常重要的参数，即折现率和违约概率，前者基于某个随机微分方程，后者服从泊松分布。通过遭遇这次世界性的金融危机，人们发现这两种数学手段以及其他估价手段还需要更精准。20 世纪 90 年代，同年（1947）出生的中国数学家彭实戈和法国数学家巴赫杜（Pardoux）合作创立了倒向随机微分方程，现已成为高级金融产品的风险度量和稳健定价的数学工具和方法。18 世纪初，雅各布·伯努利说过，从事物理学研究而不懂数学的人，实际上处理的是意义不大的事情。到了 21 世纪，金融业或银行业也出现了这种情况，有着 200 多年历史的美国花旗银行宣称，他们有 70% 的业务依赖于数学，同时强调如果没有数学花旗银行就不可能生存下去。

最后，值得一提的是，康托罗维奇的线性规划论是运筹学中最早成熟的研究内容和分支之一。运筹学可以定义为，管理系统的人为了获得关于系统运行的最优解而必须使用的一种科学方法，主要依赖于数学方法和逻辑判断。与运筹学几乎同时脱胎于第二次世界大战的应用数学学科还有控制论和信息论，其创始人分别是美国数学家维纳（N. Wiener，1894—1964）和香农（C. E. Shannon，1916—2001），两人退休前都在麻省理工学院任教，也都是公众人物。维纳 18 岁就获得哈佛大学博士学位，出版过两本自传——《昔日神童》和《我是一个数学家》；香农则被誉为数字通信时代的奠基人。

在维纳看来，控制论是一门研究机器、生物社会中的控制和通信的一般规律的科学，是研究动态系统在变的环境条件下如何保持平衡或稳定状态的科学。他创造了 cybernetics 这个词，希腊文原意为“操舵术”，就是掌舵的方法和技术的意思。在柏拉图的著作中，常用它来表示管理人的艺术。信息论是一门用数理统计方法来研究信息的度量、传递和变换规律的科学。需要注意的是，这里的信息指的不是传统的消息，而是一种秩序的等级或非随机性的程度，可以测量或用数学方法处理，就像质量、能量或其他物理量一样。

计算机和混沌理论

一般来说，计算机是指能接收数据，按照程序指令进行运算并提供运算结果的自动电子机器。在计算机的历史上，起重要革新作用的几乎全是数学家。直到 20 世纪 70 年代末，中国大学里的电子计算机专业还大多设在数学系，就像康德时代数学隶属于哲学系一样。可是如今，多数大学都有了一两个计算机学院。用机器来代替人工计算，一直是人类的梦想。或许最早使用算盘的并非中国人，但长期以来使用最广泛的当属中国的算盘。在明代（1371）出版的一本书里，就有十档算盘的插图，但它的实际发明时间远在此之前。数学家程大位（1533—1606）的《算法统宗》（1592）详述了珠算的规则、口诀和方法，标志着珠算的成熟。这本书也流传到朝鲜和日本，使得算盘在这两个国家十分流行。

第一个提出机械计算机设计思想的是德国人席卡德（W. Schickard，1592—1635），他在与开普勒通信时阐述了这一想法。第一台能进行加减计算的机械计算机是由帕斯卡尔发明的（1642），30 年后莱布尼茨制造出一台能进行乘除和开方运算的计算机。使计算机拥有能对数据进行各种运算的装置，是向现代计算机过渡的关键一步，由英国数学家巴贝奇（C. Babbage，1792—1871）首先迈出，在数论里有一个与二项式系数有关的同余式用他的名字命名。巴贝奇设计的“分析机”（1834）分为运算室和存储库，外加一个专门控制运算程序的装置，他曾设想根据穿孔卡片上的“0”和“1”来控制运算的顺序，这无疑是现代电子计算机的雏形。

邮票上的巴贝奇

遗憾的是，即便巴贝奇付出后半生的绝大多数精力和财产，甚至失去剑桥大学的卢卡斯教授职位，也没几个人能理解他的思想。据说真正支持他的人只有三个：他的儿子——巴贝奇少将（在父亲去世后还为分析机奋斗了许多年）、未来的意大利总理和诗人拜伦（L. Byron，1788—1824）的女儿阿达。阿达（Ada Lovelace，1815—1852）是拜伦和妻子的独生女，她为某些函数编制了计算程序，可谓开现代程序设计之先河。由于时代的局限性，巴贝奇分析机的设计方案在技术实施上遇到了巨大的障碍，他借助通用程序控制数字计算机的天才设想，要再过一个多世纪才能实现。

20 世纪以来，科学技术的迅猛发展带来了堆积如山的数据问题，尤其是在“二战”期间，军事上的计算需要更使计算速度的改进成为燃眉之急。起初，人们采用电器元件来代替机械齿轮。1944 年，美国哈佛大学的数学家艾肯（H. H. Aiken，1900—1973）在IBM（国际商业机器公司）的支持下设计和制造出世界上第一台能实际操作的通用程序计算机（占地 170 平方米），只部分使用了继电器，不久后他又制成了一台全部用继电器的计算机。与此同时，在宾夕法尼亚大学，人们用电子管来代替继电器，于 1946 年造出了第一台通用电子数字积分计算机（ENIAC），效率提高了 1 000 倍。

1947 年，数学家冯·诺依曼（John Von Neumann，1903—1957）提出了把ENIAC使用的外插程序改为存储程序的想法，按照这种想法制成的计算机能按存储器中的指令进行操作，从而大大加快了运算进程。1946 年，他与人合作发表论文，提出了并行处理和存储数据计算机的综合设计理念，对后来的数字计算机的设计产生了深远影响。冯·诺依曼出生在布达佩斯，属于多才多艺的那类学者，在数学、物理学、经济学、气象学、爆炸理论和计算机领域都取得了卓越的成就。据说他是在火车站等车时遇见了ENIAC的设计师，后者向他讨教计算机的技术问题，从而激起了他的兴趣。

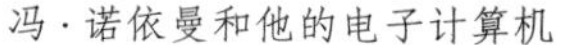

冯·诺依曼和他的电子计算机

图灵铜像，英国萨里大学

另一位对计算机设计理念做出杰出贡献的是英国数学家图灵（A. Turing, 1912—1954），他为了解决数理逻辑中的基本理论问题——相容性，以及数学问题的机器可计算性的判定，而提出了他的“理想计算机”模型。直到今天，数字计算机都没有跳出这个理想模型的范畴：

输入/输出装置（带子和读写头）、存储器和控制器。

图灵还研究过可以制造出能思考的计算机的理论，这方面的构想已成为人工智能研究的基础。他还提出了会思考的机器的标准，即有超过30%的测试者不能确定被测试者是人还是机器，被称为“图灵测试”。遗憾的是，图灵后来因为不堪忍受对其性取向进行的强迫治疗，吃下用氰化物溶液浸泡过的苹果而自杀。为了纪念图灵，1966年，英特尔公司出资设立了“图灵奖”，这是计算机领域的最高奖项。1976年创建的苹果电脑公司以一只被咬了一口的苹果作为标志，这家以推出iPhone手机和iPad平板电脑风靡全球的公司的信念是：只有不完美才促使进步追求完美。2019年，图灵头像出现在50英镑纸币上。

值得一提的是，图灵受他在剑桥读书时的老师、剑桥数学学派的创立者哈代（G. H，Har-dy，1877—1947）的影响，也痴迷于黎曼猜想。与哈代证明实部为二分之一的直线上存在无穷多个非平凡零点的结果相反，图灵一直致力于寻找反例，即在这条直线以外的非平凡零点，可惜没有成功。否则的话，即便图灵因为感情问题受到种种非难，相信他也会有勇气活下去。

虽然数字计算机已历经四代的发展，但从电子管、晶体管到集成电路、超大规模集成电路，均是采用二进制拨码开关。这一点不会改变，即使将来有一天，电子计算机被取代（比如量子计算机）。这自然与19世纪英国数学家布尔（G. Boole，1815—1864）所创立的布尔代数的符号逻辑体系分不开，他完成了两个世纪前莱布尼茨未竟的事业，即创立了一套表意符号，每一个符号代表一个简单的概念，再通过符号的组合来表达复杂的思想。布尔出身贫寒，他的父亲是一个补鞋匠，他主要通过自学成材，后来成为爱尔兰皇后学院（现名为科克大学）的数学教授，并入选英国皇家学会。不幸的是，布尔49岁那年因淋雨患肺炎去世。当年早些时候，他的小女儿出世，她便是小说《牛虻》的作者伏尼契（E. L. Voynich，1864—1960）。

作为抽象数学应用的一个光辉典范，计算机也已成为数学研究本身的有力工具和问题源泉，并推动了一个新的数学分支——计算数学的诞生。它不仅设计、改进各种数值计算方法，还研究与这些计算有关的误差分析、收敛性和稳定性等问题。冯·诺依曼是这门学科的奠基人之一，不仅与人合作建立了全新的数值计算法——蒙特卡罗方法，还领导一个小组利用ENIAC首次实现了数值天气预报，后者的中心问题是求解有关的流体力学方程。值得一提的是，20 世纪 60 年代，中国数学家冯康（1920—1993）独立创建了一种数值分析方法——有限元法，可用于包括航空、电磁场和桥梁设计等在内的工程计算。

1976 年秋，伊利诺伊大学的两位数学家阿佩尔（K. Appel，1932—2013）和哈肯（W. Haken，1928—　）借助电子计算机，证明了已有 100 多年历史的地图四色定理，这是利用计算机解决重大数学问题的最鼓舞人心的范例。说起地图四色定理，这是由英国人提出的难得一见的著名猜想。1852 年，刚刚在伦敦大学获得双学士学位的格斯里（F. Guthrie，1831—1899）来到一家科研单位做地图着色工作，他发现只需用 4 种颜色即可填满地图并使得任何两个邻国呈现不同颜色。但是，不仅他和仍然在读的弟弟无法证明这个猜想，就连他的老师摩根和哈密尔顿也无能为力。于是，凯莱经过一番研究后在伦敦数学学会做了一个报告，使得这个问题出了名。

从那以后，数学家们更多地借助计算机研究纯粹数学，这方面突出的例子是孤立子（soliton）和混沌（chaos）的发现，它们是非线性科学的核心问题，可谓两朵美丽的“数学物理之花”。孤立子比四色定理出现得还早，1834 年，英国工程师拉塞尔（J. S. Russell，1808—1882）在马背上跟踪观察运河中船只突然停止所激起的水波，他发现它们在行进中形

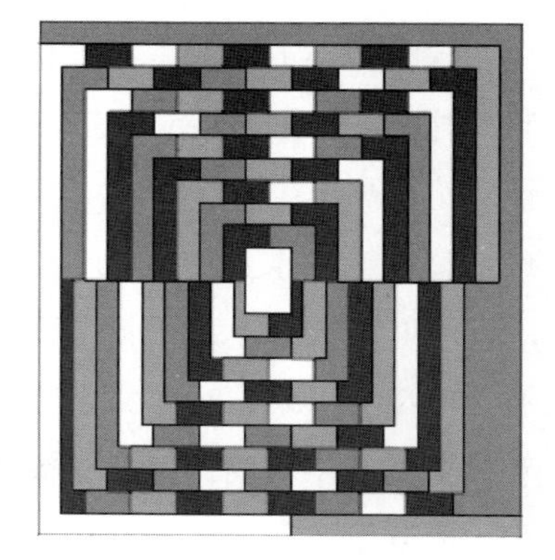

地图四色问题图例

状和速度没有发生明显的改变，于是称其为“孤立波”。一个多世纪以后，数学家们又发现，两个孤立波碰撞后仍是孤立波，因此被称为“孤立子”，孤立子在光纤通信、木星红斑活动、神经脉冲传导等领域大量存在。混沌理论是描述自然界不规则现象的有力工具，被视为继相对论和量子力学之后现代物理学的又一次革命。

计算机科学的飞速发展，不仅离不开数理逻辑，也促进了与之相关的其他数学分支的变革或创立，前者的一个例子是组合学，后者的一个典型代表是模糊数学。组合学的起源可以追溯至中国古代传说中的“洛书”，莱布尼茨在《论组合的艺术》中率先提出了“组合”这个概念，后来数学家们从游戏中归纳出一些新问题，如哥尼斯堡七桥问题（衍生出“图论”这一组合数学的主要分支）、欧拉 36 军官问题、柯克曼女生问题和哈密尔顿环球旅行问题等。20 世纪下半叶以来，在计算机系统设计和信息存储、恢复中遇到的问题，为组合学研究注入了全新的强大动力。

相比古老的组合学，1965 年诞生的模糊数学可以说是年轻的。按照经典集合的概念，每一个集合必须由确定的元素构成，元素之于集合的隶属关系是明确的，这一性质可以用特征函数$\mu_A(x)$来表示：

$$\mu_A(x)=\begin{cases}1,\ x\in A\\0,\ x\notin A\end{cases}$$

模糊数学的创始人是阿塞拜疆出生的伊朗裔美国数学家、电器工程师扎德（L. A. Zadeh，1921—2017），他把特征函数改写成所谓的隶属函数$\mu_A(x):0\leqslant\mu_A(x)\leqslant1$，在这里$A$被称为模糊集合，$\mu_A(x)$为隶属度。经典集合论要求$\mu_A(x)$取 0 或 1 两个值，模糊集合则突破了这一限制，$\mu_A(x)=1$表示百分之百隶属于A，$\mu_A(x)=0$表示完全不属于A，还可以有 20% 隶属于A，80% 隶属于A，等等。由于人脑的思维包括精确的和模糊的两个方面，因此模糊数学在人工智能系统模拟人类思维的过程中起到了重要作用，它与新型的计算机设计密切相关。但是，作为一个数学分支，模糊数学尚未成熟。

现在，我们来谈谈计算机科学的一个分支——人工智能（Artificial Intelligence，缩写为AI）。人工智能的概念最初是在1956年，由美国新英格兰的达特茅斯学院提出的。人工智能的主要目标是使机器能够胜任一些通常需要人类智能才能完成的复杂工作，包括机器人、语言和图像的识别及处理等，涉及机器学习、计算机视觉等领域。其中，机器学习的数学基础有统计学、信息论和控制论，计算机视觉的数学工具有射影几何学、矩阵与张量和模型估计。20世纪70年代以来，人工智能与空间技术、能源技术同被视作三大尖端技术。过去的半个世纪，人工智能得到飞速发展，在很多领域获得广泛应用，成果卓著，如今它又与基因工程、纳米科学同被视作21世纪的三大尖端技术。

人工智能并非人类智能，但能像人类那样思考，也有可能超过人类智能。1997年，美国IBM公司研制的“深蓝”（Deep Blue）战胜了阿塞拜疆出生的俄罗斯国际象棋大师卡斯帕罗夫（G. Kasparov，1963—　）。2016年和2017年，谷歌旗下的人工智能公司DeepMind研制的“阿尔法狗”（AlphaGo）又击败了两位围棋世界冠军——韩国的李世石（1983—　）和中国的柯洁（1997—　）。这方面的进步得益于云计算、大数据、神经网络技术的发展和摩尔定律。目前，人工智能在逻辑推理方面可以说已超越人类，但是在认知情感、决策等领域能做的事情仍十分有限。专家认为，人工智能所面临的更多是数学问题，还没有像克隆技术那样发展到需要进行伦理讨论的阶段。

2016年李世石激战“阿尔法狗”

2022年年初问世的ChatGPT是由美国OpenAI公司研发的一款聊天机器人程序。它是人工智能的新技术，能基于在预训练阶段所见的模式和统计规律生成回答，还能根据聊天的上下文互动，与人类聊天交流，甚至能撰写邮件、脚本、文案、代码、论文、翻译等。这是一种复杂而精密的深度学习模型，利用转换器架构、损失函数和优化算法，以自然语言生成类似人类的响应。而在转换器架构中，输入序列中的每个单词都由一个嵌入向量表示，该向量被馈送到多个自我注意层中。自我注意机制允许模型关注并输入序列中的相关单词，然后为每个单词生成上下文感知表示。

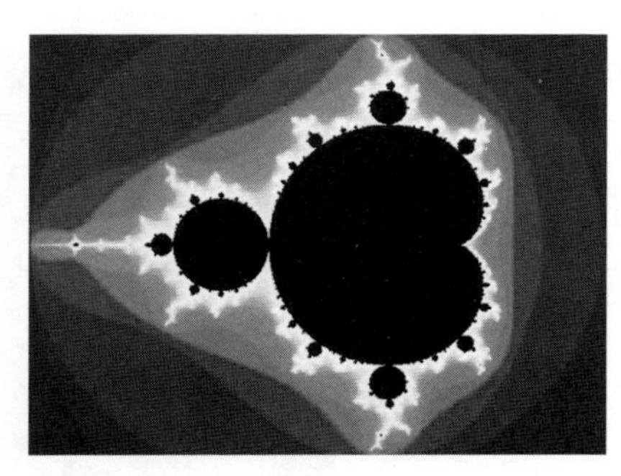

曼德勃罗集合图例

一方面，计算机的每一次飞跃都离不开数学家们的工作。另一方面，计算机的进步也推进了数学研究工作。最后，我们来介绍几何学和计算机的奇妙结合。20 世纪几何学的两次飞跃分别是从有限维到无限维（上半世纪）和从整数维到分数维（下半世纪），后者被称为分形几何学，它是新兴的科学分支——混沌理论的数学基础。拥有法国和美国双重国籍、波兰出生的数学家曼德勃罗（B. B. Mandelbrot，1924—2010）通过自相似性建立起这门全新的几何学，这是有关斑痕、麻点、破碎、扭曲、缠绕、纠结的几何学，它的维数居然可以不是整数。

1967 年，曼德勃罗发表了《英国的海岸线有多长？》的文章。在查阅了西班牙和葡萄牙、比利时和荷兰的百科全书后，人们发现这些国家对于它们共同边界的估计相差 20%。事实上，无论是海岸线还是国境线，其长度取决于测量度的大小。一位试图从人造卫星上估计海岸线长度的观察者，相比海湾和海滩上的踏勘者，将得出较小的数值。而后者相较爬过每一枚鹅卵石的蜗牛来，又会得出较小的结果。

常识告诉我们，虽然这些估值一个比一个大，可是它们会趋近于某个特定的值，即海岸线的真正长度。但曼德勃罗却证明了任何海岸线在一定意义上都是无限长的，因为海湾和半岛会显露出越来越小的子海湾和子半岛。这就是所谓的自相似性，它是一种特殊的跨越不同尺度的对称性，它意味着递归，即图案之中套着图案。这个概念在西方文化中由来已久，早在 17 世纪，莱布尼茨就设想过一滴水中包含着整个多彩的宇宙；之后，英国诗人兼画家威廉 · 布莱克（W. Blake，1757—1827）在诗中写道：一颗沙里看出一个世界 / 一朵野花里有一个天堂。

曼德勃罗考虑了一个简单的函数 $f(x) = x^2 + c$，其中 x 是复变量，c 是复参数。从某个初始值 x_0 开始令 $x_{n+1} = f(x_n)$，就产生了点集 $\{x_i, i = 0, 1, 2 \cdots\}$。1980 年，曼德勃罗发现，对于有些参数 c，迭代会在复平面的某几点之间循环反复；而对于另外一些参数 c，迭代结果却毫无规律可言。前一种参数 c 叫吸引子，后一种叫混沌，所有吸引子的复平面子集如今被命名为“曼德勃罗集合”。

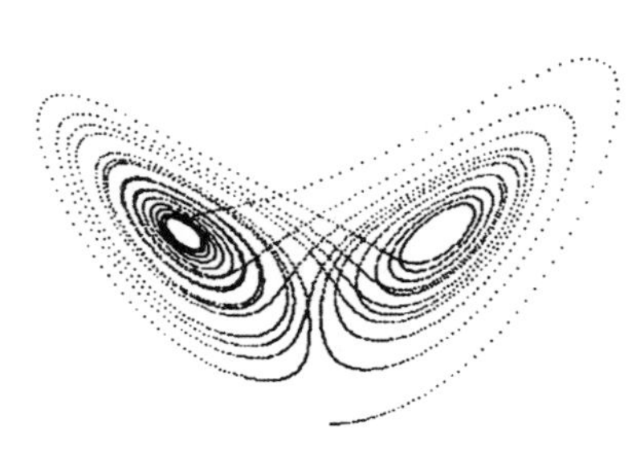

洛伦兹吸引子与“混沌蝴蝶”

由于复数迭代过程即便对于较为简单的方程（动力系统）也需要海量的计算，因此分形几何学和混沌理论的研究只有借助高速计算机才能进行，结果也产生了许多精美奇妙的分形图案，不仅被用来做书籍插图，还被出版商拿去制作挂历。在实际应用中，分形几何学和混沌理论在描述和探索许许多多的不规则现象（如海岸线形状、大气运动、海洋湍流、野生生物群，乃至股票、基金价格的涨落，等等）方面，均起到十分重要的作用。

就美学价值而言，新的几何学赋予了硬科学特别的现代感，即追求野性、未开化、未驯养的天然情趣，这与 20 世纪 70 年代以来后现代主义艺术家所追逐的目标不谋而合。在曼德勃罗看来，令人满足的艺术没有特定的尺度，或者说它包含了一切尺寸的要素。他指出，巴黎的艺术宫殿作为摩天大楼的对立面，它的群雕和怪兽，突角和侧柱，布满旋涡花纹的拱壁和配有檐沟齿饰的飞檐，观察者从任何距离望去都能看到某种赏心悦目的细节。而当你走近时，它的构造又发生了变化，展现出新的结构元素。

数学与逻辑学

罗素的悖论

20 世纪以来，数学的抽象化不仅拉近了它与科学、艺术的关系，也使得它与哲学的有效合作再次变得可能，这是自古希腊和 17 世纪以来的第三次。巧合的是，数学自身的危机也恰好出现了三次，且二者在时间上几乎一致。第一次是古希腊时期无理数或不可公度量的发现，这与所有数可由整数或整数之比来表示的论断相矛盾；第二次是在 17 世纪，微积分在理论上出现了一些矛盾，焦点是：无穷小量究竟是零还是非零。如果是零，怎么能用它做除数？如果不是零，怎么能把包含无穷小量的那些项去掉？

毕达哥拉斯学派发现，边长为 1 的正方形的对角线长度既不是整数，也不能由整数之比表示，这引发了第一次数学危机。相传有个叫希帕索斯（Hippasus）的门徒因为泄密而被扔进地中海淹死，他的出生地梅塔蓬图姆恰巧是他的老师毕达哥拉斯被谋杀的地方。两个世纪以后，欧多克斯（Eudoxus，公元前 408—前 355）通过在几何学中引进不可通约量的概念，将这一危机化解。两条几何线段，如果存在一条第三线段能同时量尽它们，就称这两条线段是可通约的，否则为不可通约的。正方形的边与对角线，就不存在量尽它们的第三线段，因此它们是不可通约的。只要承认不可通约量的存在，所谓的数学危机就不复存在了。

2 000 多年后，微积分的诞生使得数学再次出现危机，在数学基础层面引发了矛盾。例如，无穷小量是微积分的基础概念之一，牛顿在一些典型的推导过程中，先是用无穷小量做分母进行除法运算，然后把无穷小量看作零，消掉那些包含它的项，从而得到想要的公式。尽管这些公式在力学和几何学领域的应用证明它们是正确的，但其数学推导过程却在逻辑上自相矛盾。直到 19 世纪上半叶，柯西发展了极限理论，这个问题才得到解决。柯西认为无穷小量是要怎样小就怎样小的量，在本质上它是以零为极限的变量。

随着 19 世纪末分析严格化的最高成就——集合论的诞生，数学家们以为有希望一劳永逸地摆脱数学基础所面对的危机。1900 年，法国人庞加莱在巴黎国际数学家大会上宣称："现在我们可以说，完全的严格化已经实现了！"但是他的话音未落，英国数学家兼哲学家罗素就在第二年给出了简单明了的集合论的"悖论"，挑起了关于数学基础的新的争论，引发了第三次数学危机。为解决这场危机，人们对数学基础进行了更深入的探讨，促进了数理逻辑的发展，使之成为 20 世纪纯粹数学的又一重要趋势。

多才多艺的伯特兰·罗素

罗素的老师怀特海，他称 17 世纪为"天才的世纪"

1872 年，罗素出身于英格兰的一个贵族家庭，其祖父曾两度出任英国首相。罗素 3 岁时就失去了双亲，严格的清教徒式教育导致他在 11 岁时对宗教产生了怀疑。他以怀疑主义的目光来探究，"我们能知道多少，以及拥有何种程度的确定性和不确定性”。随着青春期的到来，孤独和绝望徘徊在他心头，让他产生了自杀的念头。最终，对数学的痴迷让他逐渐摆脱了自杀的想法。18 岁那年，罗素考入剑桥大学，此前他受的教育全部是在家中。他试图在数学中寻找确定又完美的目标，但在大学的最后一年，他被德国哲学家黑格尔的观点吸引并喜欢上了哲学。

显而易见，最适合罗素的研究领域应该是数理逻辑和数学哲学，正巧剑桥大学有最适宜的土壤和一流的志同道合者，包括和他亦师亦友的阿尔弗雷德·怀特海（Alfred Whitehead，1861—1947）、比他小一岁的摩尔（G. E. Moore，1873—1958）。这方面更多的影响来自德国哲学家、数学家弗雷格（F.L.G. Frege，1848—1925），他是逻辑主义的创始人。精通数学的罗素认为科学的世界观大多是正确的，在此基础上他确定了三大哲学目标。首先，把人类认识上的虚荣、矫饰减少到最低限度并使用最简单的表达方式。其次，建立逻辑和数学之间的联系。再次，从语言去推断它所描述的世界。对于这些目标，罗素和他的同行后来或多或少地做到了，由此奠定了分析哲学的基础。

罗素的哲学著作语言优美、通俗易懂，无论《西方哲学史》《西方的智慧》，还是《人类的知识》，许多当代哲学家便是被他的书吸引入行的。同时，罗素的一些著作超出了哲学的范畴，涉及社会、政治和道德的方方面面，并满怀激情地把敏感问题指出来。他因此两次被监禁、罚款，并被剥夺了在剑桥大学讲课的资格。尽管如此，1950 年，罗素仍意外地获得了诺贝尔文学奖。之后，大学学习数学专业的俄罗斯作家索尔仁尼琴（A. Solzhenitsyn，1918—2008）和南非出生的澳大利亚作家库切（J. M. Coetzee，1940— ）也先后获得了 1970 年和 2003 年的诺贝尔文学奖。

所谓“罗素悖论”是这样的：有两种集合，第一种集合不是它自己的元素，大多数集合都是这样的；第二种集合是它自己的一个元素 $A \in A$，例如由一切集合组成的集合。那么，对于任何一个集合 B，它不是第一种集合就是第二种集合。假设第一种集合的全体构成一个集合M，那么M属于哪种集合？如果M属于第一种集合，那么M应该是M的一个元素，即$M \in M$，但是满足$M \in M$关系的集合应属于第二种集合，由此出现矛盾。而如果M属于第二种集合，那么M应该满足$M \in M$的关系，这样一来M又属于第一种集合，再次出现矛盾。

1919 年，罗素又提出上述悖论的通俗形式，即所谓的“理发师悖论”：

> 某乡村理发师宣布了一条规则：他决定给所有不给自己刮脸的人刮脸，并且只给村里这样的人刮脸。试问：理发师是否给自己刮脸呢？

无论如何，这都会得出矛盾的结论，从而明白无疑地揭示了集合论本身确实存在着矛盾。由于严格的极限理论的建立，数学的第二次危机已经被化解，但极限理论是以实数理论为基础的，而实数理论又是以集合论为基础的，现在集合论遭遇了罗素悖论，因而引发了数学史上的第三次危机。

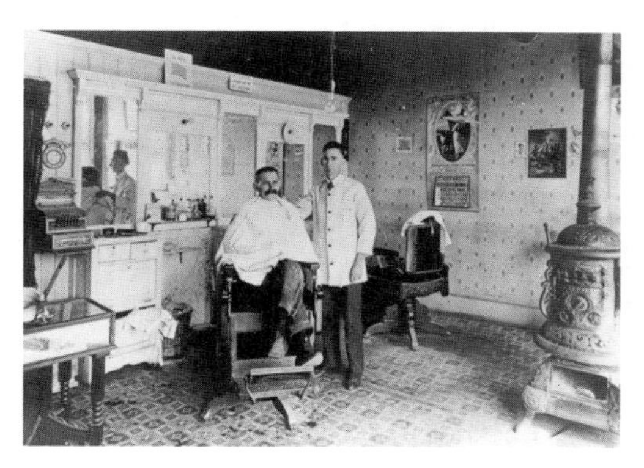

挑战数学家的乡村理发师

拓扑学的奠基人布劳威尔，他发现了不动点定理

为了消除悖论，人们开始对集合论进行公理化。最早进行这一尝试的是德国数学家策梅罗（E. Zermelo，1871—1953），他提出了 7 条公理，建立了一种不会产生悖论的集合论，后经过德国数学家弗兰克

尔（A. A. Fraenkel，1891—1965）的改进，成为一个无矛盾的集合论公理系统，即所谓的“ZF公理系统”。这场数学危机到此缓和下来，但ZF公理系统本身是否会出现矛盾呢？没人能够保证。美国数学家科恩（P. J. Choen，1934—2007）证明，在ZF公理系统下康托尔连续统假设的真伪无法判别，这在某种意义上否定了希尔伯特在1900年巴黎国际数学家代表大会上提出的第一个问题，科恩因此获得1966年的菲尔兹奖。可以预见，意想不到的事今后仍会不断出现。

为了进一步解决集合论的悖论，人们应该从逻辑上去寻找问题的症结。由于数学家们的观点不同，形成了数学基础的三大学派，分别是：以弗雷格和罗素为代表的逻辑主义学派，以布劳威尔（L. E. J. Brouwer，1881—1966，荷兰数学家）为代表的直觉主义学派，以希尔伯特为代表的形式主义学派。这些学派的形成和活跃，将把人们对数学基础的认识提高到一个空前的高度，虽然他们的努力最终未能取得满意的结果，但却对由莱布尼茨开启的数理逻辑学的形成和发展起到了推动作用。限于篇幅，下面我们仅介绍这三大学派的部分论点。

首先我们来看逻辑主义学派，按照罗素的观点，数学就是逻辑，全部数学都可以由逻辑推导得出，而不需要数学所特有的任何公理。数学概念可以通过逻辑概念来定义，数学定理可以由逻辑公理按逻辑规则推导得出。至于逻辑的展开，则是依靠公理化的方法进行。为了重建数学，他们提出了命题函数和类型论之后，又定义了基数和自然数，并在此基础上建立了实数系、复数系、函数以及全部分析，几何也可以通过数来引进。这样一来，数学就成了没有内容只有形式的哲学家的数学了。

与逻辑主义学派相反，直觉主义学派的基本思想是：数学独立于逻辑。坚持数学对象的“构造性”定义，是直觉主义的精粹。按照布劳威尔的观点，要证明任何对象的存在，必须同时证明它可以用有限的步骤构造出来。在集合论中，直觉主义只承认可构造的有穷集合，这就排除了像“所有集合的集合”那样容易引发矛盾的集合。可是，有限的可构造性主张也导致“排中律”（非真即假）被否定，也就是说，无理数的一般概念，以及无限多个自然数中必存在一个最小者这个“最小数原理”也不得不牺牲掉。

希尔伯特指出，“禁止数学家使用排中律，就像禁止天文学家使用望远镜。”在批判直觉主义的同时，他抛出了准备已久的“希尔伯特纲领”，后人称之为“形式主义纲领”。希尔伯特主张，数学思维的基本对象是数学符号本身，而非它们表示的意义，如物理对象。他还认为，所有数学都能归结为处理公式的法则而不用考虑公式的意义。形式主义吸取了直觉主义的某些观点，保留了排中律，引进了所谓的“超限公理”，也证明了施以若干限制的自然数理论的相容性。可是，正当人们满怀希望时，哥德尔却提出了他的不完备性定理。

维特根斯坦

在介绍哥德尔的不完备性定理之前，我想先谈谈罗素的一个学生和合作者——维特根斯坦，正是他把逻辑学提升到纯粹哲学的高度。1889 年，维特根斯坦出生在维也纳的一个富有的犹太企业家家庭，是 8 个孩子中年龄最小的，14 岁以前他一直在家里受教育。他在柏林读完工程学以后，于 1908 年考入曼彻斯特大学，专攻航空学，他一生的大部分时光都在英国度过。据说他曾为飞机设计了一种喷气反冲推进器，并因此对应用数学产生了兴趣。之后他喜欢上纯粹数学，为了进一步了解数学基础，又转向数理哲学。

最有数学意味的哲学家维特根斯坦

1912 年，23 岁的工科大学生维特根斯坦来到剑桥大学，在三一学院度过了 5 个学期。他得到了哲学家罗素和摩尔的赏识，两位大师都认为维特根斯坦的才智至少与他们并驾齐驱。可是，第一次世界大战爆发后，维特根斯坦自愿参加了奥地利军队，起初他在东部前线当一名炮兵，后来去了土耳其，于 1918 年冬天被意大利士兵俘虏。此后，维特根斯坦与剑桥失去了联系，罗素在次年出版的《数理哲学导论》里在谈及维特根斯坦的工作时提到，“也不知道他是否还活着”。

1919 年，维特根斯坦在战俘营里给罗素写了一封信，原来他在狱中读到老师的著作，并解答了书中提出的几个问题。他获释以后，师生二人都希望能尽快相聚，以便当面讨论哲学问题。可是，由于维特根斯坦受俄国大文豪托尔斯泰的影响，认为不应该享受财富，就把相当可观的私人财产分给了家庭的其他成员，此时的他身无分文。不得已，罗素替维特根斯坦卖掉了他留在剑桥的部分家具，才凑足了他的旅费，两个人终于在阿姆斯特丹会面了。

《逻辑哲学论》封面　　哲学家的硬币，维特根斯坦之墓。作者摄于剑桥

由这样一位有毅力和责任感的天才经过长期的努力，在不同的时期建立起两种极具独创性的思想体系，完全是有可能的。不仅如此，维特根斯坦的每一种思想体系都有一种精致而有力的风格，极大地影响了当代哲学。他还留下了两部经典的哲学著作：第一本是《逻辑哲学论》(1921)，第二本是《哲学研究》(1953)。除了一篇标题为“关于逻辑形式的一些看法”的短文以外，《逻辑哲学论》是维特根斯坦生前唯一出版的著作。

《逻辑哲学论》是一部哲学巨著，这部书的中心问题是："语言是如何可能称其为语言的？"让维特根斯坦感到惊讶的是我们司空见惯的一个事实，即一个人居然能听懂他以前从未听到的句子。他对这个问题是这样解释的：一个描述事物的句子或命题必定是一幅图像。命题显示其意义，也显示世界的状态。维特根斯坦认为，所有的图像和世界上所有可能的状态一定具有某种相同的逻辑形式，它既是"表现形式"，也是"实在形式"。

但是，这种逻辑形式本身却得不到说明，或者说是无意义的。维特根斯坦打了一个比方，它就像梯子，当读者爬上这架梯子后，就必须扔掉它，这样一来才能正确地看世界。不能用语言说明的还有其他一些东西，如实在的简单元素的必然存在，思想和意愿的自我的存在，以及绝对价值的存在。这些不能说明的东西也无法想象，因为语言的界限就是思想的界限。这本书的最后一句话是维特根斯坦留给我们的一句箴言，"对于我们不能言说的，必须保持缄默。"

必须指出，最早把语言一分为二（意义和指称）的是弗雷格，后者堪称语言哲学的奠基人。维特根斯坦对弗雷格甚为推崇和膜拜，1912 年，他曾带着自己的论文手稿去耶拿大学找弗雷格，在后者的建议和推荐之下才去剑桥跟罗素学习。维特根斯坦后来承认，他的哲学思想的两个来源是"弗雷格的巨著和我的朋友罗素的著作"。作为现代数理逻辑之父，弗雷格对胡塞尔和罗素有着重要的影响，后者曾写信给弗雷格，高度称赞他的工作。而弗雷格也说过，"一个好的数学家，至少是半个哲学家；一个好的哲学家，至少是半个数学家。"

德国数学家、哲学家弗雷格

弗雷格出生于波罗的海的港市维斯马，双亲都是老师，从当地中学毕业后，他考入了耶拿大学，两年后转学到哥廷根大学数学系。1873 年，25 岁的弗雷格以《论平面上虚影的几何图形》获得博学学位，随后回到耶拿大学数学系任教，直到 45 年以后退休。他的代表作有《概念演算》、《算术基础》和《算术的基本法则》（2 卷），被广泛认为是亚里士多德之后最伟大的逻辑学家，对 20 世纪以来的哲学有着深刻的影响。

维特根斯坦声称，“哲学不是一种理论体系，而是一种活动，一种澄清自然科学的命题和揭露形而上学的无为的活动。”事实上，他也在身体力行地从事这项活动。由于维特根斯坦认为，《逻辑哲学论》已经完成了他对哲学的贡献，于是在接下来的几年里他到奥地利南方的几所山村任小学教师，此前他曾独自在挪威的乡间盖了一间小木屋。回到英国后，维特根斯坦把《逻辑哲学论》提交给剑桥大学，理所当然地获得了博士学位，并很快当选三一学院院士。

此后的 6 年里，维特根斯坦一直在剑桥大学教书，其间他对《逻辑哲学论》渐生不满，于是开始向两位学生口述（并非老得不能动笔）自己思想的新发展。在他访问过苏联（原打算在那里定居）之后，又到挪威的小木屋住了一年。回到剑桥大学后他接替了摩尔的讲座教授职位，随后爆发了第二次世界大战，他去了伦敦的一家医院做看护，后来又在纽卡斯尔的一家研究所做助理实验员，其间他完成了《哲学研究》的主要部分。“二战”后，维特根斯坦回到剑桥大学做了两年教授就辞职去了爱尔兰，在那里待了两年写完了全书。

说起维特根斯坦的《哲学研究》，虽然它与逻辑学没有必然的联系，却也没有完全脱离数学。在这部力作里，他放弃了原先的想法，认为无穷无尽的语言背后并没有统一的本性。他以游戏为例，指出一切游戏所共有的性质不存在，它们仅具有“家族”的相似性。他还说，当我们仔细观察作为游戏汇集在一起的各种不同的具体活动时，“便能发现一张由相互重叠、彼此交叉的相似点构成的复杂的网，有时是总体相似，有时是细节相似”。

为此维特根斯坦引入了好几个数列的例子，在他看来，数字也构成了这样一个“家族”。他所关心的事情是，领会并遵循一条数学规

则的含义是什么？其中一个例子是：当一个人看见另一个人写下

1，5，11，19，29，…

这些数字时声称，“现在我可以继续写下去了”。这可能会出现多种情况，其中一种情况是，这个人试图用各种公式来续写这个数列，直到他发现公式$a_n = n^2 + n - 1$，19 后面的 29 就验证了这个假设。还有一种情况是，他可能没有想到这个公式，而是注意到前后两个数之差构成了一个等差数列 4、6、8、10，他由此知道接下来的那个数是 29 +12 = 41。无论哪种情况，他都可以不费力气地继续写下去。

维特根斯坦试图证明的观点是，一个人对于数列的原则理解并不意味着他找到了什么公式，因为他可能根本不需要这个公式。同样，你也可以想象他的理解仅仅源于公式，而不是因为灵光乍现或其他特殊的经验。由此得出的教训是，接受一条规则并不等于穿上了一件紧身夹克。在任何时候，对于规则是接受还是拒绝，都是我们的自由。维特根斯坦还认为，数学运算过程的结果不是事先确定的。尽管我们可以遵循在我们看来是清清楚楚的程序，但却无法预知这个程序将把我们引向何处。

哥德尔定理

20 世纪末，美国《时代周刊》杂志评选出过去 100 年里最具影响力的 100 个人物，其中科技和学术精英占了 1/5。在这 20 个人中，哲学家和数学家各有一位，前者是维特根斯坦，后者是我们接下来要介绍的哥德尔。他们两人的共同点是，都横跨数学和哲学两大领域，都是奥地利人，都用非母语的英文写作。不同的是，一个移居英国后死于剑桥大学，另一个移居美国后死于普林斯顿大学。当然，他们去世时都不是奥地利公民。

1906 年，哥德尔出生在摩拉维亚的布吕恩城，今天这座城市的名字叫布尔诺，属于捷克共和国。在历史上布尔诺曾几易其主，19 世

最有哲学意味的数学家哥德尔

哥德尔与爱因斯坦

纪的奥地利遗传学家孟德尔（G. J. Mendel，1822—1884）就是在此城的一座修道院里发现了遗传学的基本原理，后来它又成为捷克作曲家亚纳切克（L. Janacek，1854—1928）终生居住的地方。说起摩拉维亚，在这个中欧著名的地理区域出生的还有精神分析学家弗洛伊德（S. Freud，1856—1939），以及有着“现象学之父”美誉的哲学家胡塞尔（E. Husserl，1859—1938），后者曾在维也纳大学数学系获得变分法方向的博士学位。哥德尔在故乡长大，直到考入维也纳大学攻读理论物理，此前他对数学和哲学产生了浓厚的兴趣，并自学了高等数学。

从大学三年级开始，哥德尔的第一爱好转向了数学，他大学时期的借书卡表明他看了许多数论方面的书。同时，在数学老师的介绍下，他参加了著名的“维也纳小组”的某些活动。这是一个由哲学家、数学家、科学家组成的学术团体，主要探讨的语言和方法论，在20世纪哲学史上占有重要的地位，也被称为“维也纳学派”。在这个学派的宣言书《科学的世界观：维也纳学派》所附名单中，23岁的哥德尔成为14个成员中最年轻的一个。1930年，他以《逻辑谓词演算公理的完全性》获得哲学博士学位，随后建立了震惊世界的哥德尔第一和第二不完备性定理。

1931年1月，维也纳的《数学物理学月刊》发表了一篇题为“论

《数学原理》及有关系统的形式之不可判定命题”的论文。几年以后，它就被视为数学史上具有重大意义的里程碑，作者是不到 25 岁的哥德尔。这篇论文的结果首先是否定性的，既推翻了数学的所有领域都能被公理化的信念和努力，又摧毁了希尔伯特设想的证明数学的内部相容性的全部希望。同时，这种否定最终促成了数学基础的划时代变革，既分清了数学中的“真”与“可证”的概念，又把分析的技巧引入数学基础。

> **哥德尔第一不完备性定理：** 对于包含自然数系的形式体系 F，如果是相容的，则 F 中一定存在一个不可判定命题 S，使得 S 与 S 之否定在 F 中皆不可证。

也就是说，自然数系的任何公设集如果是相容的，就是不完备的。由此得出结论：任何形式系统都不能完全刻画数学理论，总有些问题从形式系统的公理出发不能解答。更有甚者，几年以后，美国数学家丘奇（A. Church，1903—1995）证明了，“对于包含自然数系的任何相容的形式体系，不存在有效的方法，判定该体系的哪些命题在其中是可证的”。在第一不完备性定理的基础上，哥德尔进一步提出第二不完备性定理。

> **哥德尔第二不完备性定理：** 对于包含自然数系的形式系统 F，如果是相容的，则 F 的相容性不能在 F 中被证明。

也就是说，在真的但不能由公理来证明的命题中，包括了这些公理是相容的（无矛盾性的）这一论断。这就使得希尔伯特的希望彻底破灭了。现在看来，经典数学的内部相容性不可证，除非我们采用那些复杂的推理原则，但这些原则的内部相容性与经典数学的内部相容性一样值得怀疑。

哥德尔的这两条不完备性定理表明，没有哪一部分数学能做到完全的公理推演，也没有哪一部分数学能保证其内部不存在矛盾。这些都是公理化方法的局限性，一方面，它们说明数学证明的程序无法且确实不与形式公理的程序相符；另一方面，它们也旁证了人的智慧不能被完全的公式化所替代。对于形式系统来说，“可证”是可以机械地实现的，“真”则需要进一步的思想能动性。换句话说，可证的命题必然是真的，但真的命题却未必是可证的。

哥德尔不完备性定理如今已成为数学史上最重要的定理，但它的证明专业性太强，我们在这里就不做介绍了。值得一提的是，证明中提出的“递归函数”的概念是哥德尔的一位朋友来信建议的，这个朋友三个月后意外死亡。哥德尔不完备性定理出名以后，递归函数也随之誉满天下。递归函数后来成为算法理论的起点，还引导图灵提出了理想计算机的概念，为电子计算机最初的研制提供了理论基础。与此同时，有关悖论与数学基础的论证也渐趋平静，数学家们把更多的精力放在数理逻辑研究上，大大推动了这门学科的发展。

结语

随着社会分工的进一步细化，人们所受教育的时间不断延长，所学内容也越来越复杂和抽象，这在人类文明的各个领域皆如此。正如凭借王之涣（688—742）《登鹳雀楼》这类简单明晰的诗歌留名史册已不可能，像费尔马小定理那样既容易推导又能传世的数学成果也很难再出现。与此同时，无论在数学、自然科学还是艺术、人文领域，人们的审美观念均发生了很大的变化，复杂、抽象和深刻已成为评判的标准和尺度之一。

可喜的是，抽象化并没有导致纯粹数学理论被束之高阁，反而得到了更广泛的应用。这一点恰好说明，数学的抽象化是符合社会潮流的发展和变化的。自从微积分诞生以来，数学作为一种强有力的工具，在17、18世纪推动了以机械运动为主体的科学技术革命，在1860年以后又推动了以发电机、电动机和电气通信为主体的技术革命。19世纪40年代以来，无论是电子计算机、原子能技术、空间技术、生产自动化还是通信技术，都与数学紧密相关，相对论、量子力学、超弦理论、分子生物学、数理经济学和混沌理论等科学分支所需要的数学工具尤为深奥和抽象。

勒·柯布西耶作品：法国朗香教堂（1953）

赖特作品：纽约古根海姆博物馆

随着科学技术的进步和现实社会的发展，不断催生出新的数学理论和分支，我们仅以突变理论和小波分析为例。突变理论诞生于1972年，当年法国拓扑学家、菲尔兹奖得主托姆（R. Thom，1923—2002）出版了《结构稳定性与形态发生学》一书。突变理论研究的是系统控制变量经受突然的巨大变化的一系列行为及其分类，它是微分流形拓扑学的一个分支，系统变量最终的性质、行为可绘制成曲线或曲面。以拱桥为例，最初只是比较均匀地变形，直到荷载达到某一临界点时，桥形瞬间发生变化而坍塌。后来，突变理论的思想被社会学家应用于诸如群氓斗殴等社会现象的研究。

再来看小波分析，它被誉为“数学的显微镜”，是调和分析领域的里程碑式进展。大约在1975年，从事石油信号处理工作的法国工程师莫利特（J. Morlet，1931—2007）提出并命名了“小波”。小波分析或变换是指用有限长的、快速衰减的振荡波形表示信号，与傅里叶变换一样，可用正弦函数之和表示。二者的区别在于：小波在时域和频域上都是局部的，而傅里叶变换通常只在频域上是局部的；另外，小波计算的复杂度较小，只需$O(N)$时间，而快速傅里叶变换需要的时间是$O(N\log N)$。除了信号分析，小波分析还被用于武器智能化、电脑分类识别、音乐和语言合成、机械故障诊断、地震勘探数据处理，等等。在医学成像方面，小波缩短了B超（超声波检查的一种）、CT和核磁共振成像的时间，提高了时空分辨率。

20世纪数学的主流可以说是结构数学，这是法国布尔巴基学派的一大发明。数学的研究对象不再是传统意义上的数与形，数学的分类不再是代数、几何和分析，而是依据结构相同与否。例如，线性代数和初等几何“同构”，故而可以一起处理。布尔巴基学派的主将韦伊（A. Weil，1906—1998）与文化人类学家列维—斯特劳斯（Levi-Strauss，1908—2009）有交往，后者用结构分析的方法研究不同文化的神话，发现其中的“同构性”，可以说这是语言学和数学相结合的产物。列维—斯特劳斯引领的哲学潮流——结构主义在 20 世纪 60 年代的法国盛极一时，拉康（J. Lacan，1901—1981）、巴尔特（R. Barthes，1915—1980）、阿尔杜塞（L. Althusser，1918—1990）和福柯（M. Foucault，1926—1984）分别将之应用于精神分析学、文学、马克思主义和社会历史学研究，而德里达（J. Derrida，1930—2004）的解构主义则是对结构主义的批判。

展望未来，数学能否走向统一？这是人们关心的问题。早在 1872 年，即德国统一的第二年，年轻的德国数学家F. 克莱因就发表了著名的《埃尔朗根纲领》，基于他与挪威数学家、李群和李代数的发明人索菲斯·李在群论方面的工作，试图用群的观点统一几何学和数学。按照布尔巴基学派的观点，李群是群结构和拓扑结构的结合。随后群的观点便深入到数学的各个部分中去，可F. 克莱因的目标仍遥不可及。将近一个世纪以后，加拿大数学家朗兰兹（R. P. Langlands，1936—　）又举起了“朗兰兹纲领”的大旗。1967 年，他在给韦伊的信中，提出了一系列猜想，揭示了数论中的伽罗华理论与分析中的自守型理论以及代数中的表示论之间的关系。2018 年，朗兰兹获得了阿贝尔奖。

与此同时，韦伊（他的妹妹西蒙娜·薇依是著名的哲学家）在 1948 年提出了黎曼猜想在代数几何中的类比，后来被比利时数学家皮埃尔·德利涅（Pierre Deligne，1944—　）所证明，后者使用的方法是由其特立独行、独一无二无国籍的博士导师亚历山大·格罗腾迪克（1928—2014）创立的。

库哈斯和舍人作品：中央电视台大楼

赫尔佐格和德梅隆作品："鸟巢"体育场

格罗腾迪克和德利涅分别于1966年和1978年获得菲尔兹奖。

19世纪后期以来，数学的某些不同学科之间有相互渗透、结合的趋势，这推动了一系列新的数学分支的诞生。即便在当前，数学的分化依然是主流，最鲜明的特征是抽象化、专业化和一般化。相当一部分数学存在脱离现实世界和自然科学的倾向，这是十分令人担忧的现象。那么，抽象化或结构最终能否成为数学统一的标签呢？这种可能性无疑是存在的，可是无论如何，数学的统一无法在不断孤立自身的背景下实现。

与此同时，"拼贴"逐渐成为艺术的主要技巧和代名词，拼贴也是哲学家努力找寻的现代神话。从前，我们理解的拼贴是把不相关的画面、词语、声音等随意组合起来，以创造出特殊效果的艺术手段。现在看来，这个范围还可以扩大，至少可以涵盖观念的组合。这样一来，拼贴就会在数学甚至更多文明中发挥作用。可以说，数学中许多新的交叉学科就是拼贴艺术在这些领域发挥作用的结果。拼贴和抽象化在某种意义上是同一件事，只不过拼贴这个词来源于艺术，而抽象化则更多地让人联想到数学。

限于篇幅，我们没有讨论绘画以外的其他艺术形式，它们同样经历了抽象化的过程。比如建筑，从内容、形式到装饰都发生了重大变化。古罗马建筑师维特鲁威在《建筑十书》里提出了"适用、坚固、美观"三个词，成为判断建筑物或建筑方案优劣的准则。即使文艺复兴时期的阿尔贝蒂，也只是把"美观"分为"美"和"装饰"，他认为美在于和谐的比例，而装饰只是"辅助的华彩"。20世纪以来，建筑师们终于意识到，装饰不再是无足轻重的华彩，而是不可或缺的无处不在的艺术组成部分（就像绘画中的拼贴那样）。其中，几何图形

（无论是古典的还是现代的）扮演了非常重要的角色。

与音乐、绘画、建筑等艺术一样，数学是无国界的，几乎没有语言障碍。它不仅是人类文明的重要组成部分，也可能是外星文明的重要组成部分。如果真的存在外星人，他们可能读得懂甚或精通数学。也就是说，地球人与外星人可望基于数学形式的语言进行沟通。早在 1820 年，数学家高斯就曾建议用毕达哥拉斯定理的图形化示范方法显示广袤的西伯利亚森林，作为发往太空的人类文明信号。大约 20 年后，波西米亚出生的奥地利天文学家约瑟夫·冯·利特罗（Joseph von Littrow，1781—1840）提出用充满石油的沟壑纵横的撒哈拉沙漠的图像作为文明信号。

他们都认为，这类数学图片信号必定会引起富有智慧的外星生命的关注。遗憾的是，这两个想法均未能付诸实践。美国亚利桑那大学数学教授卡尔·德维托（Carl Devito）认为，两个星球开展精确的交流取决于科学的信息交流，为此两者必须首先学习对方的测量单位。近年来，他和一位语言学家合作，提出了一种基于普遍科学概念的语言。他们认为，大气中化学成分或者星球能量输出的差异，可能能使不同星系的文明彼此交流。这一想法基于以下假设：两个星球都会一些数学方法和计算，都认可化学元素和周期表，都对物质状态进行了定量研究。

尽管如此，要成功联系到外星文明依然存在许多困难和障碍。例如，外星人可能从不同的数学方法出发总结出运动的定律，这些定律可能与我们熟悉的定律大不相同。我们描述运动的数学基础是微积分，微积分是许多科学领域的基础，外星文明是否也这样呢？又如，外星人是否已建立起欧几里得几何或非欧几何学？外星人的物理学可能与我们的物理学存在差异，他们是否承认哥白尼提出的太阳系宇宙学说？这也值得怀疑。同样棘手的问题是，如何从数学出发讨论人类文明的其他方面？这正是需要我们进一步探讨的问题，为此需要做大量跨文化的研究工作。

APPENDIX 附录1

数学年表

约公元前3000年，埃及出现象形数字。

公元前2400—前1600年，巴比伦泥板书使用六十进制计数法，已知毕达哥拉斯定理（勾股定理）。

公元前1850—前1650年，埃及纸草书使用十进制计数法。

公元前1400—前1100年，中国殷墟甲骨文使用十进制计数法；公元前11世纪，周公和商高已知“勾三、股四、弦五”。

约公元前600年，希腊泰勒斯开始命题论证；中国荣方和陈子已知勾股定理。

约公元前540年，希腊毕达哥拉斯学派证明毕氏定理，由$\sqrt{2}$发现不可通约量。

约公元前500年，印度《绳法经》给出$\sqrt{2}$的精确值，已知毕达哥拉斯定理。

约公元前460年，希腊智人学派（也称巧辩学派）提出三大几何作图难题。

约公元前450年，希腊埃利亚学派的芝诺提出“芝诺悖论”。

约公元前380年，希腊柏拉图在雅典创办“柏拉图学园”，主张通过学习几何培养逻辑思维能力。

约公元前335年，希腊欧德莫斯著《几何学史》，成为第一个数学史家。

约公元前300年，希腊欧几里得著《几何原本》，用公理法建立演绎数学体系。

公元前287—前212年，希腊阿基米德给出球体积计算公式、圆周率上下界，隐含近代积分学思想。

公元前230年，希腊埃拉托色尼发明“筛法”，用于建立素数表。

公元前225年，希腊阿波罗尼奥斯著《圆锥曲线论》。

约公元前150年，中国出现最早的数学书《算数书》，之后又有《周髀算经》《九章算术》。

约150年，希腊托勒密著《天文学大成》，发展了三角学。

约250年，希腊丢番图著《算术》，提出不定方程，引入未知数，创建未知数的符号。

约370年，希腊希帕蒂娅出生，成为史上第一位女数学家。

462年，中国祖冲之计算圆周率，精确到小数点后7位，以355/113为密率。

820年，阿拉伯花拉子密著《代数学》，此书12世纪传入欧洲，代数学因此得名。

850年，印度马哈维拉著《计算精华》，率先给出二项式定理的计算公式。

约870年，印度出现包括零的十进制数字，后传至阿拉伯变成印度—阿拉伯数字。

1100年，阿拉伯欧玛尔·海亚姆用圆与抛物线的交点求三次方程的根。

1150年，印度婆什迦罗对负数有所认识，并接纳了无理数。

1202年，意大利斐波那契著《算经》，提出“兔子问题”。

1247年，中国秦九韶著《数书九章》，发现大衍术和秦九韶算法。

1482年，欧几里得《几何原本》（拉丁文译本）首次出版。

1545年，意大利卡尔达诺著《大术》，给出三次和四次方程求解法。

1572年，意大利邦贝利著《代数学》，提出初步的虚数理论。

1591年，法国韦达讨论方程根与系数的关系，成为现代代数符号之父。

1614年，英国纳皮尔建立对数理论。

1629 年，荷兰吉拉尔提出代数基本定理。

1637 年，法国笛卡尔创立解析几何学；费尔马提出“费尔马大定理”。

1642 年，法国帕斯卡尔发明世界第一台加减法机械计算机。

1657 年，荷兰惠更斯提出数学期望概念，此前帕斯卡尔和费尔马在通信中已谈及概率问题。

1665 年，英国牛顿研究流数术，他和德国莱布尼茨先后创立微积分，后者发表在先。

1666 年，德国莱布尼茨著《论组合的艺术》，提出数理逻辑的思想。

1680 年，日本关孝和始创“和算”，引入行列式概念。

1736 年，瑞士欧拉解决哥尼斯堡七桥问题，创立图论和几何拓扑学。

1777 年，法国布丰提出“投针问题”，推动概率论的发展。

1799 年，法国蒙日创立画法几何学。

1801 年，德国高斯著《算术研究》，奠定了近代数论的基础。

1802 年，法国蒙蒂克拉和拉朗德合著四卷本《数学史》出版，成为最早系统论述数学史的著作。

1810 年，法国热尔岗编辑出版《纯粹与应用数学年刊》，是最早的专门数学期刊。

1812 年，英国剑桥分析学会成立，是最早的数学分支学会。

1824 年，挪威阿贝尔证明五次或五次以上的一般代数方程不存在根式解。

1829 年，俄国罗巴切夫斯基发表最早的非欧几何论著——《论几何基础》。

1832 年，法国伽罗华彻底解决代数方程根式可解性问题，确立群论的基本概念。

1843 年，英国哈密尔顿发现四元数，首次提出非交换代数的概念。

1851 年，德国黎曼提出黎曼猜想。三年后，他建立了黎曼几何。

1864 年，莫斯科数学会成立，是历史上的第一个数学会。

1868 年，意大利贝尔特拉米首先提出伪球面可作为实现双曲几何的模型。

1871 年，德国 G. 康托尔首次引进无穷集合的概念，随后创立集合论。

1872 年，德国 F. 克莱因发表《埃尔朗根纲领》，试图以群论和射影几何为基础统一几何学。

1889 年，意大利皮亚诺建立了自然数的皮亚诺公理系统。

1897 年，第一届国际数学家大会在瑞士苏黎世举行。

1898 年，英国皮尔逊创立数理统计学。

1899 年，德国希尔伯特著《几何基础》，开创公理化方法。

1900 年，希尔伯特在巴黎国际数学家大会上提出了 23 个著名的数学问题。

1903 年，英国罗素提出“理发师悖论”，引发第三次数学危机。

1904 年，法国庞加莱提出“庞加莱猜想”。

1907 年，德国闵可夫斯基提出四维时空结构，为狭义相对论提供了最适用数学模型。

1910 年，希尔伯特建立了希尔伯特空间，把几何学的维数从有限推进到无限。

1931 年，奥地利哥德尔提出了公理化数学体系的不完备性定理。

1933 年，苏联柯尔莫哥洛夫建立概率论的公理系统。

1936 年，奥斯陆国际数学家大会第一次颁发菲尔兹奖。

1938 年，布尔巴基丛书《数学原理》出版。

1944 年，美籍匈牙利人冯·诺依曼等建立博弈论。

1948 年，美国维纳著《控制论》。

1949 年，英国剑桥大学设计制造出第一台存储程序的电子计算机 EDSAC。

1967 年，加拿大朗兰兹提出《朗兰兹纲领》构想，将数论、代数几何和群表示论相联系，被认为是数学界的“大统一理论”。

1976 年，美国阿佩尔和哈肯利用计算机证明了地图四色定理。

1977 年，曼德勃罗建立分形几何学，维度从整数推进到分数。

1978 年，沃尔夫数学奖开始颁发。

1995 年，英国怀尔斯证明费尔马大定理。

2003 年，阿贝尔奖开始颁发。

2006 年，数学界最终确认俄罗斯的佩雷尔曼证明了庞加莱猜想。

APPENDIX 附录2

常用数学符号的来历

符号名称	符号	使用人	时间
分数线	—	（意）斐波那契	1202
加号	+	（德）魏德曼	1489
减号	–	（德）魏德曼	1489
括号	( )	（德）魏芝德	约16世纪中叶
等号	=	（英）列科尔德	1557
乘号	×	（英）奥特雷德	1618
不等号	≠	（英）哈里奥特	1631
根号	$\sqrt{\ }$	（法）笛卡尔	1637
已知数、未知数	a、b、c，x、y、z	（法）笛卡尔	1637
百分号	%	佚名	约1650
无穷大符号	∞	（英）沃利斯	1655
除号	÷	（瑞士）雷恩	1659
积分符号	∫	（德）莱布尼茨	1675
圆周率	π	（英）琼斯	1706
求和符号	∑	（瑞士）欧拉	1755
同余符号	≡	（德）高斯	1801
求积符号	∏	（德）高斯	1812
绝对值符号	| |	（德）魏尔斯特拉斯	1841
属于号	∈	（意）皮亚诺	1889

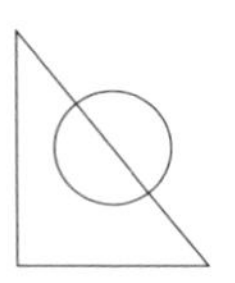

REFERENCE 参考文献

[1] M. 克莱因．古今数学思想．张理京等，译．上海：上海科学技术出版社，1988.

[2] M. 克莱因．西方文化中的数学．张祖贵，译．上海：复旦大学出版社，2004.

[3] M. 克莱因．数学：确定性的丧失．李宏魁，译．长沙：湖南科学技术出版社，2007.

[4] W. C. 丹皮尔．科学史及其与哲学和宗教的关系．李珩，译．北京：商务印书馆，1989.

[5] A. N. 怀特海．科学与近代世界．何钦，译．北京：商务印书馆，1989.

[6] E. T. 贝尔．数学大师：从芝诺到庞加莱．徐源，译．上海：上海科技教育出版社，2004.

[7] H. 伊夫斯．数学史概论．欧阳绛，译．太原：山西人民出版社，1986.

[8] H. 伊夫斯．数学史上的里程碑．欧阳绛等，译．北京：北京科学技术出版社，1993.

[9] 吴文俊．世界著名数学家传记．北京：科学出版社，1995.

[10] 李文林．数学史概论．北京：高等教育出版社，2000.

[11] 胡作玄，邓明立．大有可为的数学．石家庄：河北教育出版社，2006.

[12] 曲安京．中国历法与数学．北京：科学出版社，2005.

[13] 李约瑟，柯林·罗南.中华科学文明史.上海：上海人民出版社，2001.
[14] 赫伯特·乔治·韦尔斯.世界史纲：生物与人类的简明史.吴文藻等，译.北京：人民出版社，1982.
[15] 不列颠百科全书.北京：中国大百科全书出版社，1999.
[16] 菲利浦·希提.阿拉伯通史.马坚，译.北京：商务印书馆，1995.
[17] 尼阿玛特·伊斯梅尔·阿拉姆.中东艺术史，朱威烈，译.上海：上海人民美术出版社，1992.
[18] 毗耶娑.薄伽梵歌，张保胜，译.北京：中国社会科学出版社，1989.
[19] 游国恩，王起，等.中国文学史.北京：人民文学出版社，1982.
[20] 柏拉图.理想国.郭斌和等，译.北京：商务印书馆，1995.
[21] 亚里士多德.诗学.罗念生，译.北京：人民文学出版社，1988.
[22] 帕斯卡尔.思想录.何兆武，译.北京：商务印书馆，1985.
[23] 康德.纯粹理性批判.蓝公武，译.北京：商务印书馆，1982.
[24] 伯特兰·罗素.西方哲学史.何兆武，李约瑟，马元德，译.北京：商务印书馆，1980.
[25] 伯特兰·罗素.西方的智慧.马家驹，贺霖，译.北京：世界知识出版社，1992.
[26] 艾耶尔.二十世纪哲学.李步楼等，译.上海：上海译文出版社，1987.
[27] 王浩.哥德尔.康宏逵，译.上海：上海译文出版社，2002.
[28] 恩斯特·贡布里希.艺术发展史.范景中，译.天津：天津人民美术出版社，1986.
[29] 阿纳森.现代西方艺术史.邹德侬等，译.天津：天津人民美术出版社，1986.
[30] 弗·卡约里.物理学史.戴念祖，译.桂林：广西师范大学出版社，2002.
[31] 詹姆斯·格莱克.混沌.张淑誉，译.上海：上海译文出版社，1990.
[32] 约翰·塔巴克.概率论和统计学.杨静，译.北京：商务印书馆，2007.
[33] 雅克·马利坦.科学与智慧.尹今黎，王平，译.上海：上海社会科学院出版社，1992.
[34] 皮特·戈曼.智慧之神：毕达哥拉斯传.石定乐，译.长沙：湖南文艺出版社，1993.
[35] 西蒙·辛格.费尔马大定理.薛密，译.上海：上海译文出版社，1998.
[36] 霍尔.高斯：伟大数学家的一生.田光复等，译.台北：台湾凡异出版社，1986.

[37] 康斯坦丝 · 瑞德. 希尔伯特. 袁向东，李文林，译. 上海：上海科学技术出版社，2001.

[38] 阿瑟 · I. 米勒. 爱因斯坦 · 毕加索. 方在庆，伍梅红，译. 上海：上海科技教育出版社，2003.

[39] 波德莱尔. 恶之花. 钱春绮，译. 北京：人民文学出版社，1991.

[40] 萨特. 波德莱尔. 施康强，译. 北京：北京燕山出版社，2006.

[41] 康定斯基. 论艺术的精神. 查立，译. 北京：中国社会科学出版社，1987.

[42] 康定斯基. 康定斯基回忆录. 杨振宇，译. 杭州：浙江文艺出版社，2005.

[43] 奈保尔. 印度：受伤的文明. 宋念申，译. 上海：三联书店，2003.

[44] 皮特 · 琼斯. 美国诗人 50 家. 汤潮，译. 成都：四川文艺出版社，1989.

[45] 尤瓦尔 · 赫拉利. 人类简史：从动物到上帝. 林俊宏，译. 北京：中信出版社，2014.

[46] 蔡天新. 数字与玫瑰. 北京：商务印书馆，2012.

[47] 蔡天新. 数学传奇. 北京：商务印书馆，2016.

[48] 蔡天新. 数学的故事. 北京：中信出版社，2018.

[49] 蔡天新. 英国，没有老虎的国家：剑桥游学记. 北京：中信出版社，2011.

[50] 蔡天新. 德国，来历不明的才智：哥廷根游学记. 北京：中华书局，2015.

[51] World Atlas. London: DK publishing，2003.

[52] Jane Muir. Of Men and Numbers: the story of the great mathematicians. New York: Dove Press，1996.

[53] Winfried Scharlan. Hans Opolka. From Fermat to Minkowski. New York: Springar-Verlag，1984.

[54] Richard K. Guy. Unsolved Problems in Number Theory. New York: Science Press，2007.

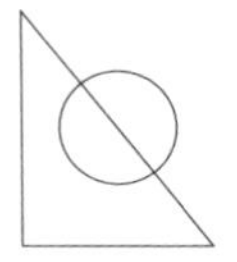

NAME INDEX 人名索引

A

B

C

D

F

G

H

J

K

L

M

N

O

P

Q

R

S

T

V

W

X

Y

Z